游戏研发系列

游戏设计
深层设计思想与技巧
（第二版）

徐炜泓　编著

电子工业出版社
Publishing House of Electronics Industry
北京·BEIJING

内 容 简 介

在曾经的游戏行业中，对于某一个玩法设计要做到多难，某一个游戏系统数值设计的准入门槛、难度递增幅度、奖励的力度如何算是好的，以及怎样更促进玩家消费、怎样更使得玩家着迷，都缺乏判断的方式和设计的逻辑。诸多项目都有赖于游戏主策划的经验及后期大量的实测和调整，但当对做出来的游戏进行实测时，就会涉及大的改动，此时的改动代价很可能已经让人难以接受了，人员的成本、市场时机的成本都会成为难以被接受的内容。

本书讲述的便是这一部分的内容，探讨在游戏的玩法、内容之上，决定这些东西是否有价值，应该怎么做，以及做到什么程度。根据笔者个人的观点，游戏的玩法、过场动画、剧情、美术表现等，统称为"内容"，评价这些内容好不好，并不是根据它有多少、有多精美，而是根据尝试这些内容的玩家心中的感受，以及玩家心中的感受是不是我们想要玩家产生的感受。也就是说，内容是表面的，体验才是关键，让玩家产生设计师想要的体验是关键中的关键，这是我们对游戏内容的设计导向进行评判的标准。

至于这一设计思想具体是怎样的、如何使用，请各位读者随着前言和正文的展开，一起来探讨。

未经许可，不得以任何方式复制或抄袭本书之部分或全部内容。
版权所有，侵权必究。

图书在版编目（CIP）数据

游戏设计 ：深层设计思想与技巧 / 徐炜泓编著.
2版. -- 北京 ：电子工业出版社, 2025. 4. -- （游戏研发系列）. -- ISBN 978-7-121-49637-0
Ⅰ. TP317.6
中国国家版本馆CIP数据核字第20251W89B1号

责任编辑：张　迪（zhangdi@phei.com.cn）
印　　刷：三河市龙林印务有限公司
装　　订：三河市龙林印务有限公司
出版发行：电子工业出版社
　　　　　北京市海淀区万寿路173信箱　　邮编：100036
开　　本：787×1092　1/16　印张：13.25　字数：318千字
版　　次：2018年7月第1版
　　　　　2025年4月第2版
印　　次：2025年4月第1次印刷
定　　价：59.00元

凡所购买电子工业出版社图书有缺损问题，请向购买书店调换。若书店售缺，请与本社发行部联系，联系及邮购电话：(010) 88254888, 88258888。
质量投诉请发邮件至zlts@phei.com.cn，盗版侵权举报请发邮件至dbqq@phei.com.cn。
本书咨询联系方式：(010) 88254469, zhangdi@phei.com.cn。

前言
Preface

"乐趣"是游戏设计师经常提到的词语，类似的还有"游戏性"和"玩法"，但认真细想，也许我们过分强调乐趣或好玩了。比如，对在玩德州扑克的玩家而言，他们不顾一切地压上自己所有的筹码，真的是因为德州扑克好玩吗？不，并不是。但玩家当时当刻还是会忘乎所以地投入，这是因为他们想出那一口气，不相信自己那么倒霉，想要赢得更多。这不是规则在起作用，而是情绪在起作用。还有很多类似的例子，可以用来说明这一点。很多时候，玩家或者你我这般的普通人，持续地投入一件事情，为它付出，并不是因为它好玩。

所以对游戏设计师而言，在评判一款游戏好不好时不应该再用"好玩"这个标准了，而应该用"着迷"。"着迷"包含了很多其他的内容，如不同的情感体验、短时的情绪刺激和社交上的心理满足。比如，设计这样一段游戏历程：让玩家扮演一个刺客，这个刺客既不能快速地移动，也没有多种多样的技能，他只是一个年老力衰的人；但他依然可以使用伪装、潜行等多种手段，刺杀目标于无形。这也就创造了一种让人感到刺激的体验，因为潜行刺杀类游戏的核心在于等待良好时机、不被发现、合理地规划路线，而不是操作的复杂、技能的多样这些所谓"好玩"层面上的内容。除了创造不同的情感体验这个思路，提供短时的情绪刺激和社交上的心理满足，也是能让人着迷的游戏设计方式，笔者将会在正文中继续讨论这些内容。

电影行业对于如何拍一个悲伤的情景，有它在大部分情况下可采用的方法，如布光、布景、拍摄的方法。要创造一个悲伤的画面，美术行业会使用冷色系、不尖锐的线条等。那么我们呢？如何设计一段让玩家感到悲伤的互动式体验呢？除了游戏中的剧情动画和对白文本，我们还应聚焦于玩家在游戏世界中的行动，也就是互动式的内容，从人类的本性出发进行设计。比如，让玩家去接触他们失去的东西；让玩家给他们不再登录游戏的好友赠送爱心；让玩家给他们在游戏中死去的部下献花；让玩家不得不派出一支军队或者某个NPC，而玩家早已知道他们必将面对一个悲惨的结局。

从上述例子中可以看到，我们应该先思考打算让玩家产生怎样的情绪，之后再设计各种游戏系统、游戏内容。我们在制作任何游戏内容之前，都要预想它将带给玩家什么样的体验，从而提供单个的体验，并围绕着提供游戏的主要体验去实现。单个、短时间的体验是不能给玩家留下持久印象的，一个体量大的游戏作品，需要将足够多的单个体验堆叠起来，如此才能给玩家留下非常鲜明和突出的印象。而且要创造一种强烈的体验，不是单纯靠猛叠同一个类型的情绪就可以的，好比真正的悲剧所表达的并不只有悲伤，也要夹杂着期冀，甚至大喜。如何编排这些内容，便是本书各章节的任务了。

　　本书的内容从创造各种玩法、挑战开始，到设计、创造游戏带给玩家的各种情绪，再到编排一整段的情感体验，最后针对现在的游戏市场提出游戏角色的成长和付费的设计思路。本书越靠后的章节，越占主导地位，并且会影响前面章节提到的游戏设计思路。

　　希望本书对各位游戏设计师会有所帮助，也希望在看完本书之后，各位游戏设计师不再一开口就是"玩法""乐趣"之类的词语，在设计游戏的时候，也不要一开始就想着自己要设计一款什么类型的游戏，更不要陷入玩法的框架中，要先想自己的设计能带给玩家怎样的体验，再去想可以有怎样的玩法规则、美术表现，以及内容编排。

　　最后，祝愿各位都能成为一名优秀的游戏设计师！

目录
Contents

第1章 游戏挑战 1
    1.1 热刺激类游戏 1
        1.1.1 难度的产生 2
        1.1.2 难度调整——RLD 9
        1.1.3 设定挑战难度的总体指导 12
        1.1.4 找到玩家能力的上限 13
        1.1.5 设定挑战难度的具体做法 14
        1.1.6 帮助玩家提升能力 19
        1.1.7 玩法倾向 22
        1.1.8 攻击方式 24
        1.1.9 创造爽快感 33
    1.2 冷策略类游戏 36
        1.2.1 游戏过程中不同部分的策略点 37
        1.2.2 策略的作用对象和设计方式 43
        1.2.3 策略的数值设计和各自的特性 45
        1.2.4 序列树和博弈论 56
        1.2.5 平衡和制衡 60
        1.2.6 示例玩法 68
    本章小结 72

第2章 情绪设计 73
    2.1 七情六欲 74
        2.1.1 喜 74
        2.1.2 怒 77
        2.1.3 悲哀 83

- 2.1.4 恐惧 84
- 2.1.5 感召 85
- 2.2 心理效应 86
  - 2.2.1 创造从众的压力 87
  - 2.2.2 认知失调及其解决方式 90
  - 2.2.3 情绪影响理性评估 95
  - 2.2.4 帮助和合作 100
  - 2.2.5 说服的信息性因素 106
  - 2.2.6 说服的心理性因素 112
  - 2.2.7 锚定效应和沉没成本 114
  - 2.2.8 完结感 117
- 2.3 促进社交 118
- 本章小结 119

第3章 游戏历程设计 120
- 3.1 变化的重要性 121
  - 3.1.1 情绪曲线的构建 121
  - 3.1.2 变化 123
- 3.2 情绪曲线 123
  - 3.2.1 基础式情绪曲线 123
  - 3.2.2 好莱坞式情绪曲线 124
  - 3.2.3 波动式情绪曲线 125
  - 3.2.4 三种情绪曲线选哪种好 126
  - 3.2.5 体验的中断和游戏的中断 127
- 3.3 基调 128
  - 3.3.1 轻和缓 129
  - 3.3.2 轻和急 130
  - 3.3.3 重和缓 131
  - 3.3.4 重和急 132
  - 3.3.5 关卡曲线设计 133
  - 3.3.6 多角色、多线程 137
- 3.4 设计内容 137
  - 3.4.1 创造期待 137
  - 3.4.2 拉入主循环 140
  - 3.4.3 有力的结尾 149
- 3.5 几种游戏剧情线的设计方式 151

- 3.5.1 线性剧情式游戏 ... 151
- 3.5.2 支线剧情式游戏 ... 151
- 3.5.3 多结局的游戏 ... 153
- 3.5.4 无主线式游戏 ... 154
- 3.5.5 开放世界 ... 155
- 3.5.6 沙盒游戏 ... 157
- 3.5.7 MMORPG 游戏 ... 157

本章小结 ... 158

第 4 章 奖励、成长线与付费 ... 159

- 4.1 玩家成长 ... 159
  - 4.1.1 玩家的能力成长 ... 159
  - 4.1.2 游戏角色的能力成长 ... 160
  - 4.1.3 数值成长 ... 161
  - 4.1.4 设计两种类型的成长线 ... 162
  - 4.1.5 采用其他方式去强化进步感 ... 167
- 4.2 建立价值体系 ... 167
  - 4.2.1 效用性 ... 167
  - 4.2.2 迫切性 ... 169
  - 4.2.3 获得难度 ... 169
  - 4.2.4 来自外部的价值认可 ... 171
- 4.3 奖励投放 ... 171
  - 4.3.1 游戏前期投放 ... 171
  - 4.3.2 游戏中期投放 ... 172
  - 4.3.3 游戏后期投放 ... 173
- 4.4 社交、流通方式与玩家间的行为 ... 175
  - 4.4.1 完全流通 ... 175
  - 4.4.2 半流通 ... 179
  - 4.4.3 无流通 ... 179
  - 4.4.4 互惠行为和主动促进社交 ... 180
- 4.5 让玩家充值 ... 181
  - 4.5.1 分 R 档地去看待用户 ... 181
  - 4.5.2 付费设计思路 ... 183
- 4.6 付费内容 ... 185
  - 4.6.1 基于"缺"的付费内容 ... 185
  - 4.6.2 基于"欲"的付费内容 ... 186

- 4.6.3 大额付费玩家与游戏进程 187
- 4.6.4 设计整体游戏进程和不同玩家的游戏进度 189
- 4.6.5 具体的付费额和细节分析 190
- 4.7 项目的付费方向 193
  - 4.7.1 资源独占型"滚服" 194
  - 4.7.2 小R、中R、大R玩家型"滚服" 194
  - 4.7.3 "绿色"游戏 195
- 4.8 付费线数值设计 196
  - 4.8.1 成长线、消耗线与产出线 196
  - 4.8.2 总体规划 201
- 本章小结 203

结束语 204

第1章 游戏挑战

本章从创造乐趣的角度，讨论如何设计游戏的难度，以及如何设计由难度而产生的"心流"。两种不同的乐趣分别是以人的身体能力为主的热刺激型乐趣和以人的思维能力为主的冷策略型乐趣。

"心流"是一个经常被提起的名词，它除在游戏领域被使用外，在与心理和体验相关的领域也常常被使用。如果能让玩家进入心流，那么他们当时的体验将是非凡的。例如，对笔者而言，这么多年来，在玩完每一款游戏之后都会将之删除，却唯独把《劲乐团》保留下来了。因为无论间隔多久，笔者每次只要进入这款游戏，就能够立刻进入心流的状态——心眼合一、眼手合一的高度集中的状态，以及迎接挑战的状态，这种状态能让玩家快速体验到兴奋和愉悦。

在游戏行业中，一些设计师认为心流就是乐趣，就是游戏的一切，这种看法有些偏颇。心流只是一条难度曲线，即一条体现挑战难度和玩家自身能力的曲线。而一款游戏带来的乐趣，除挑战难度外，还有逼真的内容、视觉的冲击感，或者搞笑的趣味等。除了具备玩法带来的乐趣，一款游戏还应能激发玩家的情感共鸣，并在内容的策划与布局上展现出巧妙的构思，这些要素共同构成了一款好游戏的全部。以上这些内容将会在本书中被逐步讲解，本章将从游戏的两大类型来阐述如何设计难度和心流。

1.1 热刺激类游戏

热刺激类游戏是指需要玩家快速反应、精准操作的游戏。笔者之所以把这种类型的游戏称为"热刺激类游戏"，是因为它们以玩家的良好操作为主，而不以玩家的策略思考为主，它们对玩家的身体素质、生理素质要求很高，对玩家的思维能力的要求只是一种辅助性的考量。这类游戏包括FPS游戏、跑酷类游戏、ARPG游戏、ACT游戏、STG游戏等以操作和反应见长的游戏。

我们必须认识到，每个玩家在自身反应能力、操作精准度、色差分辨能力、音响辨析能力等方面都有自己的极限，设计热刺激类游戏的最终目的就是去挑战玩家的生理极限。无论如何包装玩法，当想要使玩家玩得刺激时，设计师最终要考虑的都是对玩家个人生理极限的挑战，根据他们的能力设计出合适的难度，以及明确何时应设计更高难度的挑战、何时应降低难度。只有从玩家能力的角度去思考游戏的内容，而不是只想着设计更多的挑战类型，以及更多、更难的关卡，才能真正地让玩家获得乐趣。

这类游戏非常多，它们的设计核心要点如下。

1.1.1 难度的产生

对玩家的反应和控制能力要求较高的那些游戏，如《劲乐团》《忍者反应》《反恐精英》《东方Project》等，其将对玩家能力的挑战包装为一个个不同的展现方式，从而使玩家体验到不同的乐趣。大部分游戏不仅设置一些挑战，还让这些挑战有改变的余地——让玩家的策略能够参与其中，这样既增加了游戏的趣味性与深度，也是对玩家的策略和智商的积极肯定。这些挑战包含两部分：实际的个人能力挑战和一定的策略挑战。本章首先介绍个人能力挑战。

很多书在涉及游戏设计时讲到的都是要按怎样的规则去制作游戏，要让它有乐趣、有对抗、有规则、有策略性和技巧……很少有书谈到什么是乐趣、什么是挑战，以及什么是有趣的挑战。例如，在决定制作某种类型的游戏后，怎样让它变成一个有趣的挑战呢？这就需要设计师回过头来审视这些游戏中包含的个人能力挑战及规则，这些个人能力挑战及规则决定了游戏针对的是玩家的哪些生理能力和玩家能够使用怎样的策略。下面来探讨跑酷类游戏，图1.1所示为《爱丽丝快跑》。

图1.1

跑酷类游戏包含不停移动的人物和场景，而场景中的地形障碍就是游戏对玩家提出的挑战，玩家需要通过操控游戏角色（让其跳起或滑铲）去应对这些挑战。当地面出现一个坑时，玩家需要做的处理包括以下几点。

- 发现地形障碍。
- 感知地形障碍与游戏角色之间的距离。
- 预估游戏角色到达地形障碍的时间。

- 让游戏角色在合适的时间跳跃。

第一点和第二点之间有很密切的关系，但并不能完全被归为一类。发现地形障碍是对视觉分辨力的挑战，而感知地形障碍与游戏角色之间的距离除应用视觉分辨力外，对于一些可视界面不平滑的游戏，还需要玩家进行计算。例如，在一些 3D 游戏中，目标物与游戏角色之间的距离就不那么容易被感知到了。

这 4 点可以通过许多方式来调节。

1．发现地形障碍

发现地形障碍需要玩家做到以下几点。

- 分辨色差。
- 分辨形状差异。
- 发现游戏角色动作的变化或者游戏界面的变化。

我们可以在这些基础能力上做进一步的设计，如通过采取特殊的方式增强或者减弱玩家的分辨力。

- 放大镜头。
- 进行额外提示，如加"！"。
- 设计远距离的视觉模糊，这种方式会减弱玩家的分辨力。
- 设置其他障碍物，如场景中的雾气、突然出现的瀑布水流等。

2．感知地形障碍与游戏角色之间的距离

感知地形障碍与游戏角色之间的距离，并将之映射成游戏世界中的距离，这是需要玩家的大脑参与的。在 2D 跑酷类游戏中，游戏世界中的距离与屏幕上显示的距离之间有一个固定的比例，所以很多时候玩家只需要简单地处理就可以了。

有时候，距离并不只受一个因素的影响，如图 1.2 所示，玩家在弹射小鸟时，除要考虑距离外，还要考虑重力的影响。那么，玩家在进行这个操作时就需要考虑很多因素，这就意味着需要给大脑更多的处理时间。

图 1.2

在3D游戏中，如图1.3所示，前面的盆栽和游戏角色之间的距离较易被感知，但远处的建筑物呢？更远处的风车呢？

图1.3

当视距和实际距离不等时，估算便不容易完成。在图1.3所示的《孤岛危机》这款仿真的FPS游戏中，视距和实际距离的比值是稳定渐变的。但并不是所有游戏中视距和实际距离的比值都是稳定渐变的，那些具有非稳定渐变比值的游戏会对玩家的处理能力提出更高的要求。这样的设计有意义吗？也许没有，但也许为了让自己设计的太空游戏出现黑洞和瞬间传送门，也许为了在魔法游戏中设计空间扭曲的地域，也许为了给玩家更多的反应时间，设计师会在2D跑酷类游戏中做一些让视野逐渐变远的设计，让更远处的地形以缩小的形式出现，直到占满一半的屏幕或者到某个位置才开始变得正常。

如何增强或减弱玩家的分辨力呢？可采用的方法如下。

- 设置距离的数字标识。
- 设置绝对型的标识，如图1.4所示。

在图1.4中，当左端的敌人进入攻击范围时，左端的攻击条变亮了，显现为蓝色。因为右端已经没有敌人，所以右端的攻击条是黑色的。这种显眼的绝对型的标识能够帮助玩家判断距离。

除上述例子外，《魔兽世界》中的技能攻击距离提示也是采取的类似的设计方法。

- 设置渐变的标识。

一是让渐变的标识出现在地形障碍上，如让地形障碍的颜色渐渐变为红色。

二是让渐变的标识出现在地形或者界面上，让地形产生颜色渐变是一种方式，利用界面上的固定标线也是一种方式，如图1.5所示。

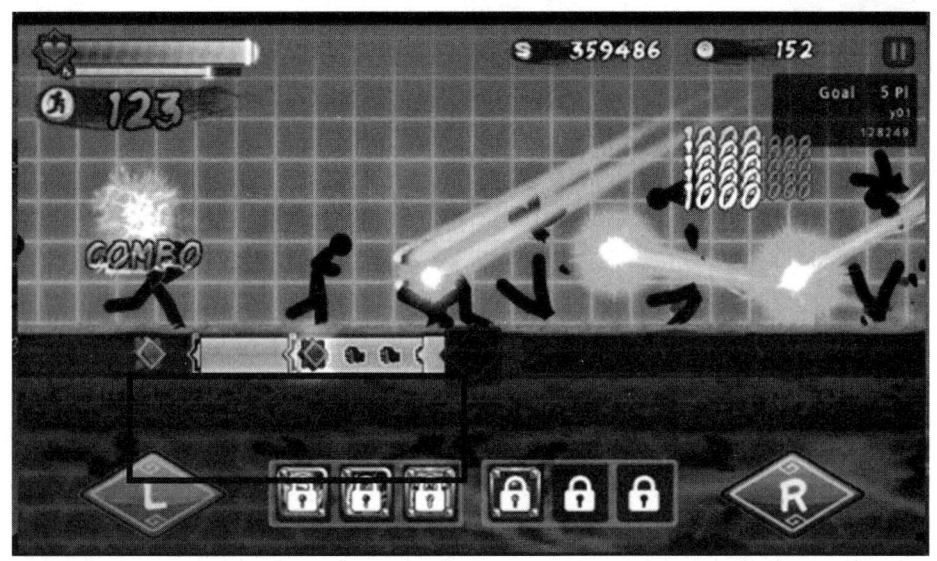

图 1.4

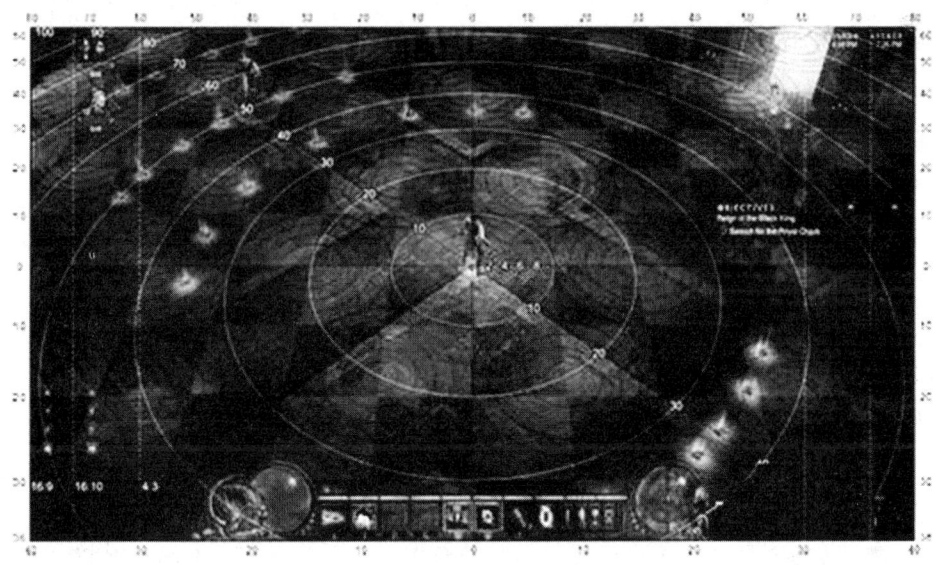

图 1.5

3．预估游戏角色到达地形障碍的时间

距离÷速度=时间，预估时间是完全依靠大脑来进行的，每个人都有自己预估时间的效率。在游戏中，因为不可能出现多种不同的情况，所以久而久之玩家就能积累经验，让这一计算所需要花费的时间越来越短。因此，这里面包含了一个变化因素，那就是经验。这个变化因素是两面性的，一方面，玩家需要积累经验才能将游戏玩得越来越好，另一方面，经验的积累也可能使游戏难度感知下降。我们也不希望让游戏内容过多地重复，让玩家仅根据经验就可以通过游戏的关卡，这会让玩家感到无聊。那么，该如何设

计呢？游戏角色移动的速度并不恒定，除逐步加快游戏角色移动的速度外，设计师还可以采取以下这些方式。

（1）让游戏角色乘坐一架有故障的飞机，它飞行起来可能时快时慢。这种变化是即时的、未知的速度变化，不是随着时间的积累而有规律的变化。

（2）游戏角色移动的速度是对玩家产生即时影响的一个控制属性，如"1、2、3，木头人"。

（3）游戏角色移动的速度会同时被各种外界因素影响。外界因素示例如下。

- 黑洞、风、沼泽地等地形和自然现象。
- 锁链、三棱钉、缓速术等。

游戏角色移动的速度作为游戏设计的一个因素，是有许多种设计方式的。在游戏中，玩家需要根据角色移动速度等信息预估行动时间，那么如何增强或减弱玩家对预估时间的处理能力呢？由于这是一个纯粹依靠大脑计算的步骤，只能通过五感的方式给玩家提供帮助，如采用视觉上的方式，或者采用音效、游戏手柄的震动等方式提示和帮助玩家。

如果我们的设计让玩家难以专注，则其思考效率就会变低。既然预估时间是需要大脑参与的步骤，那么就可以从这一角度去设计，从而增加玩家所面临的挑战的难度。

4．让游戏角色在合适的时间跳跃

从看到地形障碍到让游戏角色跳跃的这段时间，就是允许玩家反应的时间段。由于游戏是一直进行的，所以在中间的时间段，玩家除了要预估游戏角色到达地形障碍的时间，还要对游戏做出反应。

在《爱丽丝快跑》这款跑酷类游戏中，玩家的操作结果只有跳与不跳的区别，"跳跃"这个动作中间并没有过渡。在现实生活中，人们对自己做的各种动作实际上都有很长的控制过程，从而产生不同的结果。例如，在打羽毛球时，我们可以控制打球时的力度、角度，从而让羽毛球的飞行路线和落点有所不同。而且，在击中羽毛球之前的整个引拍的过程中，除力量的大小外，击打的角度也逐步获得调整，使得最终击出的球沿着人们想要的路线飞行。

但玩家就无法对游戏角色进行这么精细的操作了，而且在游戏中也并不适合这么做。假如在游戏中引入真实的预备动作（调整肌肉力量、调整身体姿态……），那么通常带来的是游戏节奏的变慢和操作快感的减少。因为在现实生活中，这些对身体的控制往往只在一瞬间完成，而要在游戏中展现这一瞬间的控制，就变成了另一个挑战。另外，在现实中对身体的调整是多点同时进行的，而在游戏世界中，玩家仅可以采取有限的几种操作方式。这些对身体的调整大多是潜意识的动作，我们无须集中注意力去执行每个操作，如果要将其转化成一个个需要控制的因素，别说在游戏中，在现实中也是一件很困难的事情。

如果一定要引入这些操作，那么最好采用一样的操作方式，并通过其他的辅助手段来改变单一的操作结果，如按下跳跃键越久，游戏角色跳得越高。

除操作方式外，"合适的时间"也是具有挑战性的关键因素。如果游戏角色跳跃的高度固定，并且没有"按下跳跃键越久，游戏角色跳得越高"这样的设定，那么地形障碍越长，就会导致跳跃的时间范围变得越小，也就提高了玩家的挑战难度。如果地形障碍刚好比游戏角色跳跃的高度短一点儿，那么对跳跃位置和跳跃时机的要求就非常高。如果场景还会不受控制地向前移动，那么就会对跳跃时机有更严苛的要求。要求非常精准的操作对玩家来说是很难完成的，所以这种太过严苛的要求最后都会给玩家带来很大的压力。在图 1.6 所示的《洛克人》系列游戏中，有很多地方对让游戏角色跳跃的操作有很高的要求，而且操作一旦失败，就会直接导致游戏角色"死亡"，玩家必须从头开始。这种体验对水平一般的玩家而言是很不友好的（在此处必须补充一点，虽然操作难度大对大部分玩家而言确实是很差的体验，但也有一定的玩家群体，他们就是喜欢这种高难度的游戏，特别是当他们能够通关时，会获得很大的成就感）。

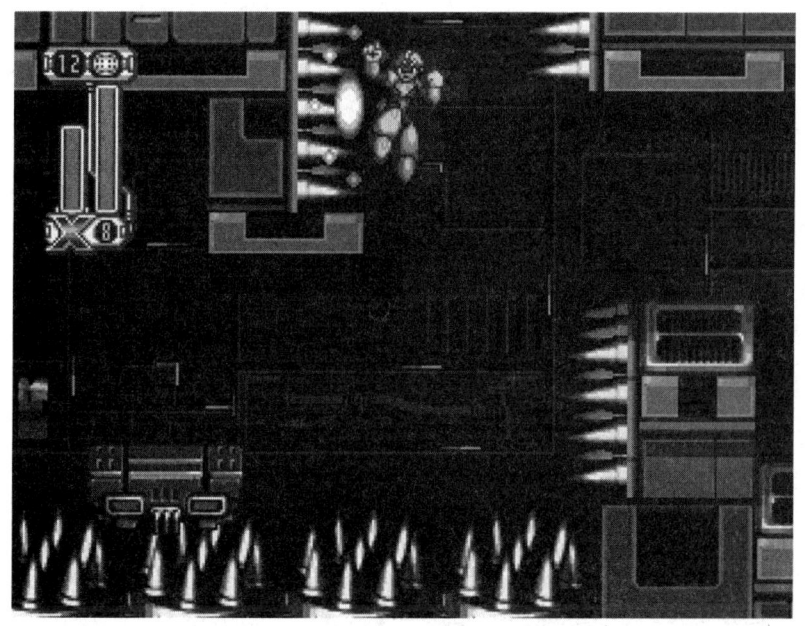

图 1.6

所以，提供一定的补救手段实际是对整个游戏体验的优化。在地形障碍没有变的情况下，如果在游戏角色跳跃后还可以再度调节其跳跃的高度，那么就可以调整前一个操作所导致的结果，从而在一定程度上降低玩家的操作难度。游戏是致力于让玩家在自己的能力范围内体验到挑战乐趣的。

如何在这一步对玩家进行帮助呢？"帮助"的方式如下。
- 提供"子弹时间"。
- 缩短深渊的长度。
- 不让游戏角色在掉下深渊后立刻"死亡"，如提供"滑墙"这样的操作。
- 设计"当游戏角色的落点和踏板之间的距离在一定范围内时，系统会自动修正为踩到踏板"这类暗中协助的方式。

加大挑战难度的方式如下。
- 移动踏板。
- 让游戏角色连续跳跃。
- 提供会毁塌的踏板。
- 当游戏角色靠近时才显现踏板。
- 提供有长短变化的踏板。
- 让外界有风、子弹等影响跳跃的因素。
- 让游戏角色需要借助外界的环境因素才能进行跳跃/行动，如蘑菇台、荡绳、加速架。

有时，做出"按下按键"这个动作也面临着挑战。按下一次按键是简单的，但快速按下按键多次，或者按照一定的时间要求按下按键多次，是非常有挑战性的。在图 1.7 所示的《劲乐团》中，玩家需要在每个音乐砖块掉落到横线上之前按下对应的按键，这还是砖块比较少的情况，在《劲乐团》一些难度比较高的曲目中，要求玩家在 1s 内按下十几次按键是很普遍的情况。

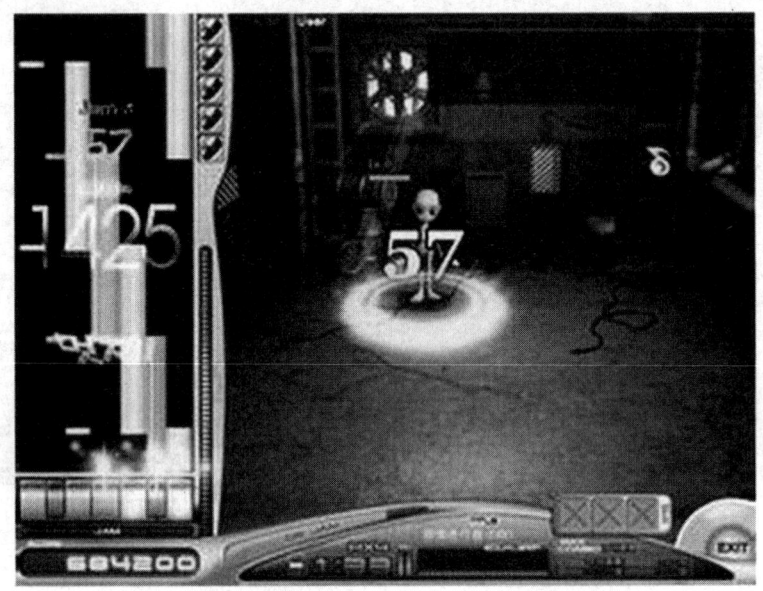

图 1.7

通过以上例子可以知道，仅是一个按下按键的操作，就需要玩家手脑协同。对于其中的每一步，我们都可以设计出许多花样，以达到各种目的。所以，设计师不需要抄袭其他人的游戏设计方案，只要分解出游戏的核心挑战，对其中的步骤采用不同的设计方式，就能设计出变化多样的游戏。

再次强调这类游戏的核心：致力于让玩家在自己的能力范围内体验到挑战的乐趣。

普通人的能力极限在短时间内基本是固定的。不要轻易触碰玩家的能力极限，因为其未必时刻都能达到巅峰状态。

1.1.2 难度调整——RLD

合理化关卡设计（Rational Level Design，RLD）是国外游戏公司的一种设计思想，但在笔者看来，这只是一种量化方法，而不是设计思想，其核心是在设计游戏的挑战时，可以采取一定的方式调整其中的参数变化，从而让整个关卡的难度变化过程更符合玩家的需求，如图 1.8 所示。

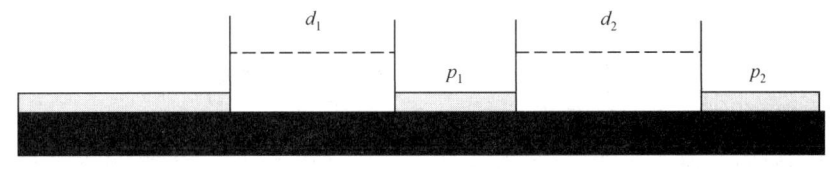

图 1.8

其中，d_1 和 d_2 代表游戏角色掉下去就会"死亡"的深渊，p_1 和 p_2 代表游戏角色可以站立和移动的平台，不同长度的 d_1/d_2、p_1/p_2 会使玩家的通过率和操作有所不同。那么，如何设定 d_1、d_2、p_1、p_2 的长度呢？首先需要设定通过率，明确这段关卡的难度档次。例如，当设定通过率为 10%时，通过这段关卡对玩家来说是非常难的挑战；当设定通过率为 40%时，通过这段关卡对玩家来说是比较难的挑战。接着尝试有哪几种 d 和 p 的长度组合会让通过率为 10%，有哪几种 d 和 p 的长度组合会让通过率提升为 60%，以及有哪几种 d 和 p 的长度组合会让通过率为 80%。

此处要达到两个目标：一是发现哪些因素能够改变最终的通过率；二是如何合理地在关卡中排布这些难度组合，以让这个关卡达到想要的难度。

量化难度是非常有用的方法，它能够帮助我们设计丰富多样的关卡，包括设计一套良好的随机生成关卡规则。RLD 的一个缺点在于，对许多游戏而言，影响其难度的因素要么非常多，要么非常难以量化。在前面的内容中，笔者列举了很多通过改变游戏因素来改变游戏难度的设计方法，其所导致的最终通过率的变化并不是很简单就能够被量化的。它们的变化规律是怎样的，现在既没有这方面的研究，也很难收集同一个因素在各种不同情况下发生的变化。例如，在一款 FPS 游戏中的某个区域里，已经设置了 3 个使用冲锋枪的敌人，这时再设置一个使用霰弹枪的敌人，通过率会变成多少呢？假设原来的通过率是 50%，那么增加一个敌人之后，通过率会变成 30%吗？这些都无法预测。每种改变都要依靠玩家实际进行测试后才能得知其结果，然后再进行安排。

当然，也有先知型的做法，那就是根据人各方面的极限指标和一般人在普通状态下的指标，来进行难度设计。

在继续讨论之前，先简略罗列一下设计师在游戏设计中会用到的一些指标。

1. 反应能力

人类的神经传输速度为 400km/s。

人脑能自动处理一些习以为常的行为，如走路或缩手等，这些无须经过大脑思考的反应的用时约为0.1s。那些需要经过大脑思考的反应的用时会长一些，一般比前者要多出0.1s。

运动员的极限反应时间是0.1s，这是由神经中电位信号的传输速度和人体的神经长度共同决定的。

20～30岁的普通人，反应时间的范围是0.2～0.4s。

40～45岁男性的反应时间，在0.59～0.49s为合格，在0.43s以内为优秀；同样年龄段的女性的反应时间，在0.61～0.52s为合格，在0.44s以内为优秀。

2．人眼

- 人眼能够分辨的最小细节折合为0.59角分。
- 人眼的视野大概为向外95°、向内60°、向上60°、向下75°的区域。
- 人眼看到低于24帧的物体时会有明显的卡顿感。
- 人眼最高可以分辨75帧的高速度物体。
- 人眼的视野核心为2°的圆锥形区域。

有时，人们以为看到了周围的情况，其实非常多的部分都是自行联想补充的。另外，人们往往更关注集中注意的地方，也就是视点，而忽略了其他部分的情况。人眼能感知的色彩一般在32～48位范围内。而对色彩的分辨能力，在不同的情况下也有不同，一般而言，色彩饱和度越高，人眼分辨力越弱。

3．专注力

一项研究发现，人类的专注力在过去十几年内大幅下降，专注时间从2000年的12s缩短到现在的8s，比金鱼的9s还短。当然，这说的是完全专注的情况，在现实生活中的很多情况下，并不需要百分之百的专注力。

对于那些需要全神贯注从事某项工作的人，如卡车司机、发电厂操作人员及飞机驾驶员，12h是保持专注的极限。

1岁孩子的专注力保持时长是15s，5岁孩子能达到15min。在正常情况下，一个人的专注力保持时长在1h之内。

4．声音

人耳感知声音的频率范围为20Hz～20kHz。

频率（物理现象）和音高（心理现象）之间并不是线性关系。在频率很低时，频率只要增加一点，就能引起音高的显著提升。比如，钢琴上最低的两个音的频率仅有1.6Hz的差别，而最高的两个音之间频率的差别达到了235Hz。

人的听力范围也随着年龄的增加而缩小：原因一是自然选择，因为在正常的生活中，人不需要听到那么大的音频范围；原因二是人耳中绒毛细胞的老化，所以小孩能够听到一些成年人听不到的声音。

另外，一些频率低于20Hz的次声波，虽然不能被人听到，但可以被感知到，甚至影响人的生理功能。比如，某个频率的次声波会使人的心跳加速、身体感觉到冷，如果更强烈，就会使人出现幻听和幻视、心律不齐等严重情况。很多时候一些人声称体验到灵异现象，其实是由次声波引起的。

分贝是声音响度的一个度量单位，人对不同分贝数的声音的感受如表1.1所示。

表1.1

分贝数/dB	类　比　物
180	火箭发射（45m远）
160	
140	喷气式飞机起飞（24m远）
	此时耳朵会有痛的感觉
120	响雷
	双引擎飞机起飞
100	地铁站内
	长时间处在此环境中，会造成听力损失
80	嘈杂的汽车内部
60	正常谈话
50	正常谈话
40	安静的办公室
30	安静的房间
20	低语（1.5m）
0	绝对听力阈值（频率为1kHz的声音）

这些人类的极限数据，大部分在游戏设计中都不会被用到，被使用较多的是反应时间。0.1s是极限值，但不要期待正常人能够做到。在有各种干扰因素的情况下，在大部分游戏中，0.2s的反应时间就可以被视为极限了。玩家觉得很有挑战的反应时间是0.3s左右，有点难度的反应时间为0.5s，略微需要注意的反应时间是0.8s，容易的反应时间在1s以上。

另外，在瞬时决策方面，不要让玩家同时关注超过3个以上的目标，即3个是极限。这影响着要求玩家同时操作的事项数，在一般情况下，操作事项数为2个就好。高度专注的持续时间的波动范围比较大，受到任务难度和玩家自身状态的影响。极强的专注力可以让人感觉到时间的流逝在变慢。例如，有一次，李小龙跟一个高手对打，在打赢对方之后，他问妻子用了多久，妻子回答用了一分多钟，但他自己感觉仿佛过了20min。高度专注持续的时间很短，而有休息间隔的高度专注可以持续很长的时间。比如，在汽车拉力赛中，赛车的速度很快，但是赛车手可以保持专注达5个多小时，因为其并不是时时刻刻都需要保持高度专注的。所以游戏也要给玩家提供休息的机会，或者说在玩家达到极高的专注度之后，就把难度降低一小段时间。

虽然这些指标处于范围内，而不是确切的数值，并且会受到很多情况的影响，但在设计时，这些指标是重要的参考值。比如，在制作STG游戏时，一次出动多少架敌机？每架敌机有多少血值？间隔多久可以出动下一批敌机？最短的间隔是多久？什么样的敌机类型和子弹类型会让玩家基本无法躲避？这些指标可以辅助我们设定游戏细节数值。

除此之外,还有很多游戏有策略和思考的成分。这就需要我们根据多项数据去列式估算。比如,一个敌人的射击命中率是70%,如果有阻挡,该敌人的射击命中率会下降为多少?如果有两个敌人,他们与玩家处于多大的夹角,会导致玩家所处的掩体的阻挡效果下降?由此先列式估算,再去设计敌人的AI。虽然我们可以做估算,但也要以实测的数据为准,并且为了达到某个通过率或某些效果,要经常调整敌人的其他参数。

实际上,先验性设计也有局限性,而且在实际设计时,先验性和后觉性的方法经常是混合在一起被使用的。所以不要纠结这是RLD还是"Apriority Level Design"(先验性设计),去用就好了。

着眼于这两者的缺陷,其根源在于获得的数据已经是一个操作之后的结果。因此,可以建立一套更精细的人类模型数据,比如不去记录每个跳台组合中玩家操控的游戏角色的通过率,而去记录玩家操控的游戏角色面对不同跳台时的反应:游戏角色在距离跳台边缘多远处开始跳跃,跳跃的时间点与游戏角色的移动速度的关系;射击时准心的移动轨迹、射击的时间点,以及当时准心与敌人的位置;等等。在此之后,无须用真人来做初步测试,直接用这套人类模型数据进行测试,便可以得到一个近似的结果。这样一套人类模型数据在除游戏设计之外的很多领域中也会发挥巨大的作用。

1.1.3 设定挑战难度的总体指导

当处于玩家能力范围内的挑战让他们感到有难度但又不至于困难到无法完成时,此挑战最容易让他们产生心流。鉴于玩家有限的生理能力,以及在当时所处的情境下,玩家并不适合全神贯注于眼前的挑战,在做设计时,设计师应该降低挑战的难度。比如,让挑战都变成可知的,让玩家有较长的反应时间,从而把挑战点放在操作之外的地方,如放在玩家的策略上。

每个玩家的能力是不同的,同一个玩家在不同时刻的能力也是不同的,基于此,如何设计挑战的难度?实际上,一些游戏中的关卡难度递进,有时并不是真正的操作难度递进,仅是怪物数量的上升,对玩家操作的要求并没有改变。比如,国内的大部分手游都存在这种情况,其增加挑战难度的方式就是增加怪物的数量,玩家在战斗中的操作没有变化,设计整个游戏的核心变成了收集材料、规划时间,也就是将游戏挑战难度的变化转变为战斗外的准备。尽管这种挑战点和乐趣点的变化也能够让玩家产生心流,但会使其失去爽快感,难以感受挑战性。

另一种情况是要求玩家更好地掌握游戏中的规则或者游戏角色的技能,这些是真正的挑战难度的改变,然而挑战难度的改变也应该是有节制的。再用跑酷类游戏来说明,在没有其他规则时,最基础的跑酷类游戏仅有前面所述的几个挑战点,最简单的增加挑战难度的方式就是加快游戏角色的移动速度,从而加快整个游戏的节奏。于是留给玩家的反应时间逐渐变短,最后反应时间越来越接近于0.1s,同时对操作精度的要求也越来越高,导致玩家几乎不可能通关。

挑战难度递进是良好的设计,但是无限递进是不对的。无论是否以高难度为设计方向,游戏都不应该无限地变得更难。

那么如何是好呢？这就需要把握心流。

一个人在将精力完全投入某种活动中时会产生心流，心流在产生时会给人带来高度的兴奋感及充实感。玩家要产生心流，需要具备一定的条件：一是玩家自身的能力强，比如读书时的理解速度快、参加竞技类体育运动时的技巧能力强、玩游戏时的操作能力强等；二是活动给玩家带来的挑战难度和玩家能力的上限差距不大，玩家必须专注，同时又不至于应付不过来。心流区间示意图如图 1.9 所示。

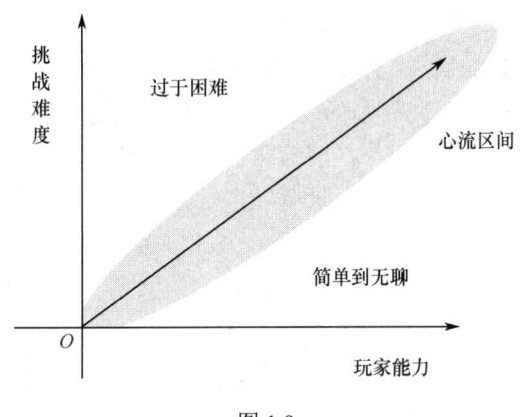

图 1.9

不同的玩家具有不同的能力，而要想让他们产生心流，就要让挑战难度一直处在他们的能力上限附近。不同玩家的能力差距，甚至操作熟练与否，都会导致他们的表现有明显的差距，那么如何设定挑战难度就是关键。

1.1.4 找到玩家能力的上限

一般的游戏都会有一个挑战难度递增的过程，一开始是低难度的游戏教程，关卡都不会很难通过，大多数是删减功能后的简单挑战。然而即使在功能介绍完毕，正式进入关卡时，也不能要求玩家立刻掌握刚刚学到的所有技巧，所以此时不应该立刻增加挑战难度。挑战难度的增加同样需要一个渐进的过程。

在逐渐增加挑战难度后，玩家就会在某个地方遇到挫折。一般这个地方就是玩家当前能力的一个基准点，可以把其当成玩家当前能力的上限。这个地方一般是玩家"死亡"的地方，但对于某些规则下的游戏而言，这个地方也可以是玩家多次被击中的地方。随着玩家对游戏的不断熟悉，玩家的能力肯定会超过这个水准。接下来讨论如何判定玩家在不同时刻的能力上限。

以跑酷类游戏为例。
- 记录玩家失控时的速度及时间。
- 记录玩家是为了得到一个特殊的道具而失败，还是在普通的通关路径中因不能应付挑战而失败。

设定一个数据池，用来存储这些数据。取最新且有效的几次数据，比如玩家最近5次、10次玩游戏的过程数据，并取其平均值，作为玩家当前的能力上限。

设定"有效数据"的要求如下。

- 舍弃与现有平均值相差太多的数据。
- 当数据量超出数据池的容量时，用新增的数据替代旧数据。
- 保留最高值。

对于偶尔远远低于或高出平均值的数据，可以将其作为二级数据池的数据保存起来，也可以舍弃。因为玩家有可能在玩了别的游戏后，再回来玩我们的游戏时能力大减，也有可能是借给高手玩了一次，让这次的数据表现得很优秀。

以更复杂的《反恐精英》游戏为例，其除了对玩家的射击能力有要求，还要求玩家考虑策略的运用。玩家需要思考如何与其他的队员配合，使用怎样的战术去营救人质或者安装炸弹。即使是这样的游戏，也可以记录下导致玩家"死亡"的各种数据。可记录的数据如下。

- 玩家在开场多久之后被击杀。
- 玩家被何种枪械击杀。
- 玩家是否被快速爆头击杀。
- 在被攻击期间，玩家的视野内是否有攻击者。
- 在被攻击期间，玩家是否进行开枪反击，是否给对方造成了伤害。
- 玩家使用何种枪械，在一局中造成了多少伤害。

由此可判断出玩家的"死因"和他们的操作能力及运用策略的成熟度。

如果再加上其他玩家的表现，就可以判断这个玩家对整个团队的贡献度、对战术的掌握程度等，从而对这个玩家做一个更完整的能力水平的评估。接着找出该玩家的能力水平与我们设定的游戏中玩家可以达到的最高能力水平之间的差距，这段差距就是该玩家可以进步的空间。

1.1.5 设定挑战难度的具体做法

设定挑战难度时必须紧贴玩家的能力。

如果追求快速让玩家产生心流，那么在游戏中设定的挑战难度要尽快地上升到玩家能力的上限附近。比如，在赛车类游戏中，赛车的速度都是很快就能达到顶点的，假设设定的加速过程不是几秒，而是几十秒，这种缓慢的速度距离玩家能把控的速度极限还很远，那么玩家在这一过程中就很难有刺激感。

许多游戏中有打千层塔之类的设定，随着玩家一层层地爬高，其遇到的怪物的打击难度也越来越大，越来越接近于玩家能力的上限。然而在这一过程中，玩家的感受和在上述赛车类游戏中玩家的感受是一样的——没有刺激感。如果登塔需要花费的时间比较长，那么这段没有刺激感的体验就很容易让玩家产生消极情绪。这种很长的前置过程会变成一种时间的消耗。在点卡游戏中，这样做确实达到了目的——即使带给玩家的体验不好，它也一样消耗了玩家的时间,从而让游戏厂商获利。在免费游戏中,则可以把它作为一种时间上的惩罚,并且允许玩家在购买道具后直接通过。

图 1.10 所示为《仙剑奇侠传》(手游版)的"锁妖塔"系统,玩家只要使用一定数量的宝石,就可以直接到达其他玩家打过的最高层数。

图 1.10

这些都是消极的设计,而且玩家不得不接受,或者需要使用金钱去弥补这种消极设计带来的影响。

如果追求游戏的爽快感,设计师可以参考下述做法。

如图 1.11 所示,《暗黑破坏神Ⅲ》中的"大秘境"系统是一个层数很多、每层都很耗时的游戏系统。暴雪公司通过以下两种方式让玩家更快地到达接近他们能力上限的层数。

图 1.11

- 使用一个 0 层的大秘境石头,玩家只要在几十秒内打赢某个难度的小怪物,即可被视为通过了这层。

- 若玩家完成最开始设定的层数的挑战，或者在某层大秘境中完成挑战所花费的时间短于一定的时间，就可连续跳过数层。比如，完成某层的总挑战时间是 15min，如果剩余 10min 以上，那么玩家可以直接跳过 10 层；如果剩余 5~10min，则玩家可以直接跳过 2~9 层。

通过这两种方式，玩家到达接近其能力上限的层数的时间就缩短了很多。

即使暴雪公司采用这两种方式去缩短这段时间，还是有很多玩家建议直接将这个打层的设定改为选层（在新版本的《暗黑破坏神Ⅲ》中，设计师确实这么做了）。

如果是一些比较简单、没有那么庞大的游戏，如跑酷类游戏，难度的变化在一局比赛之中就能体现出来，那么设计师在设计的时候就要追求更快。无论是跑酷类游戏的卷屏速度，还是赛车类游戏中车辆的速度，都要达到玩家能力的上限。如果游戏的规则中没有玩家操控的游戏角色出现一次失误就"死亡"的规则，那么当游戏角色因受到伤害或者阻碍而减慢速度时，要让其快速恢复到合适的速度。对于一些速度或时间对通关时的评分或奖励有影响的游戏，修改奖励的类型、获得的条件，就可以继续保持原有的设计。

在这个难度快速爬升的阶段，玩家到达接近其能力上限的层数要多久呢？可以是 5s、3min，也可以是即刻到达！

在有一定的爬升时间的情况下，这个时间需要设计师根据游戏自身的节奏而定，以下讨论"即刻到达"的情况。图 1.12 所示为一款快节奏的游戏《一击必杀》，操作方式是当敌人进入左右攻击范围时，玩家点击对应方向的按键进行击杀。在图 1.12 的左上角，"SPEED 109%"就是这局游戏的节奏。它会随着玩家的连续击杀而上涨，范围是从 100%到 200%。它的作用是决定怪物出现的速度、怪物的移动速度，这也是对玩家提出的难度要求。这是一个不会随着当局游戏的结束或者重新开始而消失的数值，它会作为一个全局变量一直被保存。在玩家每次进入关卡时，这个数值都会产生作用，这就是"即刻到达"的一种方式。

图 1.12

那么，在游戏的挑战难度到达玩家能力的上限之后呢？

以跑酷类游戏为例，图 1.13 所示的竖条就是在测试游戏中出现障碍物的情况，前期障碍物出现得比较分散，后期障碍物出现的频率逐步提高。这种障碍物的出现方式，到了游戏后期，会让整个游戏的难度变得固定，让玩家难以产生心流。

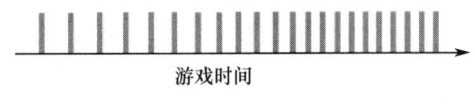

图 1.13

在图 1.14 中，两条曲线展示的是中端玩家的情绪过程，深色的曲线代表的是玩家的情绪，有非常明显的波动，同时紧张度也在不断波动，此时游戏给予玩家的是非常好的体验。但是当这些玩家成长为高等级玩家时，紧张度下降，游戏体验也变得没那么有趣了。玩家在游戏中是会成长的，而固定的难度难以满足玩家的体验要求。

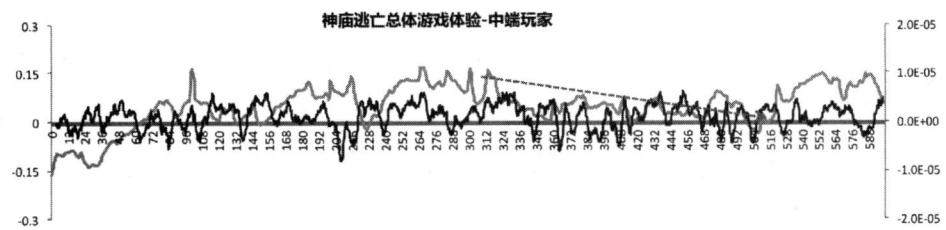

图 1.14

当游戏的刺激度降低时，应当怎么补救呢？若游戏一直保持在固定的高难度位置，将不能一直让玩家产生心流，可是如果再提高挑战难度，就会超过玩家能力的上限，这时玩家玩不过就会产生挫败感。即使设定的挑战难度总是贴合玩家的能力，也会有一个问题，即玩家是难以在很长时间内一直保持高度紧张的状态的。激素的分泌让人进入专注状态，但消耗那么多能量来保持注意力高度集中，并迅捷地完成平时难以完成的任务，也会让人疲劳，人保持极高的专注度是有时限的，而且我们对玩家能力上限的预估，也有可能是不精准的。

那么，应该怎么做呢？在挑战难度接近玩家能力的上限时，应一波一波地改变挑战难度，使其上下浮动，从而拨动玩家的心，如图 1.15 所示。

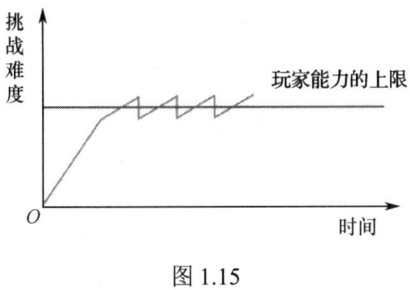

图 1.15

鉴于玩家自身状态的波动性、注意力的集中程度，以及估算玩家能力上限的系统性误差等因素，玩家能力上限的变动范围如图 1.16 所示。

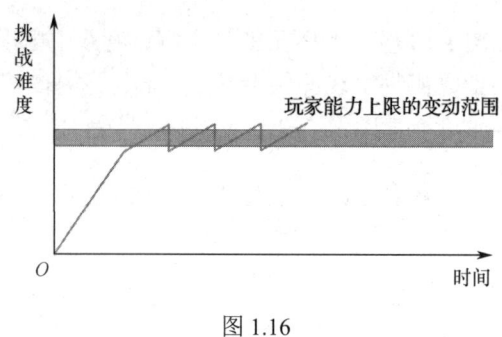

图 1.16

玩家能力上限的变动范围有多大呢？

这个不好确定，在玩家身体状态良好的情况下，也许其能力上限有 10%的波动。也就是说，玩家能力的上限一直处于其全部能力的 90%～100%。比如，在 STG 游戏中，玩家能力的上限能够达到其全部能力的 80%～100%。那么设定的挑战难度就要超过这个值，根据游戏节奏，在一段时间内往返变动。

设定的挑战难度除了往返变动，还要缓缓地上升，要给玩家带去压力。压力是利润的来源之一，而且挑战难度缓缓上升也在给玩家提供上升的空间，让他们不会在这一难度区间玩到乏味，如图 1.17 所示。

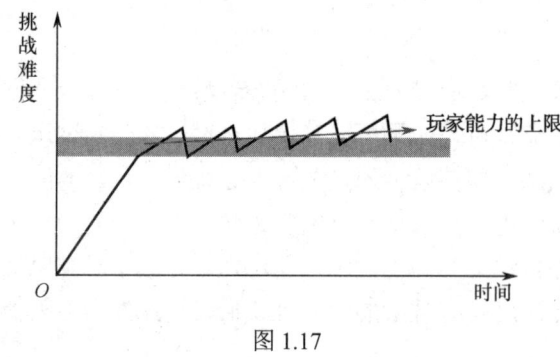

图 1.17

这里有个考虑点：设计师是否应该照顾能力差的玩家。

设计师应该照顾能力差的玩家，可以在游戏挑战之外的地方进行弥补，因为在游戏中，让玩家产生心流才是最重要的。

在许多游戏中，挑战难度只有上升，没有下降，除非游戏角色被击中或者"死亡"。实际上，设计师应该采取一些手段，在玩家正常通关的过程中，或者在动态难度很大的时候，让挑战难度下降一些。

这一点是很重要的，即使不是动态难度变化，而是单一的线性难度上升，设计师也很有必要了解在什么时候应该将挑战难度降下来，让玩家依靠自己的实力，而不是通过道具通关。

怎样判断应该降低挑战难度的时间呢？

可以采用前面介绍的统计方法，在知道玩家能力的上限后，依据这个能力上限进行挑战难度的调整。这种方式是最好的，因为是隐蔽的，所以让玩家无法发觉游戏的挑战难度降低了，会觉得自己玩得很好。如果让玩家通过自主的方式降低游戏的挑战难度，或者把游戏的挑战难度降低得很明显，那么玩家就会有一种隐性的受挫感，觉得自己的能力不济，从而不再玩该游戏。

先讨论一下普通的降低挑战难度的方式，具体示例如下。

- 如果游戏中有多条分叉路线，当玩家进入简单路线时，系统就会自动降低挑战难度。
- 游戏中有特殊的道具，这些道具仅出现一定的时间，或者出现在特殊的岔路上，当玩家获得这些特殊的道具时，系统就会降低挑战难度。

再来讨论隐蔽的降低挑战难度的方式。隐蔽的方式，简单来讲就是不易被玩家发现，同时也不受玩家控制的方式，其具有如下优势。

- 对挑战难度的调整不会太大，不容易被玩家察觉。
- 当玩家事后通过其他方式发现这些规则时，不会因为规则存在缺陷而被其他玩家利用。

如果不采用统计的方法，那么要在单局中发现玩家快要控制不住局面的情况，就只能根据他的表现去判断了，如失误率、每个操作偏离理想点是否越来越远、用到多少条系统提供的补助规则等。比如，在跑酷类游戏中，假设玩家面临一段 10 个深渊的连跳，在速度慢的时候，玩家能够操控游戏角色在接近踏板边缘时跳跃，然后正好跳到下一个踏板的合适位置，这说明其操作良好；当速度越来越快的时候，玩家操控游戏角色在跳跃时超过了好几个踏板的边缘，利用了系统的补助距离才让游戏角色再次起跳，这说明其快要控制不住游戏的局势了。

游戏终归会触碰到玩家能力的上限，有的游戏触碰到了玩家的生理极限，有的游戏则让玩家达到了他当前的数值极限。对于那些触碰到玩家的数值极限的游戏，我们不在这里讨论。而对于生理极限，可以肯定的是，游戏难度不应超过玩家个人的生理极限太多，让玩家完成不可能做到的事情是不友好的。

设计师可以采用一些规则让玩家全程保持注意力高度集中，但这并不是让玩家全程都达到能力的上限。比如在《劲乐团》中，一首歌中仅有几段比较有挑战性，但是玩家要做的是从头到尾都必须保持一定的命中率，不然就会失败。这样既要求玩家全程专注，又不会让他们感到无趣、无所谓。

另外，设计师还可以用操作方式、游戏规则去调动玩家的积极性，不是只有挑战难度这一个调节器。

1.1.6　帮助玩家提升能力

设计师要想让玩家流畅地玩下去，除了给出合适的挑战难度，还可以做进一步的设计，帮助玩家"进步"。

当一个人不擅长某项活动，或者某项活动中的某部分时，只要对这项活动或者这项活动中的某部分还保持着兴趣，他就会想更深入地参与进去。导致他放弃的原因之一是他一直无法进步，此时如果一直没有人帮助他，他自己也领悟不到要点，那么他就会放弃。如果这时有人告诉他诀窍是什么，告诉他应该怎么做，或者创造合适的机会让他练习，那么在一般情况下，他的能力肯定会有所提升。他在跨过这个难点后，肯定会想更多地参与这项活动，见证自己能力的提升。这便提高了他的参与度和投入度。

所以要想让玩家更积极地投入游戏世界，设计师就应该设计一些方式去帮助玩家提升能力。

在游戏中如何设计帮助系统呢？

玩家的能力提升包含两个方面：一个方面是游戏角色的能力提升；另一个方面是玩家自身能力的提升。

1. 游戏角色的能力提升

（1）新能力的获得。

当玩家获得新能力时，一般而言是无法立刻熟练地使用新能力的，那么我们就要提供一些训练关卡，帮助他熟悉。玩家在获得新能力后，会立刻进入"教程房间"，或者会为了实现一个简单的目标而练习。在玩家掌握使用方法之后，我们就可以将新能力所对应的游戏内容融入正常的游戏关卡之中了。这里要注意，应该提供一个由简入繁的过程，就像"马里奥之父"宫本茂的设计思路：先设置一只锤子龟，让玩家学会怎么对付，之后再同时设置多只锤子龟和多朵蘑菇，让玩家面对他们需要面对的挑战难度。

我们还可以为玩家提供一些特殊的训练关卡，一方面可以将其作为让玩家进阶技能使用方式的教学内容，另一方面可以将其作为给玩家的奖励和挑战。将一个技能设计得越深，其就越能提供深层次的策略效用，自然可以让游戏更有深度，但同时也要给玩家提供进阶使用方式的教学内容，不然玩家可能连这种使用方式都不知道。

以前的玩家在遇到难关时，都会先去查攻略，去论坛讨论、请教，再尝试千百遍。现在玩家的游戏方式已经非常快餐化，寻求频繁出现的兴奋点，所以设计师要在游戏中直接让玩家知道，这个技能还有这样的玩法。

（2）数值性提高。

增加怪物的数量是很多玩家都非常厌恶的游戏设计方法，但也是一种有效的设计方法，可帮助设计师创造心流和情绪波动。数值性提高应满足整个游戏的情绪历程的设计要求，这一点在第 3 章中有更多的讲解；数值性提高对成长线的影响，在第 4 章中有更多的讲解，这里不再赘述。这里笔者只讲一个核心要点：要想让玩家对数值性提高有盼头，设计师要仔细考虑所需要提高的空间、提高的速度及提高之后的效果。

2. 玩家自身能力的提升

玩家自身能力的提升包含以下两种。

（1）玩家生理能力的提升。

玩家生理能力的提升是非常困难的，在一般情况下，能够提升的只有玩家的专注程度。

即使玩家变得更专注,也经常会遇到失败的情况。假设此时玩家已经达到了他的能力上限,设计师还能够怎么做?

如果是单机游戏,在不影响设计需要的前提下,设计师可以通过"动态难度调整",让挑战难度略微下降。如果是多人对战游戏呢?降低其他玩家的挑战难度是不可能的,那么可以通过修改匹配规则,让这个玩家在输了太多次之后,匹配到一个略微弱小的对手。

这是否影响竞技的公平性呢?设计师可以在一定程度上做一些优化。比如,当系统需要匹配给玩家一个 3000 分的对手时,可能这个对手是一个刚从 3300 分掉下来的对手,或者是一个刚从 2800 分升上来的对手,哪个会更强呢?一般而言,后者可能弱一点。所以站在这个角度讲,设计师不应以影响竞技的公平性的方式去调整挑战难度,而应调整匹配对手预期的能力值,以此来帮助这名玩家。

如果是由玩家自行选择挑战难度的单机游戏呢?在玩家失败多次之后,系统可以弹出对话框,友好地询问是否要降低挑战难度。但绝对不要玩家每"死"一次就询问一次,本来失败就已经让玩家很烦了,还要再刺痛他一次,这样就让玩家对游戏更厌恶了。

除了调整挑战难度,还可以应用其他办法协助玩家提高他们各方面的能力。前面在谈到如何快速达到玩家能力的上限时,强调要记录玩家各方面的数据。很多游戏仅把这些数据放在一个面板上,作为一堆数值反馈给玩家,然而我们还可以更进一步。

比如,在每次考试结束后,教师都会把成绩发给每个学生,如果这时教师走过来跟学生分析在这次考试中,哪部分得分比较高,哪部分得分比较低,哪部分内容更容易通过学习而产生明显的进步,学生就会明白很多,而且还会心存感激。

即使是一个计算机系统,如果这样去帮玩家做出分析,也会一样有效。这比现在很多游戏毫无情绪波动地拿出许多数据直接展示给玩家要好得多。

(2)玩家对游戏操作能力的提升。

如果游戏中有足够多的玩法和内容,玩家只是因为对游戏的理解还不够深入,所以不能熟练地使用各种技能,那么此时是应该让玩家自行探索,还是一步步给玩家讲解呢?

设计师秉承的思路应该是"师傅领进门,修行在个人"。设计师在游戏过程中只要起个头,帮助玩家一次就够了,但可以提供攻略查询的便捷方式。

在游戏内容的设计上,设计师如何去帮助玩家呢?假设一款跑酷类游戏里面有冰属性的关卡、火属性的关卡、风属性的关卡,某个玩家将冰属性和风属性的关卡处理得很好,但老是搞不定火属性的关卡,这时应该怎么办?给他施加压力,让火属性的关卡不停地出现?或者为了让他玩得更畅快,故意减少火属性的关卡的出现次数?用什么标准去衡量这两种设计呢?答案是应从不同玩家的特性入手。这里有两类玩家:一类是因为熟练程度不够所以总是无法通过火属性的关卡的玩家;另一类是实在难以通过火属性的关卡的玩家。怎么去设计接下来出现的关卡呢?

在此笔者给出一个参考的思路:鉴于现在用户的获取难度和获取成本都很高,每个用户对于我们都是重要的。因此,既然这个玩家已经是我们的用户了,那么就要尽量将其留住。对于实在难以通过火属性的关卡的玩家,就减少火属性的关卡出现的次数。对于这两类玩家都适用的设计思路就是：把火属性的关卡作为针对玩家而设置的奖励关卡，用更高的奖励去吸引玩家来挑战。

以上这些都是针对短时挑战的设计规则，但在实际设计中，应该按照更长时间的情绪历程去指导和控制这些短时挑战的关卡难度，这些更高层次的设计思路将在第 3 章进行讲解。

1.1.7 玩法倾向

在笔者看来，目前市面上的 ACT 游戏、ARPG 游戏、FPS 游戏、MOBA 游戏，以及各种各样需要快速操作的游戏，其设计可以被概括为以下两种类型。

第一种类型是 QTE（Quick Time Event），即快速反应操作（Event 的意思是"事件"，将其译成"操作"，是为了强调需要玩家各种肢体动作参与的含义），也就是以考验玩家的瞬时反应力为主的玩法设计。比如，《波斯王子》《反恐精英》《暗黑血统》《鬼泣》等游戏，它们都强调玩家要快速地做出正确的反应，执行正确的操作，从而战胜敌人。如图 1.18 所示，游戏角色 Death 同时面对这么多敌人，需要在躲避它们的攻击的同时击杀它们。

图 1.18

第二种类型是以记忆型操作为主的玩法设计，其分为两类：一类的记忆内容偏向于敌人，另一类的记忆内容偏向于玩家自身。先来介绍第一关，比如，《黑暗之魂》的战斗设计，实际上并不算是 QTE，玩家需要做的是记住 BOSS 的出招规则和顺序，在 BOSS 的攻击间隙穿插着进行攻击，当然还需要快速操作。由于游戏中没有即时解除"攻击硬直"或者立刻更改招式的设定，在进行一次攻击之后，玩家必须等动作播完后才能进行另外的操作，所以这类玩法设计的核心其实是记住 BOSS 的出招，在其攻击间隙去攻击。如图 1.19 所示，游戏角色在 BOSS 攻击完后，开始准备攻击。同理，在"超级马里奥"系列游戏的一些关卡中，由于敌人或者炮弹出现和移动得太快，玩家基本不能依靠反应力让游戏角色躲过去，也是通过多次失败，记住敌人或者炮弹出现的规律来通过这些关卡的。

图 1.19

再来介绍第二类，比如，《劲乐团》及很多格斗类游戏对快速操作有要求，但玩家在把握住某个时机之后，接下来要做的其实是一连串的固定操作，如《拳皇》里每个角色的 Combo（连招）。这是每个《拳皇》的玩家都需要练习的东西，而且如果 Combo 系统对伤害输出有很显著的效用，那么这些记忆型操作就会更重要。

再以《劲乐团》为例，这种音乐类游戏对快速操作的要求是很高的，但在玩家的快速操作达到高水平之后，一是玩家的反应力和专注力有限，二是游戏设计中会出现很多相似的、有规律的音块序列，如阶梯状、双击阶梯、长条配阶梯等音块序列，如果每次都靠玩家的即时反应，则很容易出错；如果玩家依靠自身的记忆，并且在好好练习对应的手法后再来对付这些音块序列，那么全部命中的概率就会高很多。

延伸一下，这其实与现实中的技艺学习是一致的，巴赫《十二平均律》的第一首《C大调前奏曲》是一首达到三四级水平的钢琴手能够演奏的钢琴曲，如果将其交给一个达到六七级水平的钢琴手来弹奏，他能够直接视奏，但对一个刚刚达到三四级水平的钢琴手而言，则需要去记忆和练习。所以如果游戏中有更多的规则型操作，而且玩家凭自己的能力难以完成这些操作，那么其就会偏向于去完成记忆型操作。

这两种类型的操作各自有何特色呢？

就刺激感和乐趣而言，笔者更倾向于 QTE。因为记忆型操作让玩家无法即时反应。玩家明明看到了敌人的刀斧打过来，却无法做出任何操作去躲避，仅仅因为他刚刚按下了重攻击键。我们在现实中出拳，受到力量和惯性的制约，确实会遇到明明看到了对方的反击，但是已经太晚了，没办法改变拳向的情况。但游戏是讲究乐趣的，现实中的很多具体细节是可以省略掉的，而且当游戏挑战变成了记忆型挑战，玩家在"死"过好几回之后终于摸清了敌人的打法时，进行的就是一系列的机械式流水线操作：在避开敌人第一击之后，翻滚到他的身旁，进行一次轻攻击，再次翻滚到敌人身后的位置，避开他的第二次攻击，这时可以使用重攻击……这样玩起来就没有意思了，有时玩家觉得自己在被游戏玩，而不是在玩游戏。

游戏应该带给玩家即时性的刺激和反馈，这样才让玩家有刺激感。如果为了让玩家等待，并且让玩家在等待中产生焦虑和期待的情绪，那么 QTE 也一样能够达到这样的目的。比如，BOSS 某招的攻击范围比较大，但是前摇时间较长，玩家在看到时一定要立刻避开，在避开的过程中，玩家一样产生了焦虑和期待。

反过来讲，确实会有一些快速反应能力比较差的玩家，其在游戏提高了难度之后就打不过了。或者说对大部分普通玩家而言，仅在 QTE 上下功夫是不够的。玩家自身的反应能力的成长难以用一条明显的成长线，并通过游戏难度的提升展现出来，因为每个人的情况和进步速度都是不同的。人的极限反应时间是 0.1s，平时在非常专注的情况下，一般人的极限反应时间能达到 0.2s 左右。玩家不会有从 5s 的极限反应时间开始，逐步达到 0.0001s 的极限反应时间这样的进步过程。所以我们需要提供一定的记忆型操作来帮助玩家完成更高的挑战。

总而言之，仅从"爽"的角度来看，笔者倾向于把动作类、反应类游戏的设计偏向于 QTE，再根据内容补充一些需要玩家自身记忆的部分。

1.1.8 攻击方式

1. 设计符合角色特色的攻击方式

游戏行业发展至今，已经有了很多惯用的攻击方式，以下简单罗列攻击方式的各种元素。

- 近战、远程。
- 即时释放、吟唱、引导。
- 指向性的，即指向某个方向或者位置，这类技能一般带有一段技能的释放时间或者投射物的飞行时间；导向性的，即有某个可选择的目标。
- 伤害单体、多体、区域、全屏、全地图等不同范围。
- 一次性的和持续性的。
- 作用于目标或地形。

以上多种元素，可以组合出非常多的攻击方式，也就意味着可以组合出丰富的怪物类型。但对老玩家而言，这样组合而成的新怪物很可能与其在别的游戏中见过的怪物在设计上大同小异。因为无论如何组合上述元素，都超越不了人实际所处的世界，人生活在三维空间中，居于其中的三维生物，其生活方式和活动方式也是三维的，所以点、线、面的技能的作用范围、一次或多次性伤害、召唤、"dot"等，最终都会被限制在三维空间中。

设计师可以尝试增加新的维度，即一些人在现实中无法控制，但可以在游戏中控制的维度，如时间。控制时间不仅包括控制时间流逝的速度，还包括对其更进一步的设计，如冻结某块区域的时间，让其变成过去或未来的时间切片。比如，玩家在和敌人战斗的过程中，在某个位置投掷一把刀，并把这个位置的时间流固定，之后进行其他部分的时间回溯，回溯到敌人正好处在那个位置的时候，于是敌人身上就中了这把刀。

再如控制物质，一个物体的存在与否、质量大小、密度大小、反光与否等都是其物质的表现方面。比如动能，包括物体的移动速度，也包括分子的移动速度，分子的移动速度就是温度的物理概念，那么就能够产生绝对零度。

这些都可以给玩家带来耳目一新的体验，但也肯定会提升游戏的复杂程度。无论怎么解释这些新的游戏概念，怎么去设计游戏关卡，最终都会让玩家面对新的思考范畴。比如，玩家可以采用时间回溯的方式攻击敌人，那么他在每次移动时都要仔细考虑自己在所有时间轨迹上的位置，只是尝试着思考一下，就是对玩家思考力和记忆力的一大挑战了。所以设计师在设计全新的维度时，很容易因为其复杂度而让很多玩家无法适应。很多能想到的游戏玩法，即使有它独特的乐趣，但依旧不被采用的原因，就是它的复杂度不会给玩家带来对等的、足够多的乐趣。理解和熟练使用游戏机制的最低要求，影响了这些玩法可以容纳的玩家群体，而其能够带来的乐趣则影响了玩家最终对其的评价。如果没把握展现好它们，那么这些玩法就是不可取的。

无论如何组合这些元素，玩家所采用的攻击方式都是有限的，所以如何展现这些攻击方式就很重要。比如，设计一个蜘蛛关卡，其中的怪物应该拥有怎样的技能、怎样的攻击方式？设计师不一定要在攻击方式上创新，还可以在怪物的整体技能上创新。比如，小型蜘蛛拥有"邪恶之咬"这种针对单体、产生一点额外伤害、非常常见的技能，而中型蜘蛛拥有"喷网"技能，大型蜘蛛拥有"裂地猛击"技能。如果它们各自为战，那么就和玩家以前玩过的多款游戏中的蜘蛛关卡一样。如果它们配合作战，那么玩家在应对时需要采取的策略就上升了一个台阶，体验也会完全不同。

以下做一个示例性的职业设计，主要展现设计的思维过程。

首先设计一个形象：是持盾的战士、放箭的游侠，还是制杖的铁匠；再考虑他的性格倾向：是鲁莽还是阴险；然后思考他的攻击方式；最后形成一系列适合他的技能。

比如，设计的形象是阴险的持盾的战士，他应该拥有如下技能。

- 闪光盾击，产生一定范围内的致盲效果。
- 盾牌倒刺，在格挡时造成反弹伤害。
- 带毒匕首，在格挡后可以投出带毒匕首麻痹敌人。
- 衰弱格挡，在多次格挡对手后会让对手力竭，攻击力下降。
- 威吓，使战士的生命力、防御力提高，先持续 10s，之后其生命力、防御力会降低 5s。

一般在设计某个形象时，我们很容易就联想到这个形象在其他游戏中的一些招牌技能。比如，我们在设计法师时，就想到《魔兽世界》中法师的"大火球""水元素""奥术冲击"。

但在做设计时，我们不应该以技能为基础去思考。假设法师有一个范围型的伤害技能——暴风雪，弓箭手有一个范围型的伤害技能——冲击箭，战士也有一个范围型的伤害技能——旋风斩，那么实际玩起来这三者带给玩家的体验基本没有区别。为了做出区别，我们不得不去调整每个技能的数值。比如，法师的暴风雪相对于其他技能攻击范围更大，但是伤害更小；弓箭手的冲击箭产生条状的伤害范围；战士的旋风斩产生扇形的伤害范围。基于此，我们继续调整其他数值，然后让这三个技能产生更大的区别，但是最终不能让玩家的体验出现很大的区别。我们可以这样去操作：如果怪物多，就使用范围技能；如果怪物少，就使用单体技能。在设计这三个形象时，其实用的是完全一样的设计思路和手法。这就是症结所在，站在技能的角度去设计一个形象，实际设计出来的形象很难具有其特色，在数值上做出的调整并不总能使玩家产生不同的操作思路。数值调整的作用是有限的。比如，一个游戏角色拥有一个技能，即在被攻击时会恢复一定的生命值，那么其恢复的生命值是固定值、百分比，还是两者兼而有之？所占的比例又应该是多少？是每次都必定恢复，还是有概率和技能冷却时间？我们在进行调整时需要考虑，如果这个游戏角色恢复的生命值是固定值，那么可能导致这个技能在初期效用高，在后期效用低；如果这个游戏角色恢复的生命值是百分比，而且其在游戏中可以更换更强的装备，那么这个技能就在促使玩家使用更多增加生命值的装备。这些都是数值调整带来的后果。

正确的思路是从一个职业的体验开始，接着思考其操作模式，最后才是具体的技能设计。例如，设计一个近战型职业，应先思考想要创造一个怎样的形象和怎样的操作体验，可以是一个战斗节奏快、单体攻击能力强、拥有各种快速移动能力的游侠般的形象，也可以是一个挥舞着巨大的重剑、身材魁梧、动作沉重有力的强悍的形象。其操作模式直接关乎这个形象的能量系统，在很多的游戏中，只有一种能量系统，那就是魔法值。在这种情况下，要创造多种操作模式，只能依靠技能自身的属性，比如技能冷却时间。但是依靠技能冷却时间能达成的控制也是有限的，因为技能冷却时间本身也是衡量一个技能的自身强度及平衡多个技能的强度时需要控制的一个关键数值，所以它自身也因受到很多束缚而不能被随意使用。如果扩展角色使用的能量系统，如将怒气、集中值、符文等作为新的能量系统，就会极大地方便我们去设计各种各样的操作模式。设想一下需要的职业体验，比如针对越战越勇的职业，可以设计一个符合这一职业的能量系统，如剑气值。这个职业一开始的剑气值维持在 0~10，随着使用的技能的增加，其剑气值也会逐步增加，而剑气值越高，该职业的伤害力就越强。但是，简单的越战越勇会比较单调，那么我们可以再设计一些技能来消耗剑气值，并造成大量的伤害或产生强大的控制效果，以此来促使这一能量系统循环往复。如果依旧使用魔法值，那么为了实现越战越勇，就必须让多个技能都获得一个可叠加的 Buff（游戏术语：增益效果），而且要将强力大招的释放条件改成需要消耗一定的 Buff 层数。与此同时，必须说明这个 Buff 与其他 Buff 是不属于同一种类的，使它们不至于被敌人驱除。最后，魔法值对这个职业来说就变得不重要了。

从上述例子中可以看出，如果坚持只使用一种能量系统，那么采用比较复杂的方式也可以达成想要的操作模式，只是可能会使游戏变得太过复杂而导致玩家的理解成本大幅上升。而新的能量系统还有另一个优点，就是其一般而言会更符合某个职业的世界观背景。无论怎样，这两种做法都不是关键点，关键点是能够创造出新的操作模式。比如，希望刺客的操作过程是来回骚扰，那么可以让他拥有"隐身"的能力，在从背后攻击敌人时产生更大的伤害，并让他在使用完一套连招之后刚好用光能量，必须离开，等待机会再次进行攻击；或者让他能够快速移动到敌人身旁或身后，拥有大量的招架技能，虽然其不能够隐身，但是缠斗能力非常强。由此就需要设计不同的能量系统及技能。最后，虽然这个职业拥有与其他职业相似的一些技能，如"对单体目标造成 150%+30 点伤害"，但是它所拥有的其他技能及其释放条件、限制条件，都会使其拥有与其他职业完全不同的打法，这才是技能设计的核心。

上述说明介绍了可以进行的技能设计，下面讨论"有副作用"的技能设计。

当一个技能拥有明显的正向作用和副作用时，就会促使玩家非常谨慎地去使用，并且同时调动玩家两个方面的情绪：趋利和避害。这样的技能对整个战局来说会导致更多的变化。设想这样的场景，在竞技类的 FPS 游戏《守望先锋》中，某个英雄的大招不仅会产生攻击效果，还会产生疲惫或者脆弱效果，使得使用者受到的伤害增加、移动速度减慢等。这会让玩家怎样去看待这个技能呢？如果是只有攻击性、收益性的技能，则当一个游戏角色释放这样的技能时，我方的思考内容就变成了"这个放大招的角色很危险，快避开"。如果我方人数够多，有足够的把握"打死"他，那么可以快速集中火力消灭他。在大部分情况下，玩家的情绪是"避开—恢复原来的战况"。如果这个角色的大招同时对他有副作用，那么玩家在避开时，心中时刻都在期待着敌人的大招结束，进入产生副作用的阶段，此时的情绪是"避开—反击"！玩家心中会一直保持期待，心态会更积极，这会促使竞技更为激烈。

对大招的发动者来说，当大招没有副作用时，他的想法是尽快使用大招"杀死"敌人，情绪是"进攻—恢复"；当大招有副作用时，他的情绪是"进攻—躲避"。毫无疑问，发动者的心理变化丰富了很多，而且有很大的落差，这些就是刺激度。好比玩《吃豆人》，通常总是追着吃豆人的怪物，也有需要躲避变大的吃豆人的时候，而在吃豆人变大时，玩家也获得了情绪的释放，并进入更刺激的状态。

再回过头来考虑当大招有副作用时，玩家准备使用它时的心理变化。在大招的正向作用不至于强到一次性消灭所有敌人，或者副作用弱到没有明显作用的情况下，玩家会对大招的释放思考更多。释放大招会要求玩家有更好的走位，考虑释放时的位置、变虚弱时的躲避路线。玩家需要把握整个战场的地形、目标点的行进路线、队伍如何布防等。简而言之，整个游戏就变得更有策略。同时，由于大招有副作用，其正向作用自然也要提高，那么此时整个团队能否对释放大招的玩家提供良好的支持，让他的大招最优化，掩护他在虚弱时撤退就成为关键，这就促成了更多的团队配合。

上述内容中用到了"更"，如果游戏本身的节奏已经很快，如《守望先锋》，那么这点"更"就没有必要了。如果是一些中速或者慢速的游戏，这点"更"就可以成为一条很好的"鲶鱼"，搅混整个池子。

以下是由上述技能设计思路扩展的其他方面的设计讨论，对技能设计也是有影响的，读者可参考阅读。

对于现在大部分游戏的设计，无论是在技能、系统方面，还是在其他方面，设计师都会以"给"的心态去设计。就像教育小孩的方法：用奖励的方式去促使小孩做一件事情，而不是用惩罚的方式去禁止小孩做一件事情。诚然这是有效的，但当没设计好奖励方式时，导致的问题就是小孩变得太功利："我这次考试得了 100 分，为什么没有东西给我？""你不给我东西，我就不去做事了。""这个东西我不要，所以这件事情我不做。"这种情况已经相当普遍。大部分家庭并不会出现食物短缺的情况，一般都能提供给孩子们足够的物质，那么对于已经习以为常的获得，孩子们就不会珍惜，于是一些家长不得不给出更高档的物质奖励。这样的负面事例相信读者看过很多，这里不再展开讲解。你有没有觉得这种情况在很多游戏中也出现了呢？

展开来讲，"获取""占有"是人重要的本能，这些本能都能有效地驱使人去做各种事情。而人另一个强大的本能则是"恐惧"。"获取"的方式就如上述教育孩子时的奖励，对于这种设计方式，现在的游戏行业已经研究并使用了很多年，而"恐惧"则值得我们去研究。

设计师可以让玩家为自己的行为承担风险，比如，《捕鱼达人》中发射每发炮弹都是需要消耗金币的；也可以在玩法系统中设计风险，比如设置一次部队巡逻的成功率和人手损失率；还可以进行更高层面的设计，比如在生存类游戏中，让玩家每分钟都会有一些东西被扣除，如体力、饱食度等。这些都是已经有过的游戏设计了，但这种让玩家害怕失去的设计思路还可以被应用在更多不同的方面。比如，《智龙迷城会》在玩家连续挑战失败之后，让玩家选择是使用宝石复活，还是靠失去至今所获得的所有战利品来复活。

此外，设计师还可以考虑玩家对落后的恐惧，怎样让玩家害怕落后呢？比如，设置一些公告式的东西，能够让所有玩家看到个人的失败。设计师还可以使用一些表面上是奖励，然而实际上是软性的暗示的东西。比如，一些服务器级别的成就，类似于第一次建立城堡、工会，第一次战胜某个首领级怪物，第一次开拓了某片区域，同时给出足够的奖励。或者给不同梯度的玩家发放不同类型的每日奖励：给等级低的玩家发放基础资源和加速道具；给等级高的玩家发放特殊的强化道具，有助于他们提升实力，但玩家若要提高自己的名次，还是需要充值的。设计师也可以创造一些特殊的福利，比如，让港口占有率为前几名的玩家获得额外的货物，并把他们的雕像或者船只的模型放在码头上，让所有玩家都可以清晰地看到这一切，那些没有获得奖励的大 R（鲸鱼型付费用户）玩家，就会眼红并想竞争。

再来讨论角色的职业设计。除了职业自身的鲜明特色，我们还要考虑其在整个团队中担任的角色和承担的责任。比如，在《魔兽世界》的小团队中，玩家担任的角色分别是 T（Tank，伤害承受者）、Healer（治疗者）、DPS（伤害输出者）；在《激战 2》中，每个角色都可以造成大量伤害，都能够承受 BOSS 的技能，都拥有回血的手段，也就是说，每个角色都可以是 T、Healer 或者 DPS。其实说到底，就是因为一般 BOSS 只有一个，那么在它与玩家战斗的过程中，究竟要攻击哪个目标呢？是第一个命中它的玩家，是仇恨值最高的玩家，还是随机的一个玩家？这需要一个判断的规则，而这个规则也影响了如何设计由各类职业的玩家组成的队伍。其一是 T、Healer 和 DPS 的这种设计方式，让角色的特色更加明显地表现出来，但在扮演一个角色太久之后，玩家就会感到无趣。其二是由于对其中一些职业角色存在硬性需求，当需要玩家组成一个小队时，如果缺少这些职业的队友，如缺少 T 或 Healer，就可能难以通关。其三是在角色明确后，角色的短板会变得更明显，T 承受不住、Healer 的治疗量不够、DPS 的伤害不足都更容易出现，而且其他角色的特色难以帮助这些角色补足短板。如果是另外一种模式，即玩家之间没有明确的角色之分，那么要组成团队进行战斗就会容易很多。

同时，非常突出的职业区别也容易导致这种情况出现。一些战斗对于某些职业会过于简单，而对于另一些职业则难如登天，这点也是需要注意的。

设计师在设计技能时必须考虑的一个要素就是所有怪物的技能区别。比如，一般很多怪物都进行点攻击或小范围的攻击，如果此时有些怪物进行大范围攻击，就会形成对比。形成对比对于创造特色是非常重要的一环。

2．攻击的类型

前面讲的都是如何直接对敌人造成伤害，当然也有很多攻击方式并没有对敌人造成伤害，而是有特殊的效用，如图 1.20 所示。

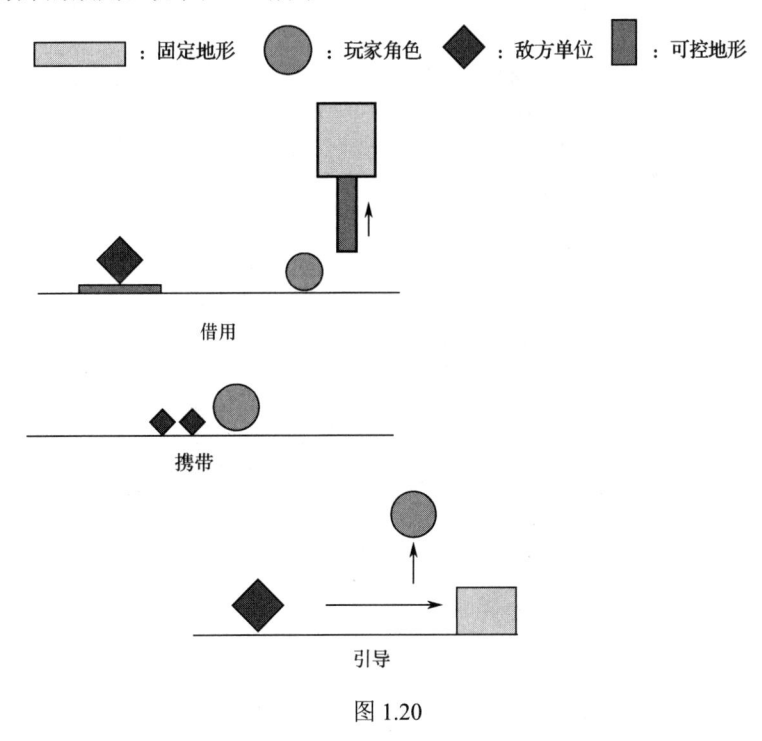

图 1.20

控制

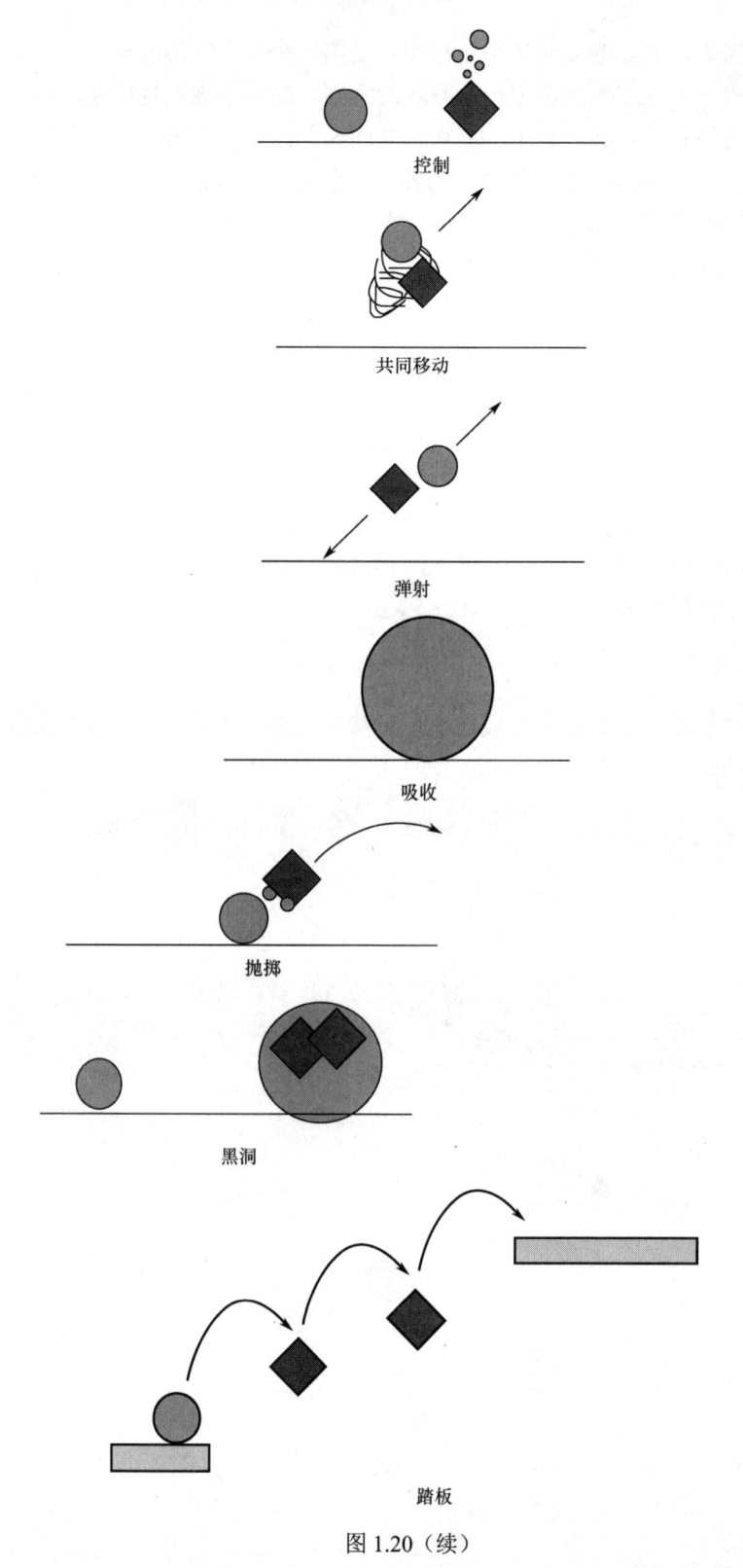

共同移动

弹射

吸收

抛掷

黑洞

踏板

图1.20（续）

反射

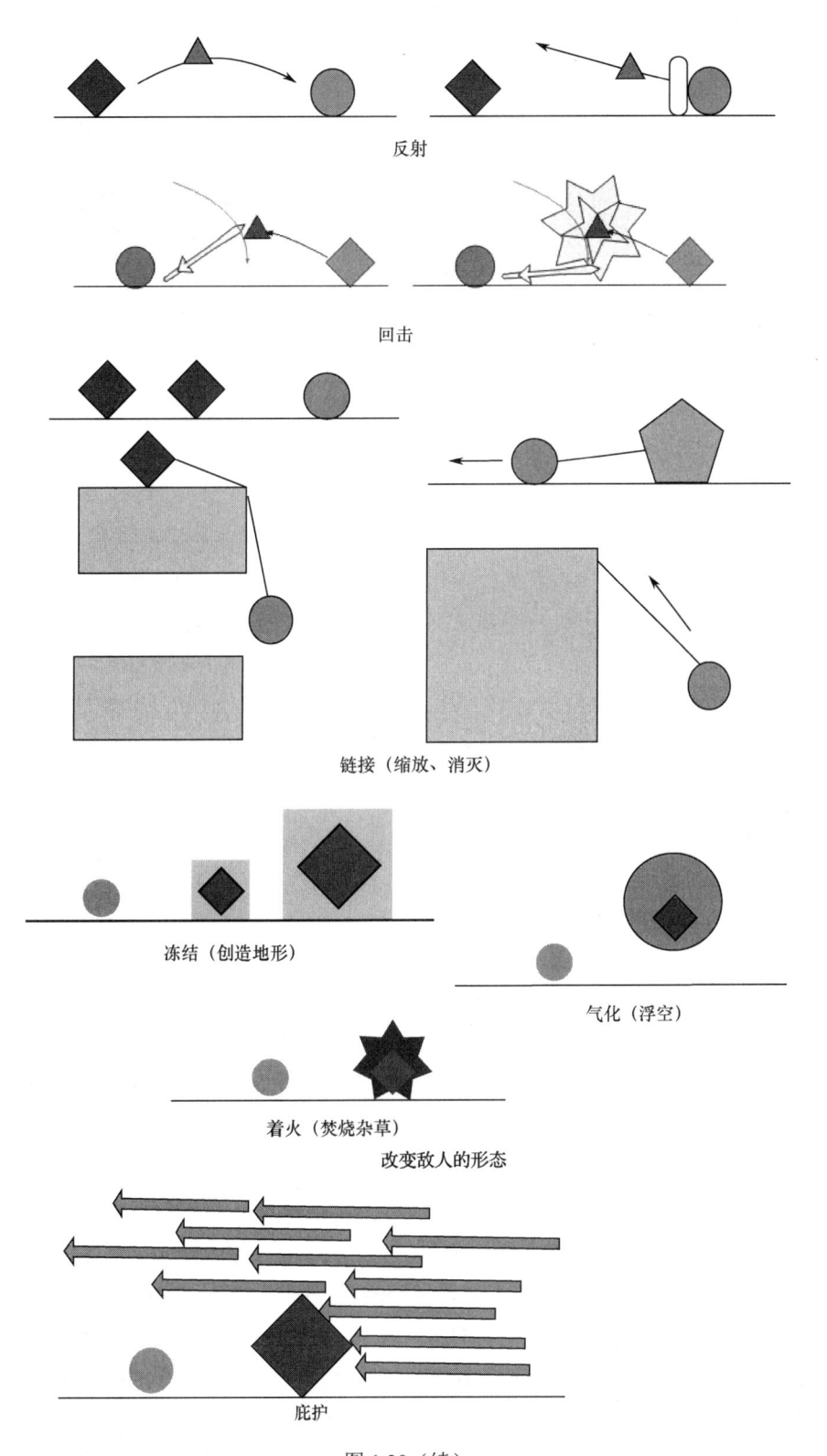

回击

链接（缩放、消灭）

冻结（创造地形）

气化（浮空）

着火（焚烧杂草）

改变敌人的形态

庇护

图 1.20（续）

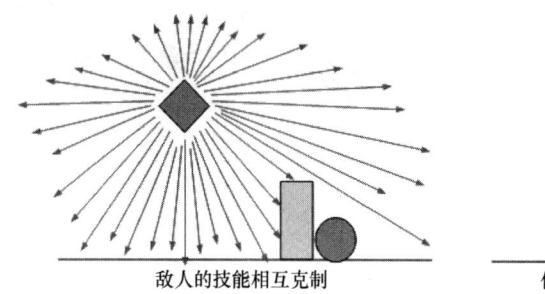

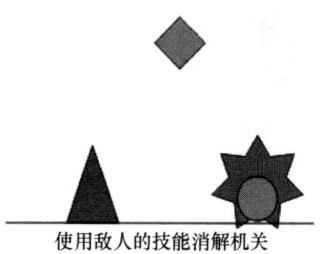

敌人的技能相互克制　　　使用敌人的技能消解机关

图1.20（续）

将其中的任何一种攻击方式进行扩充，就可以让它成为游戏的主要特色。比如，扩充"链接"这种攻击方式，能够让玩家逐步提升不同的方面，如攻击力、作用范围、收缩速度、最长长度、物理弹性的表现等，从而扩展出几条成长线和收集线，并设计出不同的敌人特性和关卡内容。

也可以采用其他方式进行扩充，比如"吸收"，不同的敌人在吸收之后有不同的效果。如果设计师要采用这种方式进行扩充，可以参考《星之卡比》这款游戏。

以上给出了多种示例，一些是不太常见的攻击方式，但它们对我们来说逐渐不再新奇，因为新游戏不断涌现，这些攻击方式肯定会被逐步实践。但这并不意味着以后无法设计出有趣的游戏了，因为重要的还是游戏的设计思路和设计细节，让游戏变得好玩不能只靠攻击方式。当然，几年之后，以前的爆款游戏可能又会流行起来。

3. BOSS设计

针对单人游戏的BOSS设计，可以按以下几点逐步考虑。

先考虑BOSS需要具备的功用，再考虑其形象特色及具体的设计。

比如以下的功用。

- 作为让玩家熟练掌握新技能的强力沙包。
- 作为让玩家熟练掌握之前多个技能的强力沙包。
- 作为实际对玩家的能力和角色数值有考验的挑战。

关于形象特色设计，我们已经在前面讲过示例，在这里就不再展开了，接下来讲解具体设计的一些情况。

对于多人合作对抗的BOSS，在进行具体设计时，除了符合其形象，还要注意不应从它自身的角度去考虑其应该拥有什么技能，而应从玩家需要怎样应对的角度去设计其技能。设计师应考虑在BOSS所拥有的技能序列下，玩家需要怎样躲闪或合作，是否还受到一定的地形的影响，以及最终玩家需要怎样移动、操作。另外，游戏角色自身已经包含了一定的职责，这些职责是其在作为团队一员时需要承担的责任。比如，DPS要操作好自己的技能循环，让自己造成的伤害最大化；T和Healer要合理且不间断地使用各自的技能，担负起吸引BOSS的攻击和救治队员的职责。或者玩家操控的角色之间并没有职业的区分，只是需要每个玩家负责不同的部分。比如，一个玩家去收集左上角的水之元素，另一个玩家去收集右下角的火之元素……设计师应考虑玩家在这种情况下要如何面对 BOSS 的技能，以此为基准再去考虑这些 BOSS 技能产生的影响。

设计师应让战斗的过程有分工，让这种分工适用于不同的角色，以强化其特色。比如，角色需要具备救治技能才能快速通过关卡，并且在通过关卡后会给全部队员一个大型的恢复 Buff。如果玩家有很多事情要去做，那么在设计时就要考虑 BOSS 技能对他的影响。每次 BOSS 的技能释放都会打断玩家现有的技能循环，需要他移动、释放技能或者进行其他有针对性的操作，所以 BOSS 的技能释放不能太频繁，不然必定会对某些角色不友好，打乱玩家的节奏。不要让针对某些角色的操作异常频繁，而使其他角色无所事事，最好是交替地对游戏中的角色进行操作。

从一个大型 MMO 游戏的角度来考虑，某个团队副本的 BOSS 太适合某个职业，并使其有着超出其他职业的表现，这样的设计允许吗？允许！在某种情况下，甚至要促成这样的情况，完全的平衡其实是对游戏性的削弱。在对抗某个 BOSS 时，甚至在某个版本中，某些职业特别强大，但只要不超出其他职业太多，不至于打击其他职业的自信心，就都是可以的。同时，这也会促使玩家产生想要体验这个职业的想法。

在设计游戏中的 BOSS 或者一个世界中的大反派时，有"去神"和"造神"两种思路。假设在玩家所体验的世界中，既没有神秘感，也没有远超玩家角色的存在，他就是这个世界中最强的，而且"玩家角色"还是一个由成千上万个角色组成的团体，这就是"去神"的做法。可以想象，当一个世界再也没有挑战性，再也没有不可得到之物，再也没有未知之事时，会是多么无趣的一种情况。

所以，在基于"造神"这种思路进行 BOSS 的设计时，可以这么做：设计一个 BOSS，玩家仅凭自身的力量是无法打败它的，需要采用很多种攻击方式去削弱它，才能对它造成伤害，最终击败它。这样的设计会显得 BOSS 更强大，而打败更强大的敌人也让玩家感觉更好。

1.1.9 创造爽快感

当玩家做出超出他能力的事情，或者退一步讲，做出超出他在普通状态下的能力的事情时，就会感到爽快。

这是由"强大"而产生的爽快感，其包含两种类型：第一种是在游戏或其他载体中，玩家代入的角色突然变得更强；第二种是玩家确实做出了超越自身能力的事情。

第一种类型包含两种情况。

一是角色自身的成长，许多热血漫画都有这样的剧情设定。比如，在《火影忍者》中，鸣人在打中忍、上忍、"三忍"、佩恩、带土等越来越强的敌人时，自身的能力一直不停地提升。当玩家代入这个角色时，自身也就感觉好"爽"。这种套路同样出现在很多网络小说中，主角是一个一无所知的小人物，连续遇到各种出现概率极低的事件，战斗力不断提升，一路过关斩将，无所不能。当细细品味时，这些小说的思想内涵是很浅的，但当读者代入主角时，就感觉自己也在不停地变强大，在不断地超越自我，从而产生爽快感。

二是改变了玩家认知中的"强大"的角色能力。在以前的游戏中，玩家能干什么？在最初的网络游戏《网络创世纪》中，玩家能干的就是施魔法、砍怪，一个敌人一个敌人地击杀；后来，"无双"系列游戏的出现，告诉玩家还可以成片地打怪。笔者作为一位玩家，在刚看到"无双"系列的游戏时，心中并不是很接受，但是在玩起来之后，确实感觉很爽。再如，在潜入类游戏中，一开始角色都是靠走的，后来角色掌握了瞬移、跳斩、远程锁链等匪夷所思的技巧。ACT游戏的战斗起初是在接近之后才开始进行的，后来角色学会了冲锋、拖拽敌人、黑洞吸取……

还有很多类似的例子，这些都是游戏设计的进步，因为其符合让玩家更爽快的需求，所以才出现并得到传播。

简而言之，这些设计的目的都是让角色变得更强，无论是角色在其所处的世界中逐步变强，还是在各种新的作品中出现更强的角色。

第二种类型是玩家确实做出了超越自身能力的事情。"爽快感"产生的关键原因是对比，这种对比包括现实中玩家之间的对比，也包括游戏中普通状态和特殊状态的对比。我们知道子弹时间是有现实依据的，就是当人处于高度专注状态时，反应能力和体能都会大幅度增强，从而做出一些超越平常能力的事情，如闪避敌人攻击、精准打击、快速决策等。但这种状态是极难出现的，所以当这种状态在游戏中出现时，也就是当子弹时间、刺杀模式、时间停滞出现时，多少人心中会浮现一句话："哇，好厉害"。而这样的游戏状态就可以用来进行对比，这既体现了玩家体验上的不同，也对游戏节奏的控制和设计有所帮助。

还有很多其他方式可采用，如透视、辅助瞄准头部、时间加速、完全格挡等。"时间减缓"是适用性更好的方式，因为采用上述方式，要么产生的实际效果不如采用"时间减缓"的效果，要么会让玩家感觉像在作弊，要么可能会超出玩家的操作能力。下面以"时间加速"这种方式为例进行分析。表现时间减缓可以让实际时间的流动速度变为原来的30%，但表现时间加速，然后一直让玩家处于时间加速的状态，即使只是让时间的速度增加1倍，也可能导致玩家非常难以操作。这与原来的游戏节奏有关，假设一款ACT游戏节奏较慢，有着2s的操作间隔，此时缩短玩家的技能冷却时间到1s，玩家的效率真的就会提高1倍吗？未必，因为镜头的摆放和目标锁定方式、角色攻击方式都会影响玩家的效率，而对于某些摄像机跟随规则设计不好的游戏，这点加速就更不会产生效果，反而会让人更厌恶其摄像机跟随规则。对于另外一些俯视视角的游戏，有时加速的效果可能会变成一个大技能的效果，这是因为玩家的处理速度跟不上。

简而言之，让玩家产生爽快感，就是将游戏设计得更强、更快、更准，这与现实中的情况有关，也与玩家操控的角色在游戏中表现出来的普通状态有关。例如，玩家操控的角色大部分时间都在地上爬，突然能够跑一段，或者突然能够拉住敌人并快速移动过去，这种对比就会让他们产生爽快感。同样，任何更有效的手段都可以用来对比，如快速刺杀对比击杀、爆头射杀对比普通射杀、"Combo"后的伤害增加对比没有额外伤害加成的普通攻击。

如果玩家无法做出快速反应，则可以让系统自动完成一些快速的动作，从而让角色快速移动和打击敌人，让玩家产生爽快感。

图 1.21 所示为一款跑酷类游戏。

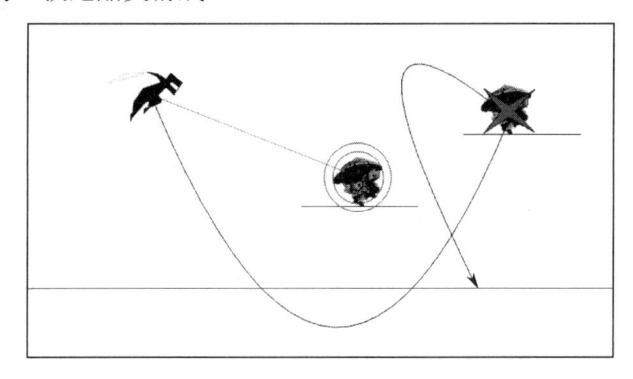

图 1.21

在这款跑酷类游戏中，不是将角色固定在某个位置等敌人过来，仅有跳跃或获得道具这些常见的操作，而是让角色在整个屏幕上杀敌，并且依靠杀敌向前移动，由此完成跑酷类游戏不停向前移动这一核心任务。通过用点击、滑动、跳跃及各种功能键，组合出各种杀敌的招式，玩家可以获得更快节奏的游戏体验、更华丽的界面效果和比其他跑酷类游戏更"强"的角色表现。

一些设计师会以为"强"就是角色能力的全部表现，但对整个游戏而言，更应该用"有效"这个词来描述。强大是相对于敌人的，而有效不仅包括强大，还包括总体的节奏、角色能力的效率、各种获得的效率等对其他方面的考虑。假设在游戏中，原来角色击杀一个敌人需要 3 次普通攻击，共用时 3s，现在角色可以使用一次华丽的攻击击杀敌人，这个动作的用时也是 3s，甚至有些设计师为了让角色在做出这个动作时更帅，会让这个动作的用时更长、光效更华丽。总之，这个技能是更强的，因为一击就可以杀敌了，不需要更多的操作，但对游戏整体而言，这个技能真的更好吗？如果这是一个竞速游戏，这个技能就算不上更好了。或者站在整体游戏节奏的角度看，如果这个技能不能带来更高的效率，也就无法带来更紧张的游戏体验。

有的技能在玩家操作结束后会发挥特别有效的作用，如把敌人全部击杀，这种高效就会转化为"爽快感"！有时甚至只是结果的高效就足以让玩家产生爽快感，如许多游戏中的终极技能。

如果没有这个高效的结果，比如进入了时间减缓模式，同时玩家操控的角色的攻击力也下降了 50%，依旧难以击败敌人；或者玩家操控着角色连续暴击对方，但每一击都只是比普通击中增加 1% 的伤害，如放了一个技能冷却时间为 5min、吟唱 10s 的大技能，光效特别华丽，但结果只比普通招式的伤害高 10 点，这时玩家会产生爽快感吗？不会！他甚至会觉得被骗了。无论玩家付出多么高的操作成本或策略成本，无论游戏视觉的对比多么强烈，如果没有良好的结果，那么玩家就不会产生爽快感。

1.2 冷策略类游戏

本节讨论另一种完全不同的游戏乐趣：策略性。前面所讲的挑战和操作都属于即时性的，是对感官的刺激，而策略没有那么直接，它不要求玩家有太多的操作，是对其大脑、思维的刺激，因此被称为"冷策略"。从广义来讲，任何不要求玩家具备反应能力和操作能力，而要求玩家做出选择、决策的互动内容，都属于策略。

这里有两个分水岭，第一个分水岭是游戏与工具的区别，即目的的区别。游戏的目的是创造乐趣，工具的目的是解决实际问题。大家不认为解决人类的各种难题算是一种游戏，比如计算机视觉应该如何实现、如何展现真菌菌株的生长与其 DNA 的关系，但可以给某些科学问题一些参数，将其包装成一个寻求最优解的游戏，扔给玩家。比如针对病毒的传播问题，我们可以内定或根据实际设定一些参数：病毒潜伏的时间、传染的条件、表现的症状和治愈的方法……然后提供生物性的手段，让玩家以阻止其扩散为目标，去解决问题。这里与解决问题的区别在于，大家已经掌握了这个问题的大部分情况，且确实采用了游戏的方式将问题包装起来。

第二个分水岭是严肃游戏与普通游戏的区别。严肃游戏以拟真和学习为目标，普通游戏以创造乐趣为目标。对于严肃游戏的设计，应以这样的思路去看待：一些书籍并不对内容的实用性做出有效的说明，而是直接抛出各种定理和公式；课后习题也是一样的，其列出包含许多数据的问题，然后要求学生通过套用公式去解决，从而实现对公式的理解。这样"循序渐进"地学到期末，学生依然对这些内容有什么实际作用一知半解，最终让这些内容沦为记忆力和逻辑思维能力的测试工具。而游戏不会这样，游戏都是直接展现各种实际情况的，让玩家自己去分析，找寻一个解决方案。也许其中包含了图论、最优值求解、空间思维等，但最终都表现为一个个具体而有乐趣的目标。所以要想设计出吸引人的严肃游戏，就要把创造乐趣和成就感等作为游戏的目标，再去包装想要放入其中的知识点。

冷策略类游戏的乐趣在哪里呢？无论底层是怎样的逻辑结构，无论包装属于怎样的类型，冷策略类游戏都具有以下特点。

- 玩家愿意挑战这个问题。
- 效果显著。

大脑主管的智力和策略的乐趣，与小脑主管的对身体能力的挑战，有着一样的难度设计逻辑，只是表现方式不同。这两个最基础的特点，会转化为各种更细化的设计规则。

比如，玩家愿意挑战这个问题，就意味着：

（1）问题不会太简单。

- 提供一定的分支，以供选择。
- 用限制信息或需要逻辑思考使得答案不会一目了然。
- 情况不会一成不变，但也没有太大的差别。

（2）问题不会太复杂。

- 不会超过一般人的记忆力，所以数据和规则不能太多。如果数据太多，那就做好归类，类别层级不要超过 3 层。
- 不要超过一般人的思维能力，设计一些需要智商为 140 的人才能解答出来的问题，是很少有人能够通过的。

设计师要将问题包装好，让玩家产生探寻答案的兴趣。

第一是多样性。注意，多样性提供的是游戏体验的不同，不是需要思考的策略选择。只有当游戏中不同玩法存在优劣差异，玩家需要去选择时，才会产生策略。假设弓、枪、刀、剑、拳都产生 1 点伤害，并且在距离上没有任何差距时，这些多样性是没有意义的。进一步讲，战斗方式和作战效果相当接近的职业，也是没有意义的。

第二是有效性。无论是对一整局的游戏而言，还是对游戏中的一小段历程而言，效果都是由一部分系统产生的。其效果有多好，直接表现为玩家感受到的"爽"的程度。效果影响到平衡，但如果一开始就考虑到这种情况，在这个基础上去做平衡，也是完全可取的。比如，重新设计《泡泡龙》，规定同时消除 4 个泡泡会造成爆炸，同时消除 5 个泡泡会造成大爆炸，基于这些新的规则，在每个关卡需要设计更多的泡泡，最终展现出来的关卡不但不会变得简单，反而会变得更有策略性。再放开一点，对于模拟经营或者贸易类游戏，增加一些风险性行为，让玩家在特定的时间窗口才能买卖商品，如果交易成功的获利是一般商品的 10 倍，当玩家做到时，他们心中会不会产生爽快感？

作为设计师，首先需要设定"策略"的范畴及其作用的点和方式，之后才需要考虑如何表现、包装策略。以下探讨其中的细节。

1.2.1 游戏过程中不同部分的策略点

当想要设计一款关于战争的冷策略类游戏时，我们心中就会立刻想到"要做的应该是一款 RTS 游戏"。此时 RTS 游戏的许多规则、先例、玩家情况都会涌入我们的大脑中，我们在做进一步思考时就会陷于它的各种形式之中。

我们首先应该思考要表现战争中的哪些方面。战争中的兵力调配是策略，战争前的实力积累难道就不是策略吗？调整整个城市的劳动力分配，让他们在日常生活中不至于乱套，这难道不是策略吗？联结同盟者，甚至联结整个银河系的同盟者来共同对抗侵略者，运用各种外交手段或设定非直接的战斗目标，这难道不是策略吗？这些都是策略。

先分清要制作的是对抗中的哪一部分内容，再来决定如何设计。一场对抗包含以下 3 部分的内容。

- 获得实力优势。
- 如何组合最佳。
- 如何用当前组合获得最佳结果。

这 3 部分的内容分别是对抗外、对抗前、对抗中的内容。

针对不同部分的内容，我们会设计不同的玩法类型。比如，在《大航海时代》中，游戏的主体是如何获得更多的资源，包括货币、港口、装备和 NPC（非角色玩家），小部分内容是战斗和分配 NPC。在许多卡牌类游戏中，核心是第二部分的内容：如何组合最佳。玩家获得实力优势已经变成一种线性的积累过程，不包含策略和思考成分。更大型的 RTS 游戏会包含很多策略成分，比如《魔兽争霸 3》《星际争霸》之类，就囊括了上述 3 部分的内容。

每部分的内容都会给玩家带来独特的乐趣和影响，以下逐个讲解。

1. 获得实力优势

很多游戏都包含成长线，但单纯的成长线并不具有策略性。如果玩家在一个区域/一个玩法系统内，跟在另一个区域/另一个玩法系统内，每小时获得的经验是一样的，或者玩家每天都能获得一定数量的门票，那么这样的规则是不具有策略性的。

稍微进阶一点的情况是，在一个开放世界内，玩家通过刷不同的怪物获得经验的效率不同，这算是一条具有选择性的规则，具有一点儿策略性。但有时这更像是一种信息，而不是需要思考的策略。只有让提升的效果差别更大，让玩家做的每个决策都能够更大地影响结果，才算是有策略思考的游戏。比如，在角色扮演类游戏中，男主角在花费时间攻下女主角之后所获得的好感度不同；在《武林群侠传》中，游戏角色每天做不同的事情，从而获得不同的能力增长。

类似例子有很多，我们可以更深层次地概括其本质：资源可再生，玩家无绝对消耗，如《大航海时代》；资源可再生，玩家有绝对消耗，如《武林群侠传》；资源不可再生，玩家有绝对消耗，如 RTS 游戏中的矿产。基本上，上述每一种情况都比前一种让玩家产生更大的迫切性，以及进行更深的策略思考。

资源可再生，玩家无绝对消耗，这等于说游戏会有无限的产出，几乎所有的 MMORPG 游戏都属于这一类游戏。它的策略性在于如何更有效率地获得资源：买卖何种商品，打何种怪物，生产何种产品。那么相对于产出，必须设计好的就是消耗的方式。让玩家的消耗转化为各种长期的数值成长线，或者成为某种门票，或者成为一些无实质效用的奖励内容。由于这里的策略点在于玩家如何去选择，所以设计师要做的就是让最高效的获得方式不易被知道、不易被掌握。设计师可以设计更多的获得方式，或者让玩家在付出代价后才能掌握某些获得方式。

绝对消耗的意思是受到剧情的限制、时间的限制，或者某些特殊的数量的限制。让游戏从玩家无绝对消耗变成玩家有绝对消耗的一个简单方法就是加上"限制"。加上对时间的限制，游戏可变成竞赛；加上对可拥有物的限制，游戏可变成一个最优组合的求解过程。这让游戏从一个没有压迫性的积累过程，变成一个有压迫性的最优、最快速的求解过程。

如果资源不可再生，那么如何最高效地采集资源将成为重点，因为高效采集所需的资源可以让己方的优势像滚雪球一样进一步扩大。如果还要让对抗更激烈，那就加上竞争。让玩家与其他势力或其他玩家竞争，能让求解过程变得更复杂。

可以把上述策略包装为各种情况。比如在《龙腾世纪》中，如何在剧情后期，让所有伙伴对玩家的好感度达到最高？《龙腾世纪》将策略包装为各种任务事件、各种战斗。如何将角色的每条属性提升为满值？如何在一个赛季中让玩家更快地达到更高的等级？其核心都在于发现最优解法，并且让玩家按照策略逐步做到。

一些游戏中的成长线与它们的主要玩法是紧密结合在一起的，更有甚者，玩法成为成长线的附庸。所以对一些游戏而言，这两者是可以合并的，但设计师要明确成长线与玩法的不同，并能够有针对性地去设计它们。

2. 如何组合最佳

在即将战斗前，能力已经不能再继续提升时，玩家须考虑如何选定出战单位，进行合适的技能搭配，也就是凑好自己手上的牌，制定最佳对战策略，进行开打时的策略思考。大部分战前的准备都属于这部分的内容，大部分在战斗中玩家不能进行操作的游戏，其策略性也就达到这一程度而已。以 RPG 游戏为例，其策略点表现为如下两个方面：战斗流派和能力配点。

（1）战斗流派。

在大部分的游戏中，战斗流派基本分为强攻型、防御型、dot 型、控制型、召唤型，以及作为角色和怪物基准的平均型。

其中，防御型和控制型会拖长战斗的时间，从而拖慢游戏节奏。所以对于防御型，设置防御上限是必要的，特别是伤害计算有破防顾虑的减法公式的游戏。控制型，比如《梦幻西游》中的盘丝洞角色，她们的强控技能的效果非常显著，直接让对手在几个回合内无法进行高效的行动，处于被打的状态。此时，如果她们的命中率高，其他玩家就很难对抗她们，如果她们的命中率低，那么就展现不出她们的特色，游戏也就不好玩了。如果整个游戏都以控制为核心，那么战斗就会持续很久。此时拼的是概率和数值，而不是策略。

拼概率和数值当然并不意味着游戏是全无乐趣的，不过既然这里讨论的是策略性，那么应该如何修改？

比如，给被控制方提供反击的手段，给强控附带限制条件，或者规定消耗特殊的能量才可以释放控制技能，这让选择控制技能的释放时机更具策略性，并且由于不能一直释放控制技能，因此可以将其命中率设计得更高。这样做的一个缺点在于，当一个角色没有控制技能可以释放时，他跟别的角色基本没有差别；另一个缺点是限制控制技能的效用。尽管这样做限制了控制技能的效用，但并不是完全限制，玩家还是有行动可以执行的。

是追求游戏节奏，还是追求职业特色？仁者见仁，智者见智。只要不是为了创造不同而产生不同的想法就好。比如这样"钻牛角尖"：设定一个新的职业，他的技能以纯随机为特色，他依据自身的属性会随机进行各种攻击或者给敌方上 Debuff（负面效果）；或者其技能都是打断型的，他阻止敌人使用技能，然后附加一定的伤害。这样的职业特色很鲜明，但总体而言，这拖慢了游戏节奏，并且不会让游戏更有意思。

在回合制游戏的每个回合中，玩家只能执行一个行动。可执行的行动太少导致游戏的策略性下降。所以后来出现了各种改进模式，比如 ATB 回合制游戏。其在回合制游戏的基础上，允许每个玩家都能够独立行动，而决定行动先后顺序的，是"速度值"或"驱动"之类的属性。由某个属性决定玩家出手的先后和出手次数的多少，而不是在每个回合中所有人都能出手一次。比如，在跑过同一条时间槽时，依据每个玩家属性的数值，产生玩家出手快慢的差别，从而导致出手快的玩家行动 2 次，出手慢的玩家行动 1 次。

这类游戏依据玩家的某个属性来决定出手的先后，也可以依据某个条件决定时间槽消耗的快慢，称为 CTB（Conditional Turn-based Battle）。比如，在《圣女之歌2》中，玩家依据技能而产生不同的时间槽消耗。

如图 1.22 所示，下方就是时间槽和行动条，每个玩家都可以选择使用时间槽消耗不等的各种技能。只要我们愿意，以任何一种属性来决定出击快慢都是可以的。比如，依据"专注值"来决定时间槽的消耗，而"专注值"会因为玩家操控的角色多次出手和被攻击而下降。

图 1.22

如果再扩宽一点儿，许多有 GCD（技能公共冷却时间）设定的 MMORPG 游戏也可以称为回合制游戏。这类游戏允许玩家在释放技能的同时，操控角色进行没有 GCD 的移动。

如果再进一步讲，不是用 GCD 去控制技能的释放，而是用"体力槽"去控制技能的释放。如果用动作的"前后摇"时间去控制技能的释放，那么这类游戏就成了横板格斗类游戏。在《侍魂》这款游戏中，抓敌人的"后摇"和"硬直"对其相当重要。

简而言之，限制更少的游戏类型更真实有趣。节奏慢可以促进社交，但这是充分而非必要的条件。最基础的回合制游戏强调策略性，但由于角色的行动有限，其策略性反而不如后来的游戏类型。更优秀的回合制游戏当然也有，围棋就是回合制游戏，但围棋给玩家提供的行动选择，以及其导致的策略总数，又岂是大部分回合制游戏所能比拟的呢？在许多回合制游戏中，一个角色也就那么几个招式，大招能不能命中，基本都要看攻击效果怎样。当然，把上述内容放到许多 MMORPG 游戏中，结果也是一样的，最终将这些游戏变成拼概率和数值的游戏，而拼概率和数值的游戏并不具有很强的策略性。

策略性还在于猜测，即猜测对手会表现出来的行为和使用的战术。将游戏角色设计成高防低攻的角色，是一种战前的策略设计。但如果让高防低攻的角色进行防御反击，而其他角色也有特定的行为，能够破除高防低攻的角色进行的防御，那么猜测对手是否会使用这些招式，就体现了战斗中的策略性。这些设计会很大地影响角色的战前养成策略。换言之，高防御力提供了一种战斗策略。高攻击力、低生命值也提供了一种战斗策略，我们可以进一步设计这些战斗策略，让其富有特色，而且保持原有的游戏节奏。比如，让高防御职业的表现形式是防御反击，而不是纯粹的抵抗打击。策略点在于如何表现防御属性的有效性，以及当时防御的有效性。对此，我们可以采取很多新的方式。

一些游戏中的基础作战行为都有一定的限制条件，比如，卡牌游戏中出牌的"费用"，RTS 游戏中兵力的补充速度，战旗游戏中出战的单位数量等。加限制条件对增加策略性或刺激性来说都是非常有效的，能够让玩家思考的程度、认真操作的程度快速提高，而且可以促进一个新的策略思考点产生。比如，在《炉石传说》中，使用大量高费的卡牌进行组牌，以及使用大量低费的卡牌进行组牌，形成了两种不同的战斗风格，两者的优势区间和劣势区间各有不同。

（2）能力配点。

人物属性和其他能量系统的搭配，基本上是一个寻求最优解的问题，只是大部分玩家都不会去列式计算，他们只会根据一个大概的印象去判断，这也反过来要求设计师对于一些对策略要求不高的游戏，在设计各种属性、战术策略时，要让它们的效果明显可见。假设设计了两个英雄，他们的属性分别是攻击力 100、防御力 90，攻击力 90、防御力 100。在这种情况下，如果不使用能够大幅放大伤害结果的战斗公式，那么玩家就很难感受得到这一点数值上的区别。

设计师可以设计不同的数值体系，比如强调累加效果，从而让角色有特征更明显的数值体系。比如《仙境传说》，随着 INT 点数的增加，其增加的 MATK 也会越来越多。设计师还可以设计衰减型的数值公式，强调平衡。虽然累加效果受到总属性点的控制，也会有能力上限，但肯定比被衰减控制的数值体系要增长得快。衰减控制了不同职业间、不同属性间的差异度，拿《魔兽世界》中的法师跟神圣牧师去比较，拿防御战士跟盗贼去比较，他们共有的属性也不一定会有大的差别，反而其职业内部不同派系的属性差异可能还大于其与其他职业的差异。这是因为设计师把他们的差异放在了职业技能上的设计上，而不是单纯的数值上。而数值衰减，只是一个控制他们属性点的有效手段。

所有的数值设计都有一个绝对最优值和一个当前最优值。当前最优值指的是一个特定游戏角色当前能达到的最优值。好比一件加 20%暴击率的武器对盗贼职业非常有用，但在没有其他装备支持的情况下，玩家并不能急着去使用这件武器，他们不应该去堆暴击率和暴击伤害，而应该去堆攻击强度和急速。

装备设计中的一环是分档次，让玩家在不同时期追求不同档次的装备。如果设计得狡诈一点，就是让相隔的套装强调的属性不同，玩家必须凑够一定数量才能使其发挥最好的效果，因此必须拼命地去凑齐一整套装备，才能使战斗力明显提升。从另一个角度讲，这也有正面的意义，就是玩家需要变换输出手法，而交换输出手法就意味着有新的游戏体验。

动态最优值和配装也是一个策略点，需要玩家去思考，并且能够产生实际有效的结果，但要求玩家对游戏有更深入的了解。所以更好的情况就是能够通过一些方式，更为明显地展示最优解。比如，"T12"的套装效果是使某个技能的伤害额外增加20%，那么就要让玩家很清楚这个套装是针对这个技能的。

说到底，能力配点还是受到战斗流派的影响的。战斗流派影响了玩家在战斗时可使用的策略，也影响了在实力积累阶段，玩家应该朝着哪个方向努力。

3. 如何用当前组合获得最佳结果

战斗过程基本是产生决策树和剪枝的过程，以及考验每个玩家自身的操作能力的过程。对一般玩家而言，这棵树并不明显。有些玩家处理不过来，大脑中只有一个模糊的优先顺序。有些玩家思维能力更强一点，能够估计到后面几个行动应该怎么做，估计出如果对方怎么做，他就应该怎么应对。但是人的脑力终归有限，所以如果能够找到套路，使用固定连续的几个招式而产生良好的效果，那么熟记这些套路，就可以大大减少玩家的思考时间。即使有很多套路可以用，人类也会因为能力有限而考虑不过来，所以最终人类还是败给了AlphaGo，它可以记忆的内容比人类多，剪枝速度也比人类快。

那么，如何打败AlphaGo？要设定怎样的游戏规则，才能保证人类在10场游戏中至少赢1场？

很简单，跟它玩抛硬币即可，至少有50%的胜率。除此之外，还有其他方法吗？比如，在一些牌类游戏中，一开始玩家都不知道对方有什么牌，只能靠记牌和概率制定策略。接着玩家开始熟悉对方的出牌习惯，于是开始猜对方的出牌策略。之后玩家反猜对方猜测他们的出牌策略。这些例子的内涵就是，即使面对AlphaGo这样绝对强大的对手，当信息不充分导致预判输赢全得靠猜测或只能依靠概率进行时，即使是处理速度远不如AlphaGo的人类，也能拥有更高的胜率，也就是提高了能力弱的玩家打败能力强的玩家的概率。

概率是第一个武器，信息不充分是第二个武器，第三个武器是减少战斗中能够进行的操作。如果所有的职业都只有两个技能，那么无论是高手还是新手，他们可采用的战术都是极少的，高手也没办法通过他们的技能对新手进行绝对的压制。

如果想要游戏有更强的策略性，那么可取的武器就仅有概率和信息不充分了。如果维度再多一些，除了角色之间的战斗，还包含空间和场景，那么许多计谋都能够被用上。比如，卡视角、控制距离这些手段就可以被用上，当人数较多时，也可以按角色的特长进行战术配合。当面对多个玩家时，单一目标的被击杀并不是决定总体成败的关键，要连续达到多个目标才能影响这场战斗的成败。这也是常看到的各种丢卒保车，牺牲一个小队以获得更大的胜利之类的决策。这时玩家考虑的是如何分配兵力、设定目标、使用战术等，反过来也要求设计师去设计包含这些内容的大型战斗供玩家体验。

如果战局还受到周围环境的影响，如地形、可操作的互动物，那么争夺或保护这些互动物就会成为一个策略点。假如期望玩家会自动分组且有战术配合地去争取战场上的胜利，但战场是狭窄地形，这时要期待他们自行应用战术就很难了，那么可以扩大一下战场，除了主要目标，在地图上设定一些有用的争夺点，这样玩家自然就会分流一部分人去抢夺。而当胜利的条件不仅限于击败敌方所有人时，策略就会出现许多新的方向。当双方的对抗升级为战役级别，不只是十来个人对某个地盘进行争抢时，一些更大的战略安排就会产生。玩家就会让一个游戏角色成为一个战场的指挥官，让每个小队完成特定的任务，这些都将极大地增加战斗过程中的策略深度。

有些时候，玩家不管任何任务和争夺点，就是要在战场中互相"厮杀"。这也是乐趣，是一种策略之外的乐趣。我们可以让这些活动仅包含这些乐趣，也可以刻意增加几个加农炮这样的互动物，让其射程覆盖整个战场，从而让玩家不再无脑地厮杀。是否这么做，就由设计师去决定了。

以上谈的都不是具体的策略，而是比较宽泛的概括内容。核心点是要明确玩法针对的是整场对抗中的哪一部分，再去思考其可能的设计方式。假设现在设计一款模拟经营类游戏，它包含"优势获得"和"组合最佳"两个方面，如果打算扩展其主体玩法，那么应先扩展哪个方面？是新的策略阶段，还是在旧有阶段中增加新的内容？比如，增加一个名为"商战"的系统，它可以是即时性的拍卖行性质的内容，也就是属于第三个阶段的内容，也可以是不包含即时操作的内容，也就是只属于第二个阶段的内容。

如果游戏的主体玩法不是战斗，而是其他内容呢？其他类型的游戏也有其策略阶段，我们一定要站在增加了什么策略点的角度去思考，而不是站在增加了什么内容和规则的角度去思考，因为增加内容和规则不一定会增加策略点。

1.2.2　策略的作用对象和设计方式

策略的效用表现为削弱对方和增强自身。对于那些纯粹挑战脑力的内容，比如密码、难题等，应将其归为谜题，而不是策略。策略不是一次性的，有能通过或者不能通过的区别，有效用范围、对抗时间、变化过程，可用来解决多于一种解法的问题。当面对选择时，就是应用策略的开始。

要实现不同的效用，可采取的具体策略如下。

（1）削弱对方。
- 提高对方的操作要求。
- 限制对方操作的效能。
- 增加对方的消耗。
- 伤害对方。

（2）增强自身。
- 降低对自身实际能力的要求。
- 提升自己操作的效能。
- 减少自己的消耗。
- 恢复自身。

1. 削弱对方

（1）提高对方的操作要求。

人的自身能力都有极限，如反应力、可视范围、力量、关节弯曲角度等都有极限，所以人从外界获取的信息和对外界的改变也是有限的。而这里要做的就是进一步限制对方的能力，如减少对方的反应时间、降低对方的精准度、遮挡对方的视线等。具体示例如下。

- 蹲点暗算。
- 喷吐污泥遮挡视线。
- 烟幕弹遮挡区域视线。
- 泥沼地减速。
- 遁入掩体降低命中率。
- 增加需要躲避的子弹。

应查看游戏有多少特殊状态，能够使用怎样的 Debuff，以及场地的影响因素等，然后逐个去考虑如何使用。

（2）限制对方操作的效能。

限制对方操作的效能，如减弱他们的伤害能力，减慢他们的移动速度等。具体示例如下。

- 减弱他们的伤害能力。
- 减少他们的贸易获得。
- 减少他们吃到的能量体的特技增加量。
- 减少他们的操作得分。

（3）增加对方的消耗。

如果游戏中有各种操作成本，那么提高它们；如果游戏中没有各种操作成本，那么延长"前后摇"的时间也是一种变相地增加对方消耗的手段。具体示例如下。

- 吸取魔法。
- 增加卡牌费用。
- 增加技能消耗。

（4）伤害对方。

既然讲到伤害对方，那么必然涉及胜败条件。胜败条件有多种设定方式，但无论胜败条件是什么，一般都可以将其归为一个多样性手段的能效问题。

这里面主要是玩家如何操控游戏角色的问题，比如使用 AAB 技能循环能够在 3s 内打出40点伤害，或者使用ABB技能循环能够在4s内打出60点伤害。

2．增强自身

增强自身的情况与削弱对方的情况类似，只是设计的方式反过来了，比如提供一个望远镜，以帮助游戏角色瞄准等。

以上策略产生的都是单一的效用，但单个策略是比较难让玩家感受到不同的，因为这只是他们采取的许多策略中的一个而已。除非这个策略的效用超高，一个策略可以顶几个其他的策略，否则就得按照一个思路不停地设计下去，将多个效用相近的策略组合成一个套路，形成特色，并让玩家感知到。

1.2.3 策略的数值设计和各自的特性

接下来我们讨论各种策略包含的数学问题，以及如何设计策略的难度。数学中的许多定理和算法，一般不会被用到，设计师需要经常面对的是以下内容。

1．最优数值

面对不变的敌人或者情景，玩家要做的事情是如何优化所拥有的资源或者进行技能搭配，让自己拥有最大的伤害能力。比如，在MMO游戏中，如何搭配玩家的技能循环和玩家拥有的装备？一个110级的法师，他的技能有N个，其中常用的技能有A个，如何使用这些技能？他的人物属性有M个，哪几个属性是在提升的过程中应该优先被考虑的？在提升到多少时收益开始减少？在达到怎样的阈值后，会对技能循环产生影响？

在设计之初，设计师需要进行模拟，模拟在某一个等级，玩家如何搭配自己的技能循环和自己拥有的装备才能获得最大收益。玩家的任务在于：（1）要发现最优的技能循环，在像《魔兽世界》这样的游戏中，每个职业的手法都是需要玩家认认真真地去研究的。（2）要获得那些最适合自己的装备，从而提升伤害能力；或者在塔防类游戏中，合理排布防御塔，用有限的资源建造出能击杀所有敌人的防御阵地。（3）要优化自身的最佳路线，比如在生产经营类游戏中，应该先升级科技以产出更高级的产品，还是应该先量产眼前的产品。

在玩家尝试的过程中，这些任务既是乐趣的来源，也是策略点，还是我们需要去思考和设计的游戏内容。

为了求解最优数值，不同的游戏采用不同的模型。以下使用伤害计算公式来做探讨。伤害计算公式大体分为两种，分别是加减法公式和乘除法公式。

（1）加减法公式。

$$DMG = ATK - eDEF$$

即   伤害=攻击−敌方防御

加减算法是最基础的算法，它的一个最直接的缺点是，如果两个角色互相攻击，其中一个角色防御力高，另一个角色的攻击力无法击破他的防御力，那么另一个角色在每次攻击时都无法给对方造成伤害。这样操控这个攻击力不足的角色的玩家就必然打不过操控那个防御力高的角色的玩家了，即使其等级或者其他属性值很高。

改进办法之一就是加大攻击力和防御力的差距，从一开始就设计出差距比较大的攻击力和防御力。需要注意的是，如果两者的差距太大，防御这个属性就没有意义了；如果两者的差距太小，则对于等级差别大的两个角色，等级低的角色还是会攻破不了对方的防御。

这是加减法公式固有的缺陷，能做的就是调整数值以避免这种情况出现，或者加上新的限定条件。

最直接的限定条件是依据角色的等级对最后的DMG进行修正，比如：

$$DMG=(ATK-eDEF)\times[1+(eLV-LV)/20]$$

若eLV−LV<−3，则取−3；若eLV−LV>20，则取20。

伤害=（攻击力−敌方防御力）×[1+（敌方等级−我方等级）/20]

若敌方等级−我方等级<−3，则取−3；若敌方等级−我方等级>20，则取20。

如此，对于低等级的角色，造成的伤害减少；对于高等级的角色，造成的伤害增加。也可以把受等级影响的这个乘子放到ATK之后，而不是放在它们的差之后，这样就更容易破防。然而我们一般并不会这么去做，甚至不会使用这样一条公式。我们鼓励高等级玩家碾压低等级玩家，这样玩家才会有升级的动力，而且一般也不会造成低等级玩家在打高等级玩家时所受的伤害增加。这样的算式，就等于在鼓励低等级玩家去打高等级玩家，并且鼓励高等级玩家在防御力上多投入点数。我们最多只会将高等级玩家在打低等级玩家时的伤害削减，让低等级玩家在打高等级玩家时不破防、效率低。

修改判断：

若eLV−LV<−3，则取−3；若eLV−LV>0，则取0。

因为玩家不希望战斗是一成不变的，结果最好也要有一些波动，所以可以这样修改这个公式，在最后面加上波动。

$$DMG=(ATK-eDEF)\times[1+(eLV-LV)/20]\times random(0.9,1.1)$$

很多程序语言中的random（随机）函数实际上还是一个略带正态的平均分布，但最后它的期望值还是1，表现出来的就是玩家的伤害偶尔是10点，偶尔是9点，偶尔是11点，在100%处左右波动。

也可以扩大random函数的范围，比如扩大为0.6~1.4，那么波动范围就更大了，但这么大的波动范围一般是不太好的，除非我们想要设计一个有特色的职业或技能。根据数值的规模来衡量能够让玩家达到的不同幅度，可以在伤害公式中引入random函数，也可以在武器的攻击力中引入random函数。比如一把巨剑，攻击力是19~100，一把匕首，攻击力是31~46，都会产生一样的效果。

让游戏过程产生波动的另一个重要方式是暴击，比如15%的概率暴击，产生150%的伤害。

$$DMG=(ATK-eDEF)\times[1+(eLV-LV)/20]\times random(0.9,1.1)\times CRIR$$

若 random(0,1)≤0.15，CRIR = 150%，否则 CRIR = 100%。

式中，CRI 为暴击率，CRIR 为暴击伤害倍率。

现在的游戏，为了让玩家有更多的追求，将暴击率和暴击伤害倍率这两个属性提供给玩家。比如，在《暗黑破坏神Ⅲ》中，玩家可以拥有 60%的暴击率、500%的暴击伤害倍率。

那么，还可不可以再进一步扩展一下呢？当然可以，如图 1.23 所示。

可以设定几种造成不同暴击伤害的暴击，然后让其对应不同的暴击率。在《魔兽争霸3》的地图中，就经常有 2 倍暴击、10 倍暴击、100 倍暴击的设定。这也是一种办法，不过当设定的暴击过多时，让玩家心中实际产生波动的也只是那个倍数最大的暴击，至于其他倍数的暴击，玩家已经将它们当成了固有的一个伤害力。

图 1.23

这里顺便引出来另一个问题，就是在判断一个攻击是否为暴击时，会进行一次判断。那么当有多个攻击需要判断时，要进行多次判断吗？不，根据各自的概率，放到一次 random 函数里就好。不过由于它们的效能不一样，所以这里省略了第一步，第二步还是要做分支判断的。

如果它们的效能一样，就可以将它们放在一起了。比如，其他的防御属性（格挡、招架、躲闪、虚化、免疫等）直接导致攻击无效，那么将它们放在一起去判断就好。比如，在 random(0,1)中，躲闪占 0%~15%，招架占 15%~30%，格挡占 30%~45%，虚化占 45%~60%，免疫占 60%~75%。只要 Roll 点不超过 75%，玩家就无法给敌方造成伤害，这就是数值上的"圆桌理论"。

再进一步丰富这条公式，考虑到有时会有一些附加情况，如种族加成、天赋加成、职业加成等，那么先看效果是加还是乘，以及预期是怎样的效能，再决定放在哪里。比如：

$$DMG=\{(ATK-eDEF)\times[1+(eLV-LV)/20]+exDMG\}\times random(0.9,1.1)\times CRIR\times(1+race+job+Buff)$$

式中，exDMG 为附加伤害，没有时取 0；race 为种族加成，没有时取 0；job 为职业加成，没有时取 0；Buff 为短时增强效果，没有时取 0。

将各种需要的其他属性、技能 Buff、道具效果逐一加上去，就形成一条基础的伤害公式。

（2）乘除法公式。

乘除法公式使用某个属性去衡量攻击所产生的效能比，比如：

$$DMG=ATK\times(ATK/eDEF)$$

即伤害等于攻击力乘以我方攻击力与敌方防御力的一个比例，示例如表 1.2 所示。

表 1.2

DMG	ATK	eDEF	DMG	ATK	eDEF
83.33	50	30	125	200	320
31.25	50	80	6250	10000	16000
62.5	100	160	1000	10000	100000

假设 ATK=10000、eDEF=16000，DMG 就等于 6250；假设 ATK=10000、eDEF=100000，DMG 就等于 1000。这个公式的主体在于效能比这个概念，但一般不会如上式这样，用这么简单的 ATK/eDEF 来表示效能比，应依据想要的结果，对这个公式进行修改。

ATK/eDEF 的问题在于 ATK 的效能太高，为了保持同等的比例，eDEF 的数值增长要比 ATK 快很多。有时为了达到比较高的减伤比例，eDEF 的增长速度会变得过快。另外，ATK/eDEF 不具有现实意义，ATK 在前面作为一个变量已经被加入了计算，在这里计算的是我方 ATK 与敌方 eDEF 的比例，只有在更高层的设计中平衡整个伤害系统中 ATK 与 eDEF 的占比，计算两者间的比例才有意义。

什么样的比例才是有意义的呢？

防御力与 100% 的比例，最简单的是：1-eDEF/100。那么想要减伤效果达到多少，就设定多少的 eDEF。稍微进一步，如果觉得 eDEF 的数值上限太小，可以将 eDEF 乘上一个小的系数：1-0.03×eDEF/100。

这依旧是一个简单的线性减少的函数，且当其计算结果小于 0 时，依旧能造成一点点伤害，而不是直接取其负值的结果，那样会造成角色受击反而血量增加的结果。

再进一步讲，模拟另一种现实的情况：防御效果的提升一开始容易，后面则变得非常困难，那么就会用到衰减函数。

此处不再详细讲解，下面直接给出结果：

$$减伤 = a \times x / (b + x)$$

再对这个式子进行变形：

$$减伤 = a / (1 + b/x)$$

上式的含义是，当 x 逐步增大，趋向于无穷大时，b/x 趋向于 0，也就是整个函数趋向于 $a/1 = a$。

实际的含义就是，减伤无限趋向于 a。数据演示如表 1.3 所示。

表 1.3

a	b	a	b	a	b
0.8	20	0.6	20	0.8	150
减伤	eDEF	减伤	eDEF	减伤	eDEF
0.038095	1	0.028571	1	0.005298	1
0.266667	10	0.2	10	0.05	10
0.4	20	0.3	20	0.094118	20
0.48	30	0.36	30	0.133333	30

续表

a	b	a	b	a	b
0.8	20	0.6	20	0.8	150
减伤	eDEF	减伤	eDEF	减伤	eDEF
0.533333	40	0.4	40	0.168421	40
0.571429	50	0.428571	50	0.2	50
0.6	60	0.45	60	0.228571	60
0.622222	70	0.466667	70	0.254545	70
0.64	80	0.48	80	0.278261	80
0.654545	90	0.490909	90	0.3	90
0.666667	100	0.5	100	0.32	100
0.676923	110	0.507692	110	0.338462	110
0.685714	120	0.514286	120	0.355556	120
0.693333	130	0.52	130	0.371429	130
0.7	140	0.525	140	0.386207	140
0.705882	150	0.529412	150	0.4	150
0.711111	160	0.533333	160	0.412903	160
0.715789	170	0.536842	170	0.425	170
0.72	180	0.54	180	0.436364	180
0.72381	190	0.542857	190	0.447059	190
0.727273	200	0.545455	200	0.457143	200
0.730435	210	0.547826	210	0.466667	210
0.733333	220	0.55	220	0.475676	220
0.736	230	0.552	230	0.484211	230
0.738462	240	0.553846	240	0.492308	240
0.740741	250	0.555556	250	0.5	250
0.742857	260	0.557143	260	0.507317	260
0.744828	270	0.558621	270	0.514286	270
0.746667	280	0.56	280	0.52093	280
0.748387	290	0.56129	290	0.527273	290
0.75	300	0.5625	300	0.533333	300

表 1.3 中的第一段（第一列和第二列）数据和图 1.24 中的曲线 1 所示，最终减伤趋近于 a（a 为 0.8）。如果更改 a 为 0.6，那么如表 1.3 中的第二段（第三列和第四列）数据和图 1.24 中的曲线 2 所示，减伤最终会趋近于 0.6。其中，引入参数 b 的目的，是控制曲线的平滑程度，b 与 x 的比值越大，整条曲线就会越趋近于直线，如表 1.3 中的第三段（第五列和第六列）数据和图 1.24 中的曲线 3 所示。

使用这个公式，我们就可以快速有效地控制减伤的比例，以及前期、后期的增长速度。也就是既想让它衰减，又想让它在前期接近于线性增长。

图1.24

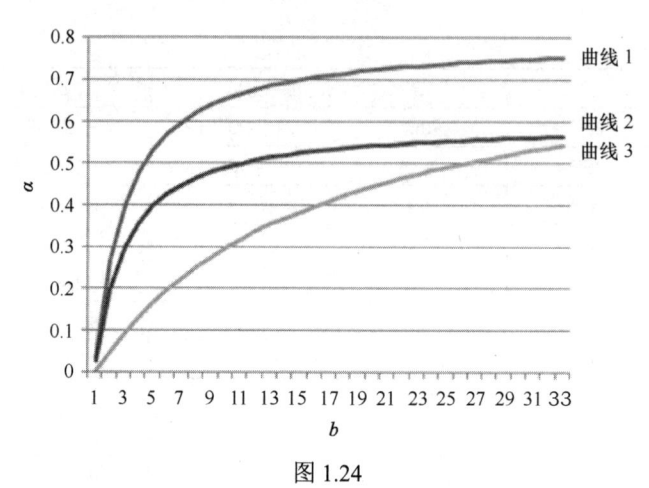

这是一条衰减公式，任何需要使用衰减的地方都可以以此为基础去设计。

除了与防御力挂钩，还可以将它与其他的属性挂钩，如等级。

$$减伤=eDEF/(α×eLV+b)$$

$$减伤=敌方防御力/(α×敌方等级+b)$$

此时玩家的减伤是他所拥有的防御力与设计师预设的他在该等级可以达到的最高防御力的一个比值。

这也是一个线性函数，并且有一个预设上限，因为敌方的 eDEF 不会超过设定的数值上限。但这个公式有一个缺点，就是当一个角色升级时，其等级升高了，但防御力没有提升，因此这个角色就会经历原等级的怪物对他造成的伤害反而更高的情况，在曲线上表现为突然往下再逐步提高的情况。

对这个公式进行如下改动：

$$减伤=eDEF/(α×LV+b)$$

即分母是由玩家的等级决定的，此时情况变成当角色升级了，即使其攻击力还没有增加，也会将敌人打得更痛。

这两种做法都会在角色升级时造成数值的突变，特别是在等级数值大、eDEF 大于分母，或者其比例达到某个值时，造成的突变会更明显。这是肯定的，因为这是一个二元一次函数，所以 LV 的增长肯定会让 eDEF 的效用产生变化。对比这两种情况，给敌方造成更多伤害的这种方式，肯定比被打得更痛要让玩家感觉更舒服些。

原公式中的一个问题是：如果 α×LV 的值不够大，那么 eDEF 的数值空间就会小；如果 α×LV 的值足够大，那么数值线就会抖动。实际上，如果仔细调整它们的系数和范围，那么，数值线抖动的问题是可以得到解决的。至于判断一个上限的问题，就不是这个公式能够解决的了。

当然，如果非要改，也不是做不到。考虑一下要达到的目标：有上限，而且不用进行判断；伤害结果不会有明显的抖动，而且有比较大的数值范围。

第一点要求很接近衰减公式，先将其作为一个因素加进来。衰减公式中的 x 应由 eDEF

替代，那么剩下的 b 就用 LV 替代。

$$\frac{\alpha}{1+\underset{x}{\overset{b}{}}} \begin{array}{l} \rightarrow g(\mathrm{LV}) \\ \rightarrow f(\mathrm{DEF}) \end{array}$$

先采用简单的方式，设 $f(\text{eDEF})=a \times \text{eDEF}+b$，$\alpha=1$，$b=0$，即 $f(\text{eDEF})=\text{eDEF}$。同理，设 $g(\text{LV})=\text{LV}$，数据演示如表 1.4 所示。

表 1.4

α	g(LV)	g(LV)	g(LV)	g(LV)	g(LV)	g(LV)
0.8	10	20	21	250	260	600
DEF	y	y	y	y	y	y
1	0.072727	0.038095	0.036364	0.003187	0.003065	0.001331
10	0.4	0.266667	0.258065	0.030769	0.02963	0.013115
20	0.533333	0.4	0.390244	0.059259	0.057143	0.025806
30	0.6	0.48	0.470588	0.085714	0.082759	0.038095
40	0.64	0.533333	0.52459	0.110345	0.106667	0.05
50	0.666667	0.571429	0.56338	0.133333	0.129032	0.061538
60	0.685714	0.6	0.592593	0.154839	0.15	0.072727
70	0.7	0.622222	0.615385	0.175	0.169697	0.083582
80	0.711111	0.64	0.633663	0.193939	0.188235	0.094118
90	0.72	0.654545	0.648649	0.211765	0.205714	0.104348
100	0.727273	0.666667	0.661157	0.228571	0.222222	0.114286
110	0.733333	0.676923	0.671756	0.244444	0.237838	0.123944
120	0.738462	0.685714	0.680851	0.259459	0.252632	0.133333
130	0.742857	0.693333	0.688742	0.273684	0.266667	0.142466
140	0.746667	0.7	0.695652	0.287179	0.28	0.151351
150	0.75	0.705882	0.701754	0.3	0.292683	0.16
160	0.752941	0.711111	0.707182	0.312195	0.304762	0.168421
170	0.755556	0.715789	0.712042	0.32381	0.316279	0.176623
180	0.757895	0.72	0.716418	0.334884	0.327273	0.184615
190	0.76	0.72381	0.720379	0.345455	0.337778	0.192405
200	0.761905	0.727273	0.723982	0.355556	0.347826	0.2
250	0.769231	0.740741	0.738007	0.4	0.392157	0.235294
300	0.774194	0.75	0.747664	0.436364	0.428571	0.266667
350	0.777778	0.756757	0.754717	0.466667	0.459016	0.294737
400	0.780488	0.761905	0.760095	0.492308	0.484848	0.32
450	0.782609	0.765957	0.764331	0.514286	0.507042	0.342857
500	0.784314	0.769231	0.767754	0.533333	0.526316	0.363636

代入公式和数据，我们发现实测结果基本满足预设：有上限，伤害结果不会有明显的

抖动（第一段，以及第二段、第三段某 eDEF，等级+1 时，对结果影响不大）。

但是发现减伤的比例上涨得太快，也就是 eDEF 的效用太高。

可以在 f(eDEF)中削弱 eDEF 的效用，也可以在 g(LV)中提高 LV 的效用。g(LV)是控制曲线倾斜率的，那么先从修改 g(LV)入手。比如，先提高 10 倍，即 g(LV)=10×LV。

从第四段、第五段的数据看，这样做确实取得效果了。再将第四段、第五段的数据与第六段的数据比较，也可以看出其效果。

还可以继续处理，直到更合适为止，但作为一次完整思路的演示，就到这里了。设计师应熟练掌握 4 种增长类型：线性增长、衰减增长、指数式增长和分段式增长，对于其具体由哪几种公式构成，再根据设计需求去确定。比如，通过数值设计，让同一角色在不同的数值水平下有不同的最优技能序列。

2. 设计不同特性的敌人

简化一下战斗的数值模型。

设我方攻击力为 a_1，生存能力为 s_1；敌方攻击力为 a_2，生存能力为 s_2。

我方被敌方击杀所需的攻击次数：

$$s_1/a_2=n_1$$

同理，敌方的生存回合为：

$$s_2/a_1=n_2$$

当 a_1 更大，也就是游戏容纳更多的攻击力成长时，要设计同样长的怪物生存能力成长线，来对应我方攻击力 a_1 的成长。可以设计很多不同的数值和系统，多方面地提升 a_1。比如，将 a_1 细分为更多的属性：攻击力、暴击率、暴击伤害、属性伤害（物理攻击力、远程攻击力、法术攻击、冰属性、火风地光冰暗等）、护甲穿刺；攻击速度、施法速度、弹射、附加伤害、命中率等。将生存能力也细分为更多的属性：血量、防御力、属性抗性、格挡、招架、闪避、绝对伤害减少等。

多种属性有其设计意义，其能够丰富游戏，让一些职业更具特色，或者给游戏增加变数，让总体体验更好。在这个公式里，设计多种属性其实都是对 n 的改变。

在此先探讨攻击力、生存能力的两种设计思路。

（1）n_1 比较小。

对于许多类型的游戏，角色的能力会一直提升，无论有没有"满级""停级"这样的设定，他的装备、天赋、星座等，都会让自己拥有非常大的成长空间。

而玩家面对的怪物们则会随着玩家伤害能力的提升，升级为更新、更强的怪物来阻挠玩家统治世界。这些具有挑战难度的怪物有的被放在了主线的关卡中，有的被放在了特殊的挑战关卡中，如"无尽之塔"这类系统。玩家需要考虑的是对怪物造成更大的伤害，但这时怪物攻击玩家的情况是怎样的呢？

这就是 n_1 不同所产生的区别了，如果 n_1 一直比较小，也就是怪物能够很快地"击败"玩家，那么玩家就需要一直保持专注，从而较少地被怪物攻击到。这种思路不仅适用于"刷刷刷"类型的游戏，而且在所有游戏中都能够促使玩家保持专注，不敢掉以轻心。

比如，在《黎明之光》中，玩家即使将能力提升到最高，可以很容易地击杀僵尸，但因为有耐力值的设定，以及生存能力并没有提升多少，也会一直处在僵尸的威胁中。设计者更是设计了一种超级僵尸，其移动快，能够远程攻击，对玩家造成的伤害大，以此来保持对玩家的威胁。比如，在《维克多弗兰》这个ARPG游戏中，即使到了游戏的后期，最普通的小怪的一次攻击也能扣除玩家1/10～1/7的血量，精英怪的攻击可以扣除玩家1/3的血量。恐怖类游戏对这种心理给出了最好的阐述，因为玩家操控的角色会"死亡"，所以玩家才有一个害怕的本质基础。

因此，保持n_1比较小是一种可以一直让玩家紧张的数值设计方式，那么有几种方法可以保持n_1比较小呢？

- 让玩家的生存能力差，而且提升不高。
- 让当前怪物的攻击力和玩家提升后的生存能力一直很接近。

这两种方法的区别在于，当玩家玩到游戏的后期时，如果采取第二种方法，那么当玩家回过头去面对游戏前半段的怪物时，由于那些怪物的攻击力弱，玩家的生存能力相对来说就显得非常强了，怪物需要花费很长的时间才能"杀死"玩家操控的角色。同时玩家的攻击力又强，于是就出现了碾压式的虐怪。虐怪好不好呢？当然有其爽快的一面，不然"无双"系列游戏就不会有那么多人买单了。

但虐怪真的好吗？笔者觉得有一定成就感的挑战比纯粹的碾压要更好。玩家通过有一定成就感的挑战能够击败敌人，但也要小心它们的攻击，这样才保持了整场体验的紧张度。这可以通过减少生存能力的提升空间来达到；也可以通过自动降低玩家的等级去匹配这样的规则，如《激战2》；还可以通过强制提升所有地区的怪物的攻击力，来修改第二种方法下怪物的能力，如《上古卷轴4》。

对比这两种方法，除非增加额外的规则，否则《激战2》采取的方式会更好一些。《上古卷轴4》里所有敌人的难度是随着玩家能力的变化而变化的，当玩家变得更强时，敌人也会相应地变得更强。比如，"野狼"这样的敌人在一开始时很难被"杀死"，而当游戏过了一半时，尽管玩家变得强大了，还是难以将其"杀死"。这种设计剥夺了玩家升级的动力，因为他们永远不会感觉到自己真正变得强大了。而《激战2》的规则是：每个区域都有适用等级范围，如果玩家的等级不足，就不进行调整。如果玩家的等级超过区域的适用等级范围，就会把玩家的等级调整到适合的范围内。但并不是所有数值都下降，而是依据玩家的等级和该区域的适用等级范围计算出一个能力比值，据此调整玩家的所有能力，同时依据玩家的装备的品质，还会给玩家提供一定的额外加成。这能让玩家确确实实地感到自己在变强，但是又较好地保持了怪物的挑战性。

那么，n_1要达到多小才能让玩家保持紧张度呢？

考虑的关键点在于进行一场战斗所需的时间。可以依据不同的游戏类型进行考虑。如果这是一款回合制游戏，每一局播放单位动画都需要接近二十几秒，在每次战斗完成后，玩家会自动补满血，那么n_1在3左右会比较合适，如果节奏更慢，n_1可以更大。

如果这是一款 FPS 游戏，造成的伤害是非暴击伤害，那么 n_1 在 5 左右会比较合适。

如果这是一款 ARPG 游戏，小怪物在 5s 以内被"杀死"，中怪物在 10s 以内被"杀死"，那么怪物越多，这个游戏越属于割草式的游戏，"杀死"怪物所需的时间越短。

以上给出了一些非常粗略的参考，自行确定的游戏节奏和挑战难度会非常大地影响 n_1 的设定。

（2）n_1 比较大。

在操作较困难的游戏（如通过鼠标点击进行角色移动的 ARPG 游戏）中，玩家操控的角色没有快速移动或免疫伤害的技能，无论这是由游戏所处的平台导致的，还是由设计规则导致的，玩家操控的角色被敌人攻击，都是一件家常便饭般的事情。此时 n_1 就不可以太小。

这类游戏即使压缩了玩家生存能力的提升空间，但由于 n_1 比较大，因此怪物还是要打多次才能"打败"玩家，由此带来的紧张感是不如采取上一种设计思路所带来的紧张感的。

适合采取这种设计思路的游戏，不是那些强调快捷操作和紧张感的游戏，而是那些操作不方便、节奏慢的游戏，或者是角色极难"死亡"，但能够追求更高的正面奖励的游戏，如"刺猬索尼克"系列游戏。

不过，即使采取这种设计思路，也可以让游戏保有一定的紧张感。

方法就是在与敌人的对抗中，让玩家快速判断和取舍。比如，在战斗中引入具有不同特性的怪物，在一群近战怪物之外，还有一些远程怪物对玩家进行攻击，从而让玩家思考如何战斗。还可以用一些特殊的怪物来制造危机感，如法师怪、机械怪。它们可以释放一些技能，并让玩家清晰地看到威胁即将来临，如法师怪有咏唱过程，并且会将攻击的位置用光圈标识出来，玩家一旦被这样的技能击中，就会受到巨大的伤害。实际上，在整个过程中，只是表达出危险即将来临，就会让玩家的紧张感一直增加。比如，法师怪的咏唱过程持续的时间不是 3s，而是更长的 5s，如果玩家不能迅速击杀法师怪，那么在整个 5s 之中，就会经历越来越紧张的过程。

当然，这种做法也适用于 n_1 比较小的情况，但是当 n_1 比较小时，玩家太容易"死"，反而不好让怪物有更多的表现，不然游戏难度就会变大。

3. 设计不同特性的角色

对数值公式进行扩展，让攻击力变为 ATK 和 ASP（攻击速度），让生存能力从只有一项，变为 HP 和 DEF 两项。那么公式就变为

$$n = HP/[(ATK-DEF) \times ASP]$$

假设有这样几个单位互相攻击：

A　HP 1000　ATK 100　DEF 0　ASP 1

（ASP 为 1，表示每秒进行 1 次攻击）

B　HP 900　ATK 50　DEF 10　ASP 2

（ASP 为 2，表示每秒进行 2 次攻击）

当 A 和 B 对打时，可以计算出：

$$n_1=1000/[(50-0)\times 2]=10$$
$$n_2=900/[(100-10)\times 1]=10$$

也就表示 A、B 两者是势均力敌的。

如果此时有一个新的单位出现，它的防御力强、血量少。比如：

C　HP 600　ATK 100　DEF 40　ASP 1

那么 A 和 C 对打：

$$n_1=1000/[(100-0)\times 1]=10$$
$$n_2=600/[(100-40)\times 1]=10$$

B 和 C 对打：

$$n_1=900/[(100-10)\times 1]=10$$
$$n_2=600/[(50-40)\times 2]=30$$

也就表示 A、C 打成平手，但 B 打不过 C。这是因为 C 的 DEF 效能大幅削弱了 B 高攻速低攻击的伤害能力。

可以修改 A、B、C 各项的数值，如表 1.5 所示。

表 1.5

单位	HP	DEF	ATK	ASP
A	1000	0	90	1
B	900	10	50	2
C	600	40	80	1

攻击结果：　　　A->B　　　A->C
击败所需回合：　11.25　　　12

攻击结果：　　　B->A　　　B->C
击败所需回合：　10　　　　30

攻击结果：　　　C->A　　　C->B
击败所需回合：　12.5　　　12.85714

此时的情况就变成：A 打不过 B，B 打不过 C，C 打不过 A。那么这就出现一个策略点让玩家思考，即自己操控的角色最合适与怎样的敌人战斗。

还可以引入离散性来讨论这个问题，引入出手先后来讨论这个问题，以及引入治疗来讨论这个问题，每种做法都会让这场战斗产生更多的情况。

在某些情况下，一场战斗是有优势解的（优势解：当难以确定最优解时，参与者预估的可以获得更多优势的做法）。比如，当玩家知道下一波进攻的敌人是一大群移动快、血量少、防御力弱的僵尸时，可以多选用散射型的植物。但在某些情况下，战斗过程中就产生了变化。比如，玩家采用了大后期强无敌的策略安排，但在一开局就被虫族的小狗们摧毁了基地，那么玩家就需要根据敌人的变化来改变既定战术，这就是下面笔者要讲解的内容——总体策略。

1.2.4 序列树和博弈论

当一些问题并不能一次性得到解决，而是经过多步操作才能得到解决，并且每一步操作有不同选择且都会对结果产生不同的影响时，这种情况就包含了更深的策略性。

这是一个非常宽泛的话题，包括多步骤的最优策略。

对于结果不明显的问题类型，笔者将其中的策略做法称为模糊影响，由此将其与相对确定的最优策略区分开来。

1. 博弈论

当一些问题只针对一个人时，可以称为序列树；如果针对两个人或多个人，就成了博弈论。

在博弈论中，最优的策略组合称为均衡。经过了数学证明的均衡一共有四种，分别是纳什均衡、子博弈纳什均衡、贝叶斯纳什均衡、完美贝叶斯纳什均衡。序列树、决策树实际上也属于均衡的一种，即子博弈纳什均衡。

请自行了解这四种均衡的定义，这里对它们进行简单介绍。它们是逐层递进的，所描述的内容分别如下。

- 纳什均衡：单次，信息透明的博弈中的最优策略组合。
- 子博弈纳什均衡：多次，信息透明。
- 贝叶斯纳什均衡：单次，信息不透明。
- 完美贝叶斯纳什均衡：多次，信息不透明。

举个贝叶斯纳什均衡的例子。

有两个企业 A 和 B，A 已经处于市场中，如果 B 打算进入市场，那么它必须预估 A 是否会做出阻挠，以及自身最终的获利情况。如果 A 不阻挠，B 将获利 100 万元；如果 A 阻挠，B 将获利-20 万元。B 不知道 A 的阻挠成本和阻挠的概率，那么对 B 而言，要怎么做？

设 A 阻挠的概率为 x，那么 B 的获利预期就是：

$$100\times(1-x)-20\times x$$

如果要获利，也就是要公式大于零，可以解得 $x<5/6$，x 约为 83.3%。只要 A 阻挠的概率低于 83.3%，B 就能获利。换言之，此时 B 选择进入市场是更好的策略。

我们看到 B 做的所有决策，都是它基于对自身的了解做的策略选择。它并不知道 A 阻挠与否及其阻挠成本。但是，在一次交手之后，B 看到 A 没有阻挠它，那么就可以假设 A 不阻挠的原因是它的阻挠成本大于它的预期获利。如果阻挠行为不是一次性的，即在今年出现了，在明年、后年可能会再次出现，那么 A 这次不阻挠是因为这次的阻挠成本高于预期获利，但是下一次就未必了。经过多次交手，B 就可以预估出 A 的阻挠概率。如果有一个基准物，如市场份额或者 A 某次的阻挠成本，那么就可以预估出 A 的大致情况。

由于这几种均衡对人类经济行为具有指导意义，所以它们成为经济学的理论基础，促成了许多经济学理论的发现和设定。但是近年来，人们逐步发现了它们一些不全面的地方。不全面的地方主要在于两个方面，一个方面是，心理学家发现在很多时候，人们下决定是不理智的，即使是受过高等教育、非常理性的人群，他们在做许多决定时都受到各种心理效应的影响。这在《怪诞心理学》中有许多详细的例子和讨论，如锚定作用，人仅在大脑里想过几遍 800，就会比想过几遍 10，更容易对一个原价大概 100 元的商品产生更高的估价。尽管 800 和 10 这两个数字与这件商品没有任何关系。

另一个方面是，即便是最复杂的完美贝叶斯纳什均衡，在策略上也是有漏洞的。比如，人们可以在某次博弈中故意不做出最佳的纳什均衡，从而影响对手对己方情况的判断。虽然这种情况不会总是出现，它只会是完美贝叶斯纳什均衡的一个子集，但大家在我国古代的兵书中，不就经常看到这种通过影响对方的判断，甚至牺牲一小部分利益而取得更大胜利的计谋吗？所有的均衡都要求参与者是完全理性的，并且智商超群，能够找到属于他们的最优策略组合，实际上并不是所有人都能够找到他们的最优策略组合。

比如，海盗分金的问题。假设有 5 个海盗，抢到了 100 个金币，他们按顺序提议如何分配这 100 个金币，剩下的人一起表决，如果多数反对，提议者就会被扔进海里。请问第一个海盗能拿到多少个金币？这是一个简单的推理过程，假设剩下最后的 4 号和 5 号海盗，4 号知道，无论他提议什么，5 号都会反对，然后把他扔进海里。所以无论 3 号提出什么建议，4 号都必须答应。3 号可以提：3-100，4-0，5-0。同理，一步一步推上去可以得到 1 号的提议：1-98，2-0，3-1，4-0，5-1。如果其中有人不是完全理性的，或者有几个人私下签订了其他协议呢？比如，2 号私下跟其他人说："无论 1 号提出什么建议，我都比他多给你们 1 个金币。"或者 3 号与 4 号结盟，而其他人不知道。在这几种情况下，1 号就"死定"了。

所以现实中的完美贝叶斯纳什均衡是很难求解的，其指导意义有限。作为设计师，我们不需要去建立这些模型，然后求解出最优策略组合，我们是设计问题的人，以上讲的几种情况，反而是我们的工具。

2. 模糊影响

当你女朋友问你今晚吃什么，或者她穿这件衣服怎么样的时候，你会不会感到很难回答？因为很有可能无论你怎么回答，答案都是错的。你不应该把关注点放在这个问题的答案上，而是应该放在总体的引导上，将她引导到让她开心的方向。

比如，在与一个人交谈时，我们有无数种回答方式，那么我们应该怎么回答呢？此时没有一个标准答案，任何回答都会将他对我们的看法和印象引到某个方向上，或者在某些方面上增加权值分数。这就与确定性的博弈不同，结果难以量化，并且有多种答案。

以向女朋友提出问题为例。

今晚吃什么？潮汕菜？

不想吃海鲜。

四川面馆？

太远了。

麻辣烫？

不喜欢那里的装潢。

那你想不想吃甜的？

我牙有点痛，换一个。

那牛排如何啊？

你以为我上次喜欢吃牛排，这次也喜欢吃牛排吗？

那去吃寿司吧。

等等，我接个电话……不吃寿司了，换一个。

那吃泰国料理？

刚刚妈跟我说不要吃热量太高的东西。

那吃韩国泡菜去？！

啊，那边车子多，好吵！不去了。

上面的情况会不会让你感到很无语？为什么女孩的心思那么难猜，她们的思路包含了什么？

（1）影响因素多，可操作行为多。

影响因素多，而且参考者一开始并不知道包含了这么多种情况，不得不逐个去尝试。假设《泡泡龙》中发射的每一个球既受发射力度的影响，又受风力的影响，还会在一段时间后变色，那么每一次发射都会让玩家思考很久。

同理，如果人们在处理某个事件时可以采取的方法太多，一开始也会不知所措，直到试出可用的方法为止。作为设计师，多样性这一点未必总能做到，因为很可能没有那么多的制作预算，但有一种多样性可以适用于许多情况，就是范围式的数值。比如，在《愤怒的小鸟》中，玩家在一定范围内的任意角度都可以发射，而不是只能在其中固定4个或者3个角度，通过按上、下按钮来发射，如图1.25所示。

同理，还有力度、移动距离、跳跃高度等，在现实情况中也是连续的，所以更细致地在游戏中创造这些操作的范围，也会让游戏内容更真实和生动，而且这样肯定比有限的几个操作点包含更多的可能性。

虽然影响因素有很多，可以设计许多独具特色的游戏规则，但实际问题并不在于能想到什么样的游戏规则并加进去，而在于游戏规则应该为了某些策略点或乐趣而存在，不应该为了使游戏更复杂而存在。经常存在的情况是我们设计了很多的游戏规则和内容，但这些游戏规则和内容并没有带来新的策略点，仅仅增加了玩家的学习成本和操作复杂度。所以我们在更多时候要做的是简化游戏的策略，在最简单的情况下，让玩家在某个策略点去猜就可以了。比如，投硬币的结果有 50%的概率是正面，只要结果足够重要，这次猜测对于玩家就足够重要了。

图 1.25

（2）同一行为会产生不同的结果。

概率可以让事件产生很大的波动，可以让本来一方在实力上远远超过对方，几乎稳赢对方的情况产生逆转。

概率所影响的程度越大，对人的控制程度越低，所以我们要把控好概率，让其产生乐趣而不是混乱。同时，也可以让一些概率的助益效果变成具有可操作性的动作，那么它也就变成了策略思考中的一个环节。比如，一些触发型 Buff，每次攻击有 30%的概率使某个技能变为可用的技能，那么何时使用这个技能就变成策略思考中的一环。或者可以产生一些持续性的效果，比如使接下来 5s 内的伤害提高 100%，使接下来 5s 内的移动速度加快 100%，使接下来 5s 内某个技能的伤害提高 100%，这些都会促使玩家进行一些放大 Buff 效果的操作。

这些是正向的效果，概率带来的效果还可以是负向的效果，以及同时包含正向、负向的效果。比如，悬崖前的加速装置可能让玩家获得不同的加速效果，从而在飞跃后进入不同的赛道。再如，吃到某个道具，有 20%的概率获得 100%加速 3s、60%的概率获得 40%加速 5s、40%的概率获得 20%加速 10s 等效果。它的概率期望是有益的，但玩家不知道会随机获得哪一种效果。再进一步讲，使用带副作用的 Buff 也是产生策略非常有效的方式。比如，加速了，但控制变难了；伤害加大，但移动速度减慢，或者消耗自身的血量，产生额外的伤害。这让玩家在做一些对自己产生有益效果的操作时，也受到了削弱，从而也就给对手提供了反击的机会。一个经典的例子是跳棋游戏，在玩家攀爬得更高时，也在帮助对手更快地前进。

（3）突发事件多且影响大。

人们在骑自行车的过程中，会遇到各种突发事件，如碾过小石头、蚊子飞过、远处的汽车移动，但这些都不足以影响人们骑自行车。如果变成许多只鸟撞向骑手，那么影响就大得多了。如果将这些鸟放在游戏中，它们就像落在玩家旁边的炮弹，这是不由玩家和对手控制的突发事件。如果突发事件可预测，那么这还是属于多样性的表现，等于增加了游戏的复杂度；如果突发事件不可预测，或者即使可预测，但由于游戏规则太复杂或时间不够，导致玩家处理不过来，那么这样的突发事件就属于突发的不可控事件。

设计师需要让这些突然出现的情况所产生的影响足够大，大到可能打乱玩家原来的计划。放炸弹是一种方式，除此之外，还有在玩家操控的角色对打时让他们突然刷出来精英怪、爆炸的火山、风力效果等许多方式可供使用。这里的策略点是，突然改变原有策略模型中的变量数。

以上主要讲解了操作的方法和结果的多样性、操作的空间、概率、带副作用、改变模型基础，但是策略并不全盘等于乐趣。比如，为何《魔兽争霸3》引入了英雄系统，《星际争霸》中也有技能系统？这些已经不是策略层面的问题了，而是与玩家的喜好相关。玩家更喜欢，也更容易代入某个英雄角色，而不是十几辆坦克。玩家喜欢的是强大，而不是平均。

前面向女朋友提出问题的例子适用于以她为主的进攻，玩家只能被动防守，这类策略问题有其适用的范围。也有两个人互相影响的情况，比如我们跟某个新朋友第一次接触，我们在形成对他的印象，他也在形成对我们的印象，并且双方都会根据已经形成的印象来调整下一句对话。如何应用这种完美贝叶斯纳什均衡去影响对方的判断呢？这就涉及心理学上的策略了，这些内容将在第2章中被讲解。

1.2.5 平衡和制衡

1. 平衡

有些时候，设计师会想要设计"绝对平衡"的游戏对抗。比如，游戏双方有同样多的棋子，并且没有先手、后手的区别，可以同时进行操作。除了棋类，其他的游戏类型也很注重平衡，如 RTS 游戏、ACT 游戏、RPG 游戏。

以《魔兽世界》为例，针对其 PVE（Player Vs Environment）部分，设计师一般会希望每个职业每一系列相同作用的天赋都是能够产生一致的效用的。比如，法师的"DPS"（每秒输出伤害）和术士的"DPS"，在装备和操作者能力相当的情况下，能达到一样的水准。但实际这是很难做到的，因为每个职业都有其需要的输出环境，所以 BOSS 的同一个技能，对不同职业所产生的效果也就不同了。比如，BOSS 吐几朵在身边萦绕的毒云，对于近战职业，也许他们就没位置站了，但对于远程职业，就没有太大关系。在《魔兽世界——军团再临》版本初期，由于许多有着双目标的 BOSS 在战斗，所以在很长一段时间内，这个版本的暗影牧师一直占据着 DPS 总榜的第一名。但是同样一个版本，当 BOSS 不一样时，情况就不一样了。追求绝对一致的平衡，让所有职业的伤害量一样多，这会对 BOSS 的设计造成多大的影响呢？此时，每设计出一个会影响到近战职业的 BOSS 技能，就得对应地设计一个会影响到远程职业的 BOSS 技能，并且还要确保它们的出现概率差不多。这会让设计出来的 BOSS 很快就变得雷同，也会让玩家觉得，其实哪个职业都差不多。这也是《魔兽世界》中曾经出现的情况，所有职业都有着差不多的技能。在 PVP 中，每个职业在跟别的职业对打时，所拥有的招式和应用这些招式产生的效果都差不多。也许有人会说："这才是由玩家自身的操作水平决定胜败啊。"但如果是这样，还设计那么多职业干什么？玩家又为什么要去体验不同的职业呢？后来玩家们集体在论坛上抱怨这种情况，也证明了这种情况才是会"杀死"一个游戏的东西，而不是简单的不平衡。

再进一步来看平衡的必要性。

在《魔兽世界——军团再临》版本初期，装备还没有开放时，有 3 个布甲职业，分别为法师、术士和牧师，这 3 个职业无论是在治疗上，还是在 DPS 上，都比其他职业差很多。然而直到玩家把等级练满且拥有了一定的装备等级之后，大家才发现这一情况。但选择这些职业的玩家是不会轻易放弃这款游戏的，绝大部分的普通玩家受限于时间和资源，也受限于心理因素，会继续玩下去，并且会转头去练一个目前强大的职业。那么对游戏厂商而言，这就意味着一个新的角色会产生，并且玩家需要重新走一遍各条成长线，也意味着游戏厂商将获得更多的营收。

然而总有些不去重练的玩家，这对他们而言有什么影响呢？一方面，带来了情绪。参与某些活动或事情最无趣的就是全程都是平淡的，无论活动的结果和过程如何，只要让参与者带着情绪参与其中，他们的积极性就会被调动起来，他们对活动的印象也就会更深。处于弱势的职业虽然会抱怨，但当他们的抱怨被不是这个职业的玩家看到时，这些玩家又会感到庆幸，那么整个游戏中的玩家就都有了情绪。另一方面，带来了期待，处于弱势的职业会期待着新的游戏版本出现，期待他们的能力会变强。

所以对平衡应持有的态度是：平衡不是平均，乐趣才是处于第一位的！职业特色、角色特色才是处于第一位的！之后才是确保每个职业的能力大致处于一个接近的区间。

以下给出创造"平衡"的数值模型的搭建过程。

以旧的回合制游戏中的角色升级系统为例，假设玩家每升一级，系统就会给玩家的所有一级属性都加 1 点，这些一级属性包括力量、体力、耐力、魔力、精神、敏捷。除了系统默认加的 1 点，还会有一定的额外点数由玩家自行分配。

为了简化模型，我们将物理攻击和魔法攻击合并在一起，将敏捷导致的游戏策略忽略，讨论攻防体的平衡。

这是一个减法的伤害公式：

$$n=eHP/(ATK-eDEF)$$

假设攻击力为 a_0，每加 1 点力量增加 x 点攻击力；防御力为 b_0，每加 1 点耐力增加 y 点防御力；血量为 c_0，每加 1 点体力增加 z 点血量；魔防为 d_0，每加 1 点精神增加 d 点魔防（这个属性会被合并）。

假设想要的目标是使体力的价值与耐力、精神的价值平衡。

以将属性点平均加到耐力和精神上，以及全加到体力上来计算。将被打的生存回合数相同作为平衡的标准。

设 t 为总的每级可加属性点，m 为模板的攻击人物加的力量点数，加到体力上的属性点记为 k，耐力为 i，精神为 j。

可列式如下：

$$i = j \quad t \geq 0$$
$$i + j + k = t \quad 0 \leq i \leq t/2$$

合并两式可得：

$$k = t - 2 \times i$$

将其代入计算回合数的式子：

$$\frac{c_0 + (t - 2 \times i + 1) \times z \times \mathrm{LV}}{a_0 - b_0 + (m+1) \times \mathrm{LV} \times x - (i+1) \times \mathrm{LV} \times y}$$

当 LV 越来越高，或者趋向于无穷大时，其对基础值的影响越来越小。若直接无视 a_0、b_0、c_0，可将上式变为：

$$\frac{(t - 2 \times i + 1) \times z \times \mathrm{LV}}{(m+1) \times \mathrm{LV} \times x - (i+1) \times \mathrm{LV} \times y}$$

$$= \frac{(t - 2 \times i + 1) \times z}{(m+1) \times x - (i+1) \times y}$$

$$= \frac{z \times t + z - 2 \times z \times i}{(m+1) \times x - y - y \times i}$$

要想无论如何分配 i，上式皆可等同，则上下必须成一定的比例，即

$$2 \times z = p \times y \tag{1.1}$$

$$z \times t + z = p \times [(m+1) \times x - y] \tag{1.2}$$

p 是所成的比例。由式（1.1）得：$p = 2 \times z/y$，将其代入式（1.2）得：

$$z \times t + z = 2 \times z / y \times [(m+1) \times x - y]$$

$$y = \frac{2 \times (m+1) \times x}{t+3}$$

由此式可以分析得到，y 与 x 成正比，且与在力量上投入的点数 m 成正比。

也就是模板的攻击力越强，由耐力转化的防御力 y 也就越强。

那么根据此式，在设定一些基本参数后，即可得到符合原先目标的 x 与 y 的取值。比如以下几种模型。

玩家有 5 点属性点可以投入，投入的点数 m 为 4，代入可得：

$$y = 5/4 \times x$$

若设定 x 为 2，那么 y=2.5。

若设 t=4，m=4：

$$y = 10/7 \times x$$

若设定 x 为 2，那么 y=2.857。

若设 t=1，m=1：

$$y = x$$

若设定 x 为 2，那么 $y=2$。这种是每级只有 1 点属性点可加的情况。

上面还有好几个变量需要自行取值，这是因为 t 和 m 是由设计师设定的，而 x 为 y 的基准，y 和 x 之间的比例才是保证两个属性价值平衡的关键。

数据演示如图 1.26 所示。

可以看出，角色承受伤害的回合与预期的 n 是一致的。

这里的意义在于：设定好一个模板的 $(m+1)\times x$，可以将这个目标作为职业间的基准，也可以将其定为怪物的基准。当要设计一个怪物时，其伤害可用模板来界定，或者可以用模板来界定各种挑战玩法的难度。这个模板是装备系统中各种属性的基础比例，也是技能、宠物等系统中可供参考的平衡标准。

再进一步讲，上式表达的是个体之内的属性平衡，如果要实现个体与其他个体之间的属性平衡，如个体的防御能力与其他个体的攻击力之间的平衡，那么怎么设计？首先设定一个攻防平衡的标准，这个标准应该为挨打的回合数 n。意思就是假设原来两个等级一样、加点一样的角色，在各自升了 5 级之后，一个全部加力量，一个全部加体力，之后他们再对打，还是能够维持和之前一样的对抗情况。假设在升级前 A 击败 B 时，B 也击败 A，那么在升级之后，A 和 B 之间的力量对比与升级前一样，仍能同时击败对方。

n	c_0	a_0	b_0	t	m	x	y
5	50	10	0	5	3	2	2

分配方式

模板

体力	力量	精神
2	3	0

LV	HP	ATK	DEF
1	65	18	2
2	80	26	4
3	95	34	6
4	110	42	8
5	125	50	10
6	140	58	12

耐力

体力	力量	精神
1	0	2

HP	ATK	DEF	被模板攻击次数
60	12	6	5
70	14	12	5
80	16	18	5
90	18	24	5
100	20	30	5
110	22	36	5

体力

体力	力量	精神
5	0	0

HP	ATK	DEF	被模板攻击次数
80	12	2	5
110	14	4	5
140	16	6	5
170	18	8	5
200	20	10	5
230	22	12	5

图 1.26

以此思路为基准，基于之前的推导再进一步演算，可推导出如下的式子：

$$n = \frac{(t - 2\times i + 1)\times z}{(m+1)\times x - (i+1)\times y} \tag{1.3}$$

设 $t=5$、$m=4$，由上一命题的讨论，可得：

$$y = 5/4 \times x$$

将 t、m、y 代入式（1.3），得：

$$n = \frac{(6 - 2\times i)\times z}{5\times x - (i+1)\times 5/4 \times x}$$

$$= \frac{8\times z}{5\times x}$$

只要设定战斗持续的回合数 n，就可得到 x 和 z 的比值。

比如，设 $n=5$，就可得到：

$$x = 8/25 \times z$$

由此，可得到 x、y、z 三者间的比值。

实际上，由式（1.1）可得，要想成比例，它们所成的比例 p 就是 n，即

$$n = \frac{2 \times z}{y} = \frac{(t+1) \times z}{(m+1) \times x - y}$$

可得：

$$z = \frac{n \times y}{2}$$

此时再设定想要的 z 或者 x、y 的值，即可得到确切数值。比如，设定 $x=2$，那么 $y=2.5$、$z=6.25$。

而这 3 个值，就是满足预期的目标。无论玩家选择加耐力属性还是加力量属性，最终他们互相攻击的情况会与之前保持一致。用数据演示如图 1.27 所示。

n	c_0	a_0	b_0	t	m	x	y	z
8	50	10	3.75	5	3	2	2	8

分配方式

全力加点		
力量	体力	精神
5	0	0

血耐		
力量	体力	精神
1	2	1

LV	HP	ATK	DEF	打血耐	被打	HP	ATK	DEF	回合数比例
1	58	22	5.75	5.193	7.03	74	14	7.75	0.738657
2	66	34	7.75	4.404	6.439	98	18	11.8	0.684031
3	74	46	9.75	4.033	6.041	122	22	15.8	0.667635
4	82	58	11.75	3.817	5.754	146	26	19.8	0.663319
5	90	70	13.75	3.676	5.538	170	30	23.8	0.663664
6	98	82	15.75	3.576	5.37	194	34	27.8	0.665946
7	106	94	17.75	3.502	5.235	218	38	31.8	0.669016
8	114	106	19.75	3.445	5.124	242	42	35.8	0.672348
9	122	118	21.75	3.399	5.031	266	46	39.8	0.675693
10	130	130	23.75	3.362	4.952	290	50	43.8	0.67893
11	138	142	25.75	3.332	4.885	314	54	47.8	0.682005
12	146	154	27.75	3.306	4.826	338	58	51.8	0.684898
13	154	166	29.75	3.283	4.775	362	62	55.8	0.687605
14	162	178	31.75	3.264	4.73	386	66	59.8	0.690131
15	170	190	33.75	3.248	4.69	410	70	63.8	0.692487
16	178	202	35.75	3.233	4.654	434	74	67.8	0.694683

图 1.27

LV	HP	ATK	DEF		打血耐	被打		HP	ATK	DEF		回合数比例
17	186	214	37.75		3.22	4.621		458	78	71.8		0.696733
18	194	226	39.75		3.208	4.592		482	82	75.8		0.698647
19	202	238	41.75		3.197	4.565		506	86	79.8		0.700436
20	210	250	43.75		3.188	4.541		530	90	83.8		0.702112
25	250	310	53.75		3.152	4.444		650	110	104		0.709091
30	290	370	63.75		3.127	4.377		770	130	124		0.714336
35	330	430	73.75		3.109	4.328		890	150	144		0.718407
40	370	490	83.75		3.096	4.29		1010	170	164		0.721653
45	410	550	93.75		3.085	4.26		1130	190	184		0.724299
50	450	610	103.8		3.077	4.235		1250	210	204		0.726496
55	490	670	113.8		3.07	4.215		1370	230	224		0.728348
60	530	730	123.8		3.064	4.198		1490	250	244		0.729932
70	610	850	143.8		3.055	4.171		1730	290	284		0.732494
80	690	970	163.8		3.048	4.15		1970	330	324		0.734477
90	770	1090	183.8		3.043	4.134		2210	370	364		0.736057
100	850	1210	203.8		3.039	4.121		2450	410	404		0.737346
120	1010	1450	243.8		3.032	4.102		2930	490	484		0.739321
140	1170	1690	283.8		3.028	4.087		3410	570	564		0.740763
160	1330	1930	323.8		3.024	4.077		3890	650	644		0.741862
180	1490	2170	363.8		3.022	4.068		4370	730	724		0.742727
200	1650	2410	403.8		3.019	4.062		4850	810	804		0.743426

图 1.27（续）

由图 1.27 所示的数据和图 1.28 所示的曲线可见，除了最初的几级受到基础值的影响比较大，后期玩家击败对方的回合数逐渐趋于稳定，收敛于 3 和 4。玩家的回合数比例也变化不大，趋近于 0.74。

再进一步考虑这个模型，5 力加点的角色打 3 力 2 体加点的角色，击败对方需要 2.4 个回合，被击败需要 1.3 个回合，即高力量的投入确实带来了更快的击杀速度，但同时加快了自己被击杀的速度。3 力 2 体的角色去打 1 力 1 耐 1 精 2 体的角色，可承受的回合数分别是 6 和 11.98，即血耐打不过模板。但如果玩家在对抗时猜对了对方的加点方式，并且使用了克制的加点，比如 3 力 2 体的角色打 1 力 3 耐 1 精 0 体的角色，可承受的回合数分别是无穷大和 11.98，那么他就能够取得明显的优势。

因为将力量作为攻击力进行计算，而防御力却分为两种，所以耐力和精力是要均衡加点的，效用自然比不上攻击力。但要是玩家只加耐力或精力，就毫无疑问地能打得过模板了。

遇到不破防的情况怎么办？可以交给 5 力去打，还可以把模板的力量投入点调整一下，比如从 3 变成 2。

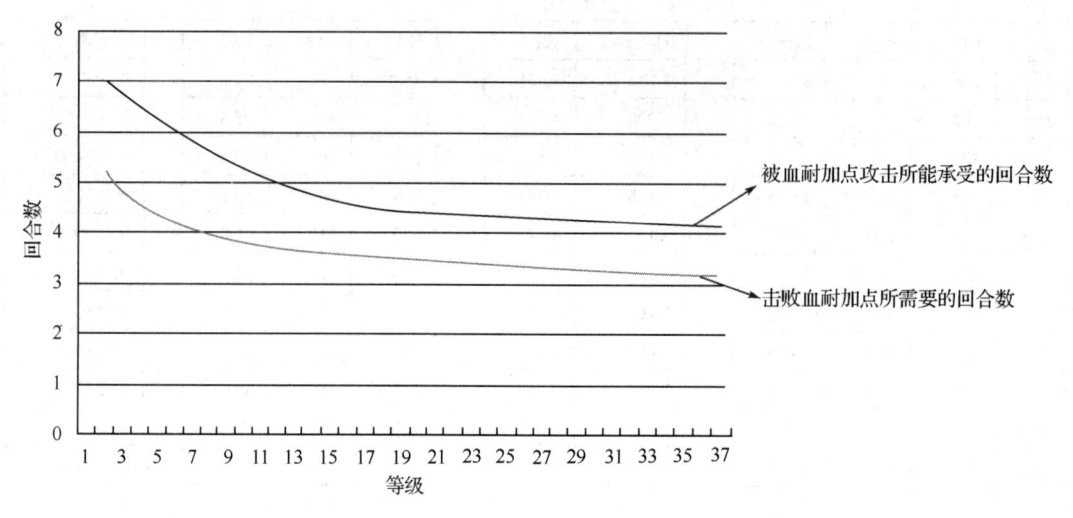

图1.28

总而言之，各种符合人们正常认知的情况，这个模型基本都能满足。之前提到过让不同的角色加点，最后达到互相克制的平衡，这个模型就是它的一个子集。

除此之外，通过设计模板和以上的平衡比例，还验证了以下情况。
- 即使面对一个全防加点的角色，也不会出现某个职业完全没有方法破他的防御的情况。可以调整基础系数，让各种极端加点不会出现无解的情况。
- 对于极端加点的角色，其确实有增强的优势，但其劣势也会非常突出。如何取舍将由玩家、团队决定，而不会因为数值的不平衡导致在培养角色时，将全部点数投入某一项中就肯定能得到最优解。
- 在相同职业内，属性配点的不同导致玩法出现明显的区别。

在笔者一开始设计游戏时，行业中还没有模板这个概念，后来有了模板这个概念，但平衡还是靠调出来、试出来的。这里提供的这种模型，让平衡可以更多地靠"算"出来。

同理，还有乘除法公式的平衡模型。按照上面提到的衡量标准，相信读者也能建立自己的模型，这里就不赘述了。

2. 制衡

对于许多成长性特别强的游戏而言，设计师在其中埋了很长的成长线，从而达到收费的目的。这些游戏中经常会出现一个大R玩家的实力远远超过其他玩家的实力的情况。比如，在某款游戏中发生过这样的事情，一个玩家操控的角色去攻城，他站在那里，上千个玩家操控的角色围着他打了一两个小时，最后他只是减少了1/10的血量。

就算不举这个极端的例子，我们也经常在各种游戏中见到一个大R玩家独力对抗十几个玩家甚至二十几个玩家的情况，或者一个服务器中排行榜的前几名长期不变的情况，或者一个服务器的资源全部被一个大工会占据的情况。

对于这些情况，我们应该考虑的就不是普通玩家们无法达到的"平衡"了，而是"制衡"。我们必须设计一些规则，让这些"第一名"有可能被打败。

这既是玩法上的平衡，也是与实际体验息息相关的：让非 R 玩家有机会翻身，让他们显得重要；对于付钱的大 R 玩家，他们也需要有敌手才会感到有趣。

可以按照以下两点来思考各种可能的设计方式。

第一种思路是实力比，包括个人间的实力比和团体间的实力比。只有在实力不过于悬殊的情况下，才有可能设计一些有效的制衡。

其一是胜负的条件、提供制衡的方式、双方之外的其他影响因素。

个人间的实力比与成长线的长度有关，也与游戏分了多少"R 档"有关。大 R 玩家想要的是绝对的碾压，而绝对的碾压也是相对的。如果这是一个只能够单 P 的游戏，那么大 R 玩家只要比与他对战的中 R 玩家强 20%，就可以实现绝对的碾压。

如果是可以多人对战的游戏，那么根据战斗的规模，大 R 玩家在同时面对 2 个中 R 玩家时能够取得确定性的胜利，也是绝对的碾压。如果战斗规模过大，一个角色可能要面临更多角色的同时攻击，那么为了让大 R 玩家实现绝对的碾压，就要让他的实力阈值快速提升。所以设计师要考虑好能够给到他碾压感的程度，让他觉得付的钱值，达到所需的实力提升，就够了。

同时，设计师应设置各种概率性或者专门克制型的阵容，或者其他的策略方式，让玩家在实力不如对方的情况下，也有赢的可能性。比如，每次抵抗"青眼白龙"（来自《游戏王》的一张经典卡牌）的攻击，都能让人感觉特别爽快。这些策略能让一个玩家的强大拥有限度，不会出现完全无脑式的碾压。

其二是把个人放入团体中，让个人的作用变得有限，让团体的作用变得重要。设计师可以设计需要多人共同完成的目标、同时出现的多个目标，以及多人组成的阵法、战术，还可以对个人设限，如限制每个玩家每天捐献金钱的额度。这时一个工会，以及工会中的个人要想更强大，要想有更高的等级，就需要召集更多的玩家进入工会。

第二种思路是：一个玩家的强大需要其他玩家的支持。从战斗内到战斗外的支持都需要设计，比如，在玩家的军队经过盟友的国土范围时，可以将行军速度加快 30%，或者增加 30%的伤害力；再如，在一款 RPG 游戏中，队友可以给玩家加 Buff，使其战斗力提高 20%；又如制作装备和捕捉宠物需要其他职业的玩家的帮助，因为他们更擅长，而自己做则非常困难，如《魔力宝贝》中的驯兽师。

这实际上相当于延长了玩家的成长线，并且其中的一部分内容是无法被他们自己掌控的。设计师经常期望玩家能够进行社交，甚至期望大 R 玩家能带着非 R 玩家消费，这是可以好好设计的内容。

当一个玩家或者团队绝对强大时，设计师可以怎么做？

首先，限制他们的获得物，让后来的人有机会赶上来。比如，让某些活动中第一名、第二名获得的奖励差不多，让前 x 名都可以得到同样的奖励；或者让前 x 名得到并不有利于提升实力的奖励，而是荣誉、头衔之类的东西；或者设计多个奖励目标，比如有多个矿区，但一个工会只能占领一个，这也是一种方法，确保资源不会被一个玩家或一个团队独占。

其次，赋予"强大"的时效性。比如，玩家获得的 3 级商品（科技图）是有时效性的，如果玩家在几天内不使用该商品，过后其时效性就消失了。而高级科技图每天/每几天都会被刷出，能够给抢到的玩家带来明显的实力提升。同时，玩家需要具备各种条件才能获得的长时 Buff，也可以被赋予时效性。

最后，改变胜负条件，让绝对实力只是其中的一环。比如，战斗的目标是抢旗，那么就算玩家击杀再多敌人，也没有完成目标；或者设置玩家之外的影响物，如战场中的道标、祝福塔等，这实际也算是策略的一部分，借此取得削减绝对实力的效用。

制衡是一个容易被设计师忽略，但是相当重要的问题。在游戏成长起来之后，就会出现服务器的游戏氛围沉闷、大 R 玩家在付费之后就无人能敌且无事可做、工会等玩家团体的势力固化等问题。此时制衡就是除了推出新内容、新版本，一开始就可以好好设计的部分。

1.2.6　示例玩法

玩法是一个相当大的话题，有如此多的游戏分类、如此多的平台和设备，但玩法并不是无穷无尽的。我们除了采用游戏分类的方式去区分玩法，还可以依靠一些更基础、更本质的设计点来区分玩法。在开始设计前，我们要先弄清楚自己设计的是怎样的策略点，之后再去设计对应的内容。

以下将小型游戏的设计作为示例，讲述设计的思路和原则，并逐步讲解到大型游戏的设计，讨论如何从增加游戏策略点的角度去新增游戏系统，进而改变游戏类型。

1.《球球大作战》

《球球大作战》最近很火，玩家的数量越来越多，甚至玩家还举行了大型的赛事。它的界面如图 1.29 所示。

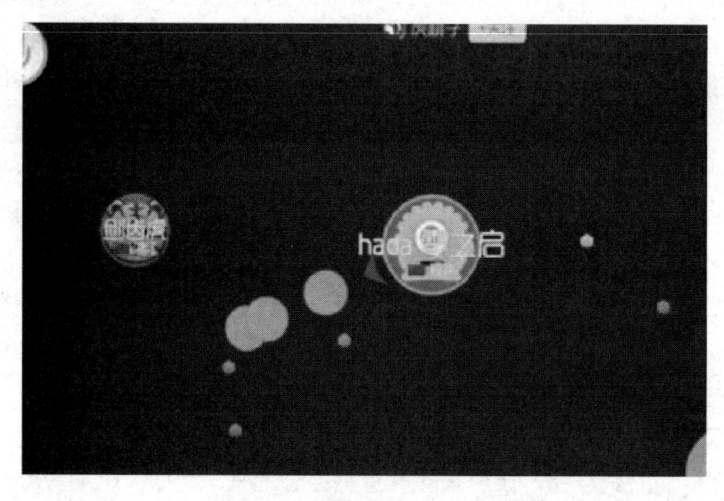

图 1.29

玩家控制一个球，吃一些小型的饲料，吃得越多，球的体积会变得越大。玩家在自己控制的球的体积增大之后，可以吃所有控制的球的体积比自己控制的球的体积小的玩家的饲料。玩家可以控制着球向上、下、左、右移动，让球在回转时有一定的角度、速度限制。

除了普通的移动，玩家控制的球的体积越大，视野会变得越大。玩家可以通过投射一部分球的体积来加速，也可以投射一半出去，获得瞬间出击的效果，之后玩家就同时控制这两部分球的体积了。

该游戏的概述如下。

- 2D 界面的自由移动，有边界。
- 有速度和视野的变化。
- 战斗快速，胜败规则简单。
- 通过设定有副作用的进攻手段，展现策略性。

2．增强即时战斗的策略性

下面做一个增强版，把它变成一款角色之间互相战斗的 RPG 游戏——《小子你别跑》。如果攻击的是怪物，那么将一击秒杀；如果是玩家对打，则每 2s 计算一次伤害，因此战斗会持续一小段时间。每次给对方造成的伤害是自身战力总值的 30%，战力总值同时也是 HP，消耗完玩家即被击杀。在玩家被击杀之后，击杀方会立刻增加对方的战力总值，并将增加后的结果作为自己的新上限，同时恢复一定的战力。

为角色提供奔跑技能，使用时按照百分比消耗战力（在现有战力不满的情况下，战力每秒恢复 5%）；提供跳斩技能，使用时消耗当前 50% 的战力，快速跳过一段距离。

通过上述设计，在实际的游戏中会出现这样的情况：对打中的两个玩家在实力上有差距，但差距不太大，由于可以在互相攻击过一次之后大概知道结果，因此就会有一个玩家知道自己打不过对方，然后开始逃跑，于是玩家之间就会开始紧张的追逐。同时，因为对打是持续一小段时间的战斗，所以其他玩家也可以加入。这延长了战斗过程所需的时间，从而带来战斗策略的变化，也带来了团战、混战等新形式，如图 1.30 所示。

图 1.30

该游戏的概述如下。
- 移动方式和边界的设计不变。
- 速度和视野的变化，带来了节奏的变化，让游戏不会一成不变。在《球球大作战》中，随着球的体积的变大，球的移动速度变慢，玩家的视野变大，很自然就讲得通。如果将球换成人物，这个概念就难以被直接地传达给玩家，但如果使用卡通化的建模，让玩家不那么较真，那么玩家还是能接受的。
- 战斗快速，胜败规则简单，保持不变。
- 通过设定有副作用的 Buff，提供一定的策略操作，保持不变。提供新的操作：奔跑、跳斩。

新增的策略点如下。

角色的大小和显示的危险只是一个大致的范畴，没有被直接标识出来，那么玩家在看到对面过来一个跟他的战力一样的玩家时，就要猜测对方的总战力如何、当前战力如何，以及自己能不能打得过了。

由于战斗不是立刻结束的，因此能让玩家使用逃跑、群殴、引诱、伏击等手段。

设计师需要更详细地去设计其中的细节，如跳斩的效用如何，需不需要在角色落地后提供一小段时间的加速，或者稍微扩大落地的震击范围。设想一下玩家实际打起来的情况，玩家在游戏的过程中和另一个玩家对打，在过了两招之后，发现不是其对手，转身加速逃跑了，于是占优势的玩家一边追，一边喊出了游戏的名称——《小子你别跑》。这个情节不仅有趣，而且包含了很多的情绪和社交方面的内容。

3．增加角色特性

在采集了足够的资源后，玩家的飞船会从最基础的船型逐渐升级，并且玩家逐渐拥有更多的飞船。比如，当采集的资源达到 10 点时，飞船会从 I 型升级为 II 型，再采集 20 点资源，飞船就会升级为III型，但在中间资源达到 20 点时，就会多获得一艘 II 型飞船，这样玩家将拥有一支星际舰队。

变化点在于，每一次玩家"出生"，都会被随机赋予一个角色，这个角色在每一次升级的过程中，都有可能获得一些特殊的船型，如自爆船、强力采集船、远射导弹船等，数量不一定多，但是作用会很明显。

该游戏的概述如下。
- 基本保持了《小子你别跑》的各种特性。
- 对于视野和速度，需要设计合适的表现方式。
- 新增的策略点在于角色特性的不同，让每个角色的成长和战斗方式都不同，从而依赖这种多样性创造乐趣。

4．增加战场因素

在战场中增加各种可被占领的祝福塔、Buff 道具，以及一些短时任务。

比如，在被占领之后给予占领方 20%采集速度加成的矿石熔炼中心，或者突然出现的黑洞、太阳风、超新星爆炸，或者更特殊的、许多即时对抗游戏中都没有出现的短时任务。

短时任务很少出现，是因为它会拖慢整个游戏的节奏。但如果设计的是战斗频率较低和整场战斗时长达到 20min 以上的游戏，设计师是可以考虑设计一些短时任务让玩家去完成的。比如，在本示例游戏中，有一些简单的赏金任务或者收集任务，因为游戏本身要提供给玩家把整个舰队搭建起来的时间，所以增加短时任务在这里是可取的。

增加短时任务方便设计师提供一些更特殊的奖励，丰富了游戏的内容，而且由于短时任务是需要玩家花费一定的时间去完成的，因此间接导致了玩家需要去思考其获得的奖励和付出是否更有利于当时的发展。

5．增加制衡规则

在上面的几款游戏中，实际已经包括了一些制衡的设计，就是一个强大的角色不会绝对无敌，如果多个角色轮流攻击他，还是能够击败他的。

再进一步讲，考虑游戏中有多个角色的情况，如果角色的数量较多，那么由系统进行自动分组就是惯用的手段；如果不让系统进行自动分组，而是让玩家自行组队，那么情况会更有趣。比如，两个玩家一直携手合作，击杀其他玩家，但到了最后关头，由于第一名只有一个，他们就将面对曾经的伙伴变成敌人的情况。在设计一些抢夺点时，不能让抢夺点只容纳一个占领者，那么对于单个玩家，他以前需要考虑的是如何击败所有人，而现在需要考虑的是自己能和谁共同占领这个地方，即考虑应该击退谁、留下谁。

我们虽然不直接分组，但是游戏规则却不时地促进着分组，这足以让玩家对游戏又爱又恨。

在增加的突发因素中，概率是其中之一，暴击这类设计也频繁地被使用。当出现黑洞时，它会吸走玩家范围内的所有船体，所以如何避免自己的舰队被吸入其中，就成了一个重要的策略点。

从角色自身出发，可以增加一些变化因素。比如，设计"收割者"，让其无差别地打击其范围内的所有船只，跑得慢的大型船只自然容易遭殃。

可以在资源的刷出点上做一些手脚，比如离第一名越远的地方，刷出大资源点的概率越高。

但是到这里，采取这些新的制衡手段已经不是很有必要了。如果加上这些制衡手段，这款游戏的节奏就难以保持轻松、快速了。但通过上述示例，大家可以看出笔者要讲的核心点：在设定任何规则时，要先考虑这样做产生了什么策略点、创造了什么乐趣；或者应该先想好要创造什么样的乐趣和策略点，再去考虑设定怎样的规则。

展现的形式和内容是多种多样的，设计师不要迷失自我，应从根本的策略点出发进行考虑。

本章小结

　　本章将所有的游戏分为两类：热刺激类游戏和冷策略类游戏，分别对应人的生理能力和思维能力。

　　在讲述每一类游戏时，本章从各个角度进行了阐述，尽管对某些内容的讲解并没有很直接地展现层级关系，但都聚焦于一个核心——如何设计生理性的挑战和思维性的挑战。

　　"心流"是一个核心内容，但心流只是挑战设计的一部分，挑战只是乐趣的一部分，乐趣只是短时体验的一部分，短时体验只是长时体验的一部分，而如何将这些体验转化为让每个玩家都对其产生好感的设计，是更大范畴的设计要点。

　　玩法是有限的，是有穷尽的，并且受限于人类的极限、现实世界的客观情况，所以设计师能设计出来的花样也是有限的。但体验是无限的，如何去包装游戏，设计怎样的难度变化和如何展现主题，是因时代而变、因人而异的。

　　公平、平衡并不是游戏最重要的部分，设计师应该站在使玩家产生良好的体验和情绪的角度，去设计所有的玩法和乐趣。

第 2 章 情绪设计

一款游戏的核心体验要么体现在玩法上,要么体现在玩家的各种情绪上。

人类做出各种行为基本源于两个方面的需求:一个是自身内在的需求;另一个是人与社会互动而产生的需求。而这些需求满足与否,会促使人们产生各种情绪。情绪带来的生理唤醒帮助人类更好地处理各种紧急情况,人们在社交中的情绪表达可以让对方更好地理解自己的态度和想法。情绪还有负面作用,它会扭曲人们的记忆和人们对各种事物的评价,因为情绪一直在最基础的层次对人们产生着影响。对大部分的普通人而言,情绪的影响是无法摆脱的。

情绪是一件利器,它由体验而生,却反过来促使人们去做一些事情,这是人类的本能,比如愤怒时的复仇行为、恐惧时的退避等。玩家忘情地投入游戏中,不是因为游戏多么好玩,而是被激起了情绪。实际上,棋牌游戏会设计一个 K 值,通过衡量玩家的胜率、连胜场次和现有资产来决定下一局如何应对他。比如,一次性把玩家的全部筹码清空,让他愤怒且不甘心,从而刺激他进行充值。

也可以用其他的情绪去促使玩家做别的事情。比如,激起玩家的友爱之情或者感召,让他愿意为了实现一个 NPC 的愿望,跋山涉水地去完成困难的任务。还可以通过一些心理效应,让玩家不知不觉地偏离他原有的理性判断。

本章所要讲述的情绪,既包括人类一时性的情绪,也包括持续时间更长的情绪。本章主要内容包含两部分:第一部分讲述如何创造人的"七情六欲"这种短时情绪;第二部分讲述各种容易影响人的心理效应。

各种短时情绪可以很好地被用于丰富游戏的体验,在设计完玩法后,在决定要带给玩家怎样的体验时,设计师可以选择一种情绪并加进去。比如,在设计一款大型玩家间对抗的游戏时,在大局设计上已经达到公平、数值也平衡时,可以加入特定的情绪,带给玩家不一样的体验。要让玩家感到恐惧,可以这么做:让他一开始处于不利的条件,如让他控制的游戏角色变成跛足、行动不便的角色;如果他在入场时已经投入比较高的成本,那么此时他就会紧张,会害怕失败,甚至有些愤怒(对于愤怒的情绪,可以通过设计和传达规则来控制)。这就是在大局平衡的基础上,对玩家操控的某些角色进行能力的上下微调,并辅之以压力,从而让玩家变得紧张、兴奋。对玩家所操控的角色进行能力上的调整可以让玩家感到恐惧、害怕,也可以让玩家感到兴奋、激进。只要加上公平的得分评判标准和奖励规则,如处于劣势的角色在获得分数时会有额外的加成,那么这款游戏就能够既让玩家感到公平、有趣，又带给他们丰富的情绪。

站在这个层次去考虑就会发现，在之前讨论的乐趣和平衡的基础上，还有很多事情可以去做。而做好这些事情，能带给玩家更加丰富多彩的游戏体验。

根据笔者个人的观点，设计有三个层次，分别是设计产品、设计体验和设计情绪。设计产品是最基础的层次，着重于产品的功能性和便捷性。设计体验时开始考虑如何让使用产品的过程更流畅、舒服，让产品的界面更美观，让信息传达更有效等。但一段好的体验未必就是真的"好"，比如观看同样一段刺激的格斗视频，不同的人有不一样的心理反应，有的人会感到兴奋、激动，有的人会觉得恐怖，有的人则会很冷漠地看待这一切。兴奋、恐怖、冷漠才是人们对这段视频的判断结果，也是以后当人们回忆时，对这段体验进行评判的基础。一款游戏，无论内容如何，如果最后让玩家产生了想要的情绪，那它就是成功的。所以我们应该站到情绪这一层次去思考所做的各种设计，"完美的设计近乎控制"，控制的就是情绪。

以下从人类的七情六欲开始讲述如何采用互动式的方法促使玩家产生各种情绪。

2.1 七情六欲

七情六欲中每项的意思都有所不同，但有些情绪的意思笔者觉得实际区别并不大，所以将它们合并为喜、怒、悲哀、恐惧、感召。

以下逐个讲解如何创造这些情绪，以及通过创造这些情绪促使玩家去做某些事情，更投入地玩游戏。

2.1.1 喜

喜在于获得，获得不仅来自自己的行为，还来自他人的赠予和帮助。

"喜"的产生可能与以下这些因素有关。

1. 通过自身行为而获得

随着玩家不断地进行游戏，我们会给玩家提供让其体验的游戏世界、过场动画等玩家"理应"得到的获得物。好的美术作品和音乐作品除了让人愉悦，还会让人去追求美的东西。

游戏中的各种奖励、提升角色能力的东西，以及虚拟的获得物，都会让玩家感到愉悦。当他们看到自己操控的角色在虚拟世界中获得了更多的东西，得到了新的能力时，就会移情到角色身上。所以，这些对角色的进步有帮助的东西，都会让玩家感到愉悦。

有一种获得物是在玩家意料之外获得的，如连续的意外胜利，会让人们因为一时的好运气而感到兴奋。此时玩家产生喜悦的情绪不是因为有更多的收获，而是因为有好运气。

获得奖励与角色的成长有直接的关系，所以这份喜悦也跟角色养成挂钩。而给多少奖励、如何给，就看如何设计游戏角色的成长线了。笔者将在第4章详述这些内容。

2. 别人的关爱

第一种情况是获得别人赠送的礼物，类似于在生活中我们获得的额外之物。这种东西不是我们必需的东西，但代表了赠送者的一份心意。

在现实中要赠送他人礼物，最难办的一点是找到真的对他人有用或他人喜欢的东西。在游戏中也一样，大部分的掉落物并不是玩家急切需要的东西，玩家真正想要的装备或者宝石的掉落率很低。还可能因为职业的区别，玩家未必能获得其他职业需要的装备，这时就难以促使玩家间产生"馈赠"行为。

设计师可以进行这样的修改：一是设计一些跨职业的装备；二是设计一些通用的东西。比如，玩家可以将自己手中的魔法宝珠用来升级某个技能，或者送给其他玩家，让他们也可以使用。除此之外，设计师还可以设计一些通用的兑换物，如金币。赠送这些物品类似于赠送财富，但是得先有需求，才会有赠送的价值。

第二种情况是获得他人的帮助，这与第一种情况很接近，但受助者自身的情况发生了变化。此时，受助者自身的情况很不好，如果得到别人的帮助，就可以改变目前的处境，也就会对别人的这次帮助非常感激。要设计这种情况，必须先设计出危险，接下来玩家才会需要得到帮助。玩家获得的帮助可以是丧尸们冲上来时的一颗手榴弹、公司财务处于赤字状态时的一笔钱、饥饿值要见底时的一块肉，以及在就要被敌人追到时队友的一个加速。在游戏中，设计师应该先考虑会出现什么样的情况，再设计一些作用于玩家的技能、道具。

第三种情况是玩家间相互合作的情况。比如，两个玩家接力抛投，从而让橄榄球到达更远的地方。再如，需要两个玩家才能控制好一辆战车，或者一个玩家从 BOSS 背后把它打倒后，其他玩家才能从前方对 BOSS 造成伤害。合作不一定能让人产生受到帮助的喜悦，但一定能让氛围变得更好。

3. 社群的友好

得到社群的接纳和尊重，也能让玩家心生感激和喜悦。

接纳的第一步是允许玩家使用社群的公共资源，如沙漠村庄的围墙。如果沙漠村庄里的人白天不跟玩家说话，晚上还把他赶到围墙外，这就是一种明显的不接纳。玩家经过不断的努力，做出各种行为去改善自己与村民之间的关系，终于让村庄里的人接纳了他，并允许他住进来。看着这种关系逐渐改善，对方团体或某个人从对玩家非常冷淡，逐渐对他友好起来，并且开始关心他，这种体验的吸引力是非常强大的！如果对方是一个让玩家喜欢的角色，那么他就会具有更强的吸引力。

但在现在的游戏中，我们很少去设计完全不接纳、不尊重玩家的情景，所以玩家在努力改善与某个团体的关系并得到尊重时并没有那么强烈的感觉。从-100 到 100 给人的感觉，会远远超过从 100 到 300 给人的感觉。

我们会在一些游戏中设计声望等级，但经常把它们作为一条成长线去设计，而忽略了情感方面的内容。比如，声望从 1 级到 10 级，变化的只是该游戏卖给玩家的东西越来越多，除此之外就没有其他变化了。可以再进一步设计，增加一些实际的影响力。比如，当声望够高时，玩家每次出战都可以邀请一队卫兵与他们同行，或者村民们在见到他们时有不同的反应，可以更好地让他们感受到被尊重。

4．无私的牺牲

让玩家牺牲自己的利益去为别人做一些事情，这在游戏中是很少出现的。大部分设计师在设计游戏时都是站在获得和成长的角度去考虑的。除去赠送，玩家唯一能做的牺牲就是花费时间和精力去陪伴或者教导另一个玩家。

现实中的牺牲，除了包括牺牲自己的利益去帮助别人，还包括牺牲自己使别人免于受到损失。在游戏中，大部分玩家能够做出的牺牲并不会导致真正的损失，在战斗结束后玩家会获得奖励，如捐出去了 10 000 个金币，最终获得了 NPC 好感度加 100。有时候玩家需要做出一些真正的牺牲，比如在下副本的过程中，全体队员在"死亡"后不能复活，这时玩家需要重新研究这个副本。在这个时候，给玩家一个机会，让其牺牲自己所有的奖励，并且被禁锢到虚空中一段时间，从而拯救所有的伙伴，这是一种真正的牺牲！虽然没有多少玩家会这样去做，但在一些队伍中，有某个玩家愿意"牺牲"，使其他玩家最终获得成功。这种无私的奉献是非常能够鼓舞他人的，并且让这个队伍中的成员间建立深厚的情谊。设计师可以进一步完善和优化这种"牺牲"，如允许被禁锢玩家的队友们在战斗结束后闯入虚空中救他出去。此时，玩家为他人奉献的精神和伙伴之间互帮互助的情谊就通过设计师的规则体现了出来。

设计师应试着再设计一些允许玩家牺牲自己利益的规则，虽不期待玩家都会这么做，但玩家每一次这么做，都是在给这个游戏增加正能量。

5．积极的努力

看着事情朝着自己想要的方向一点一点推进时，我们心中会有一种强烈的成就感。这种由时间酝酿出来的美好更让人回味，但同时也意味着当事人需要付出一段时间的努力。也就是说，设计师要设定玩家在游戏中的目标及难度。如果一个目标只是被谈谈而已，那么玩家是不会对其有什么感觉的。现在很多设计师就是这样的，随意设计一个目标，然后交给玩家，但这个项目和玩家没有什么关系，玩家只是漠然地去完成而已。设计师要清晰地给玩家展现达到目标的结果或没有达到目标的结果，并且让其确实影响到玩家，这样才能让玩家真正在心里认可这个目标。

6．美好的未来

有时看到一件美好的事情终于被做完或即将被做完时，人们会感到快乐。比如，孩子在听到爸爸明天要带他出去玩时就会非常兴奋。所以，设计师要做的是给出承诺，或者让玩家自己设定预期目标。在实现预期目标的这段时间里，他们会保持兴奋和期待。

如何做？设置三日、七日签到的大奖励是一个惯用手法。此外，建筑的完成时间、科技的升级时间、每周的刷新时间等，都是类似的时间设计。各种奖励、能力提升、新游戏内容等都可以被作为一个目标去设计。

七情六欲中的"思"，实际是对美好事物的憧憬。人们想要某个东西，但是达不到得到该东西的标准，他就会"思"。如果给玩家提供一条达到标准的途径，那么得到该东西应变成了一个可实现的目标。当玩家走在实现目标的道路上时，他就会开始期待，并且时不时会幻想实现目标那一刻的情形，心中十分欢喜。

2.1.2 怒

人何时会愤怒？会因为什么而愤怒？

人发怒的原因有以下几个。

1．被针对

比如，某个人阻挠玩家的各种行动，只要他的行为对玩家产生了一定的负面影响，就有可能导致玩家愤怒。

比如，《征途》这款游戏就是建立在仇恨与炫耀之上的，并且这种仇恨是针对个人或团体的仇恨。这款游戏把情绪设计得很成功，很有效地促使玩家们积极投身于游戏，积极付费。

再如，《魔兽世界》中有一名部落法师，名为"三季稻"。他坚持不懈地在游戏中的荆棘谷、暮色森林等区域内击杀敌对阵营的小号，他不是偶尔兴起才去击杀敌对阵营的小号的，而是经年累月、数年如一日地在这样做。刚开始联盟玩家都骂他，后来这就变成一种定律了，只要练的小号为15～40级，且没有被三季稻"击杀过"，玩家就像中了大奖。三季稻不仅击杀小号，有时还击杀单个大号。他的对战技术和侦察技术是相当出众的，以至于到后来，只要联盟玩家在荆棘谷或其他地方发现了三季稻，就会立刻组队和在世界频道发言：在某处发现三季稻。然后就会有大批的联盟玩家放下他们手头的事情，组团去追杀三季稻，但他经常让追杀自己的团队无功而返。当三季稻真的被发现并被很多联盟玩家包围时，整个部落会自动组织反击，部落玩家会自发组成多个团队，与联盟玩家对抗。联盟玩家对三季稻的仇恨如此广泛且强烈，部落玩家却非常推崇他，这种组团的对抗获得的游戏奖励几乎为零，但他们都愿意为此放弃真正的游戏内容——获得各种大型团队副本。《如果·宅》描述了这样一种情况：

"是这样的……在三季稻每次上线后，鬼雾峰的服务器就会在1h之内掉线。"技术人员坦言道。

"原因呢？"总部那边刨根问底。

"在每次他上线后，就会有数以万计的人企图登录游戏。"

能做到如此程度的玩家，在笔者玩过、了解过的所有游戏中，只有这一位了。这个事例有很多可供分析的地方，笔者在这里只想说明一点，仇恨可以强烈地影响一个人的行为。

创造针对个人的仇恨，对促使玩家更积极地行动是非常有效的，然而在大部分的游戏中，要刚好有像三季稻一样的玩家经常出现，并击杀其他玩家是不太可能的。如果要刻意去设计这样一种情况，那么要从碰得到、击杀这两个方面去思考。

比如，在《列王的纷争》这款游戏中，玩家自身就位于大地图上的某个位置，他旁边还有几个玩家，而且他们的位置基本上是长期固定的。在这种有大地图且玩家不怎么挪动的情况下，玩家们长期在一起，而且为了争夺资源，会大打出手。

另一种情况是玩家处于相近的排名段，那么设计师只要设计一些竞争玩法，就能让他们遇到。不过在正常情况下，如果全靠随机，玩家在遇到一次后，就很难再遇到第二次。这与玩家能参与多少次、该等级段上有多少人有关。设计师可以进一步设计一个记录性的系统，减少匹配的玩家个数，从而提高遇到之前的玩家的概率。设计师也可以直接在随机方式上进行设计，提高对手出现的概率。还有更高级的做法，就是设计一个 AI 机器人，让这个机器人作为玩家长期的竞争对手。

最后一种情况是，针对一些大 R 玩家，有些公司会刻意让一个员工去"陪"他玩，成为第二强、第三强，从而刺激他消费。这种情况与制造仇恨略有不同，但也是一种手段。

如果要让玩家自发地出手攻击，那么给予其足够丰富的奖励是最直接的方式；反过来，如果他不进行攻击，这个玩家就会遭受损失，这样设计也同样非常有效。还可以采用其他的方式，比如给攻击行为一个正当的名分，这样就可以非常明显地减轻玩家的负罪感，并且会让他们觉得自己在成就一些东西，自己是正义的，对方是错误的。这让玩家在与其他玩家对战时，会更容易下手。

还可以将玩家之间的竞技结果从"你死我活"的胜败转变为特别的胜利或失败条件，比如，将一个玩家变成狼，将另一个玩家变成兔子。这会削弱玩家与现实联系的强度，也就意味着玩家受到更少的道德束缚。

2. 受到不公平的对待

"不患寡而患不均。"

因为不公平而愤怒的情况，不仅在人类中存在，还在动物群体中存在。比如，科学家给两只恒河猴食物，一开始给它们的食物都一样，然后在某一次实验中刻意给其中一只猴子一个苹果，给另一只猴子几颗葡萄干。两只猴子都能够看到自己和对方得到的食物，然后第二只猴子就愤怒了，不但吱吱乱叫，而且扔掉了葡萄干。

给某些人更高的薪酬，只有在他们做出了更多贡献或具有更高的价值时，其他人才愿意接受。同工不同酬会引起人们的愤怒，在一般情况下，分配都是由系统完成的，这会促使玩家对游戏产生不满。当然，大部分游戏并没有刻意设计这样的分配系统，一般都要保证每个玩家的平等，这也是游戏比现实吸引人的一个地方，游戏中有着更多的公平、更多的同等竞争。

对于如何衡量付出的多少，然后给予额外优待，这就没有基准了。如果一个玩家知道另一个玩家确实比他付出了更多，那么这个玩家是能够接受另一个玩家比自己得到的更多这个结果的。比如，付出了 1 元，得到了 10 天游戏时间。这在游戏性和时间价值上来讲是不公平、不合理的，但没付费的玩家也无话可说，因为付费玩家确实比他们多付出了 1 元，并且系统也没有阻止他这么做。

特权不仅影响玩家自身，还能让玩家影响其他人。比如，允许玩家击杀其他玩家，而这个玩家却不会变为"红名"玩家（"红名"玩家会被城镇守卫主动攻击，也可能被其他玩家击杀）；允许玩家从其他玩家的战利品中免费分成；允许玩家剥夺其他玩家出战的权利；等等。有这样一条系统规则：在玩家每次出去战斗所获得的战利品中，前面20个战利品属于玩家自己，剩下的战利品则可能会被族长挑走其中的任意几个。这种无偿掠夺对玩家的影响是很大的，它促使族长拥有特别大的特权，也促使被抢走战利品的玩家对族长产生怨恨，同时促使人人都产生想当族长而不想当族员的想法。于是整个氏族就长期处于这种氛围之下，影响了互帮互助等良性行为的产生，族员会变得更加势利、斤斤计较。如果族员无法脱离氏族，那么他会为了不受影响而努力往上爬。这样的方式确实会有效地促使玩家更投入地进行游戏，但用恐惧和愤怒统治的世界是难有善终的，若无特别目的，不建议这样设计。

进一步增加规则：族长在获得战利品之后，并没有将这些战利品据为己有，而是依据每个族员的付出分配出去，这使整个氏族的氛围变得和谐了。如果真的要设计玩家做出不公平的事情，应尽量让它们能起到优化资源、提高能效之类的作用。

受到不公平的对待还可以体现在对抗中。比如，对方使用规则之外的手段来对付玩家，让玩家感到愤怒。

3. 被陷害

被陷害是指自己在没有做某些事情时，却被其他人栽赃嫁祸，说自己做了这些事情。

被陷害是怎么产生的呢？这里面必须有一个第三者，而且由第三者去影响栽赃者对被栽赃者的判断。首先要有一件不好的事情，然后才能进行栽赃嫁祸，此后被栽赃者既要想着去澄清，又要有澄清的手段，这些都需要我们去设计、制作并呈现给玩家。在现实中这些东西能够很快被设计出来，但在游戏中很难被设计出来，因为游戏提供的系统和操作太简单。所以，大部分能设计的栽赃嫁祸的情节都是通过剧情文本和动画去实现的，这显得刻意又死板。

用互动的方式来设计栽赃嫁祸的情节会怎样呢？比如，《"杀人"游戏》就满足了以上所有需求，因为《"杀人"游戏》是允许使用人类语言的，所以一开始就提供了很有力的工具。如果再进一步限定工具的可用方式，会怎样呢？比如，这是一款FPS团队游戏，在正常情况下，分组竞技已经足够团结所有人，如果只是分为两队，那么只可能有误操作，而不会有栽赃嫁祸。这就要求设计第三队。一般而言，"暗算"比较容易实现，只要提供第二者伤害第一者的方式即可。比如在第一者"死"后，第二者得到了他的装备、道具或者分数。设计栽赃嫁祸的情节则需要第一者与第三者建立同盟，或者至少要短时和平相处；而作为第二者的玩家，使用某种方法让第三者以为第一者做了一些伤害他的事情，然后惩罚第一者。此时方法是一回事，目的又是一回事，如果没有良好的目的，那么第二者很容易被发现。假设第一者和第三者能够相互攻击，那么只要做出一些第一者攻击第三者的假象，就会让第三者认为第一者要暗算他了。

在商品买卖类的游戏中，进行刻意倾销，挤压第一者的市场，让他不得不转而扩大其他商品的市场，比如扩大第三者生产的商品的市场，那么当他开始这么做时，就会促使第三者与他进行实际对抗。

如果真的要嫁祸，还可以这样做："杀死"第三者的一队士兵，在第三者的其他士兵过去侦察原因时，把第一者的士兵引到现场，让第三者以为是第一者的士兵做的。但要在游戏中完成这些事情，会牵扯很多问题，很难做到。做了某件事情，还要不被其他人知道，这就已经很难了；如果"死亡"的那队士兵都是玩家，而玩家角色是可以随意复生的，那么需要向他们提供隐藏姓名和形象的手段。

所以，这些只在比较复杂的游戏中才有可能出现，对大部分游戏来说，设计"栽赃嫁祸"的意义还是有限的。

如果第二者、第三者都是由设计师设定的，那么游戏就简单多了；不过游戏情节就变得像剧情一样，而不是由玩家创造的东西了。比如，刻意让一个NPC去误会一个玩家，就会导致NPC所在的整个团队对玩家产生敌视，这更像剧情。再进一步讲，让一个玩家诱导另一个玩家去攻击NPC，就会导致他被NPC所在的团队敌视，如果设定最后一击为击杀，让第二个玩家误杀NPC，那么陷害就形成了。这也算是栽赃嫁祸的一种方式。不过在一般的游戏中，难以产生第一个玩家，设计师必须专门去设计各种奖励和获胜规则，才能诱导出这样的行为。

4．被背叛

背叛固然让人很愤怒，但它所导致的结果有时不全是复仇，有不少人因为别人对自己的背叛而一蹶不振，消沉度日。这与人的性格有关，也与背叛的原因有关。首先是性格，有的人，特别是女性，在遇到别人背叛自己后，很容易变得感伤，然后就消极地去处理接下来的事情。其次是背叛的原因，不同的原因会让人产生不同的反应。如果背叛者出于利用而背叛某人，那么在大部分情况下会导致复仇。如果原因是第二者认为第一者的能力不足，于是不再和他一起战斗，那么并不会导致第一者直接报复，而会导致第一者证明自身，他的愤怒也不会持久。如果背叛的原因是信念不同，并且两者的信念之间并不矛盾，那么两者可以比较和缓地收场。如果两者的信念是矛盾的，则两者很可能会斗争得很激烈。其他一些情况和形式就不列举了，需要的是那种会促使第一者更积极地打游戏的方式，如复仇、证明自身。在所有的事情发生之前，要有第一步，就是双方已经建立了长期而稳定的盟友关系，并且对不同的原因而言，这种盟友关系基本上超越了利益关系。当背叛发生时，才会产生效果。第一步有时不容易达到。设计师需要设计一个具体的形象，让他在玩家的许多活动中都起到一些作用。长期以来，他能够良好地协助玩家完成任务，但当某个时刻来临时，一些玩家觉得自然而然的事情突然变得不再自然而然了。

如果第二者是设计师控制的NPC，那就好办了；如果要促成玩家自发这么去做，那就不容易了。要设计一些对玩家来说具有绝对吸引力的事情，如果他在这次狩猎中不能将第一者引向陷阱，NPC就会反过头来收拾他，而且代价是失去所有装备或者等级。

在游戏中设计背叛会很强烈地影响玩家对游戏的看法，设计师必须仔细地设定背叛的原因，并引导玩家发泄情绪。

但是反过来，让玩家去充当第二者，由他选择背叛与否，这时出现的结果也会有很多种。比如，玩家在游戏中已经习惯于采用各种方式去获得战利品，如果某些事情会导致别人对玩家产生长期的仇恨，如是否背叛这个NPC去获得更高的奖励，那么此时背叛所产生的长期影响不会那么直接而明显地被玩家预测到。如果玩家知道可能会有这样的结果：被玩家背叛的NPC会在一段时间后再出现，并且来惩罚玩家，那么当遇到这些选择时，玩家就会更谨慎，同时玩家可能会对给他提供选项的人产生厌恶感，甚至对这种行为感到愤怒。

5. 被他人错误评估

当人的能力被错误地评估时，可能会导致当事人愤怒。被他人错误评估一般是指当事人被轻视，被认为能力低下。当一个人的能力被认为是低端能力时，这个人可能会愤怒。比如，一个武士被认为是玩杂耍的小丑。对于某些人，其能力被误判为同等的其他能力也会使其愤怒，他认为这是对他的不了解。

逻辑上的归类是一种情况，另一种情况是因为语气的不正确而导致别人认为这是对他的不敬。在被错误评估时产生的愤怒大都会导致玩家采取证明自己的行动，此时应给玩家提供证明自己的机会。在玩家遭到多次鄙视之后，再给他机会，从而让其情绪高涨。设计师可以从动画和剧情方面去设计，比如设计一个高傲又优秀的角色，让这个角色碾压玩家并轻视玩家。

设计师也可以采取一些互动的方式。比如，特意把玩家放到更低的组别中，并且设计一些有一定侮辱性的挑战内容，如拿木剑"打死"3只母猪。然而，有时玩家会把这一切当作一个过程，认为这是剧情安排，是自己必须去经历的，于是就接受了。设计师可以让他看到另一个人不需要经过这些步骤，并让他长期只能做这些事情，这一切就可以破坏他内心的平衡。

作为一个设计师，应尽量让这一切在玩法规则中实现，而不是在单线程、没有选择的剧情中实现。

除了能力被错误评估，还有品格被错误评估。

如果不把这一点在玩家与NPC的交互中实现，而是在玩家之间实现，就会出现一个很大的问题：无论其中一个玩家有没有被错误评估，两个玩家之间都不再有任何交集了。所以错误评估并不会造成实际的影响。被错误评估的玩家即使知道他被误会了，可能也不会想要去澄清。如何让被他人错误评估造成影响呢？比如，提供一个评分系统或支持率系统，像《黑镜》系列中的一集，或者进行选举。但这些都可能变成功利性的工具，而不再包含品格方面的含义。再进一步，就是在玩家已经有的关系中制造误会，不过在继续设计之前，应先考虑一下这样的误会能够起到什么作用。玩家为了澄清事实，会怎么做？大部分玩家会用语言来澄清事实；因为设计师很难通过规则去捏造一些不存在的事实嫁祸到玩家头上，并且要让另一个玩家完全相信。

6．意外的倒霉

意外的倒霉有点类似于不公平。当人们去做某些成功的概率很高且没有特殊的机关或技巧的事情，却连续失败时，就会觉得气愤。并不是所有人在连续的失利之后都会奋起直追，但这一效应能够影响到的人还是相当广泛的。有句话是好运的人会先输后赢，倒霉的人会先赢后输。玩家在参与游戏的过程中并不总是失败，而是有一定的胜率的，这样他们才会继续努力。

在可以计算的情况下，人们对所损失的东西的估值要高出对所得到的相同东西的估值，所以偶尔出现一些连续失败的情况，对于玩家也是很刺激的。

7．失败或未能获得

一个人经历的失败越少，他就越难忍受失败；所以现实中有些人一旦失败，就会怒发冲冠，难以自控。但在游戏中，情况并非如此。有些玩家经常失败，无论是由于数值性的原因，还是由于操作技巧的原因。但反过来设计师有必要为了这一点让玩家连续成功吗？没有必要，难度的设计思路应受到更高层次的节奏方面的设计思路的控制，设计师不应只为了让玩家愤怒而忽略了其他方面的设计原则。

在玩家连续成功之后，设计师有必要更改一下匹配规则，让他遇到比他本应该遇到的敌人更难对付的敌人。此时的一两次失败并不会直接浇灭玩家的热情之火，反而会让他们投入更多的精力去练习。不好之处在于影响了规则的公平性。但如果游戏本来就会逐步提高难度，只是提高了更多，那就难辨是非了。这样做对不对，取决于我们把游戏当成竞技性的项目还是体验性的项目。

8．预期无法实现

我们预期可以与对方合作，可以得到帮助，然而对方拒绝了，期望落空了。本来年终的业绩一等奖应该是我们的，老板却给了其他人，我们的期望落空了。我们可能会对对方和老板的做法感到愤怒。

例如，在许多影视作品中，主角来到一个新的组织团体，并挑战那里的领袖，领袖以为可以很轻松地打倒主角，但这个不起眼的小人物就是打不死，于是领袖愤怒了。

同样，如果玩家主动进行攻击，一般打两三下就可以"击杀"LV1的敌人，可是在攻击很多次后还没"击杀"这个敌人，那么玩家就会变得很想"打死"这个敌人。

出乎意料的东西会让人们感到惊奇，吸引人们的注意力。既出乎意料又让人难堪的东西会让人愤怒，这种愤怒一般会导致当事人采取积极的行动。

9．领地、所有物被夺取

在某个心理实验中，研究者邀请被测试人参加课堂讲座，实验的真实内容并不是讲座，而是测试人们对领地的认知。研究者发现：对于在上一堂课中坐过的椅子，上面没有任何标识物，被测试人会不自觉地认为它是属于自己的领地；如果在下一节课回来时，发现自己坐过的椅子被别人坐了，几乎所有的被测试人都会觉得受到了侵犯，心里不痛快。

如何在游戏中做到这一点呢？

有人乱动属于玩家的物品，这会让他感到不舒服甚至愤怒。或者，玩家预期应该获得的奖励，因被别人干扰而变少或变差。比如，在冒险过程中突然出现的打劫者，会挑走玩家最好的战利品。

10. 价值观被侵犯

准则、个人价值观被侵犯或贬低，也会使人愤怒。但这一点不好实现，玩家群体多种多样，设计这样的内容，可能会宣扬一些不良的价值观。

剧情中 NPC 的价值观被其他 NPC 触犯，这一点可以实现，只是不会直接让玩家愤怒；而需要先让他们认可这个角色，移情过去。

11. 低效率的合作者

一种情况是在与他人互动时，对方完全跟不上节奏，这会让人感到自己的时间被浪费了，从而变得愤怒。在这种情况下，被浪费的时间不是最关键的，关键是人们心中感受到的效率很低的感觉。如果不从效率视角去看待一件事，那么无论用了多长时间做完这件事，我们都不会愤怒。一般而言，这种愤怒不应在游戏中出现。这种愤怒除了会让玩家想换一个 NPC 伙伴，并无其他结果。

另一种情况是为了对方好而劝对方，对方却不听，即使对方是朋友、亲人，我们也可能会愤怒。在游戏中，设计师可以设计一个 NPC，让他与玩家建立关系，经常与玩家一同行动，让玩家慢慢在意并逐步喜欢上这个 NPC。接着 NPC 由于某些原因自甘堕落了，玩家感到很痛惜。当玩家做出一些行为去挽回时，这个 NPC 却执迷不悟，此时玩家就会感到愤怒。

如果设计师真能设计出让玩家在意的角色，那么有很多方式可以采用，不需要让玩家愤怒。所以，愤怒只适合作为一种补充，补充常见的快乐、悲伤等情绪。

2.1.3 悲哀

一般而言，悲和哀这两种情绪都源自失去或失败。人们未能得到某物、不能成就某事、失去已有之物、愿望未能满足，都能促使悲哀产生。悲和哀只是程度不同的同类情绪：当情绪波动大、来得更突然时，让人很激动，此时称为悲；当这份情绪带来的冲击没有那么大，或者处于逐渐减弱的过程中时，人们感受到的便是哀。

举一些更具体的例子。

- 突然失去珍贵的东西时。
- 当为之努力的事情进行到一半时，获知这件事的成功率变低了——哀；获知这件事不可能成功了——悲。
- 追寻某个目标，但在不断努力后，发现并没有更接近这个目标。

- 在失去某些东西后，突然得知失去的更多。
- 有希望成功但自己也没有百分百把握的事情，最终还是没有成功——哀。
- 本来觉得必定会成功的事情没有成功，此时情绪会更强烈，会变成悲或者怒。

那么如何使用悲哀的情绪促使人们做一些事情呢？

在感到悲哀的情况下，人们会趋向于采取一些保守的策略，保守意味着减少金钱、精力、时间等资源的投入，甚至会刻意避开让人伤感的环境和事物。如果悲哀不是长期体验中的一个环节，也不是设计师意欲创造的一个低谷，那么最好不要把悲哀单独带给玩家。

要想让悲哀促使玩家做一些积极的事情，仅有一个例外，就是玩家不愿意接受这样的后果，心中产生想要努力反抗的想法。比如，玩家在合作失败时感到非常悲哀，不愿意接受这个结果，于是便做出一些行为，期望能够得到更好的结果。这时的悲哀更接近于"怒"，是一种心态的触底反弹，而不是单纯的悲哀。

2.1.4 恐惧

恐惧是对失败、失去、受伤害的预期，而这份预期将会促使人采取行动，从而避免这些结果产生，所以恐惧是一种很有用的情绪。

恐惧包含对失去各种事物的担忧，这些事物包括生命、所有物、与他人的关系、预期的结果等。越大的恐惧，越来自基础的需求。基础的需求就是那些与生死相关的、与自身存续相关的需求。大部分游戏满足的是玩家对生命的需求，还可以设计得更细致一点。比如，躯体完整与否，假设玩家操控的角色的手臂受了重伤，就会导致其无法行动或者发动的技能的威力减弱。这样的设计会让玩家希望保持身体完好。

这类恐惧经常被用来设计恐怖类游戏。恐怖类游戏的设计方式分为两类："可知而不可见"和"可知且可见"。知道危险性或者预期会很危险，之后让危险在大部分时候是不可见的，这是攻心型的设计方式；或者使用直接的效果，比如让很多血淋淋的恐怖怪物扑到玩家脸上，让玩家直接受到惊吓，这是直接型的设计方式。这便是恐怖类游戏两类设计方式的核心所在。

日本的恐怖电影多采用攻心型的设计方式，它们并不直接威胁角色的生存，但让观众意识到危险在接近，从而感到恐惧。它们使用了非常多的心理暗示，让观众感觉到危险，但在即将发生恐怖的事情时，又展开一些情节，让角色避开恐怖的事情；而观众已经提起来的心并不会那么快落回去，他们会保持恐惧的情绪，并随着情节的推进不断累加恐惧的情绪。

采取直接型的设计方式，只要攻击玩家的东西足够恐怖就行，如丧尸、鬼怪、邪恶怪兽，而且在它们攻击玩家时会出现许多让人恶心的东西，如血液、内脏、畸形器官等。只要按照这样的方式去做，就足以让人感觉恐怖。设想一下，如果将这些怪物换成了毛绒玩具，即使前后的情节和布景效果一样，也没那么容易让人感到恐惧了。所以直接型的设计方式的核心就是尽量丑化这些攻击玩家的东西。

在前面的章节中，笔者已讨论过让玩家感到恐惧的数值设计方式，其中提到的自身容易"死亡"是一个关键点。

另外一种恐惧是对失去所有物的恐惧，所有物包括财产、人或者一段情感关系。

在一般的游戏中，我们能够让玩家失去什么东西呢？其实没有多少东西能够让玩家失去，最惨烈的无非就是让玩家失去一个高等级的角色，一旦失去就要从头开始。设计师在一般情况下能做的，就是让玩家损失一些经验值或金币，或者让他们身上的装备被别的玩家或怪物打掉。

还有一种用得比较少的设计方式，就是设计参与的成本，参与的成本包括参与比赛所需的报名费、进入地牢所需的代价等。现在大部分游戏的设计都在意如何让玩家获得战利品，所以玩家对"代价"这个词是基本没有感觉的。如果玩家将能够通过某些特殊关卡看作额外的获得，那么他们是很难产生害怕失去的情绪的。更进一步地去设计，让玩家心中产生"代价"这个概念，这将让玩家更谨慎、认真地玩游戏，并且创造一个更加真实的世界。比如，在接受一个任务后，如果失败，玩家就会失去名誉值或遭遇军阶降级，或者被扣除即将获得的奖励，这些都可以让玩家产生恐惧。

要想让玩家对他们所预期的结果感到恐惧，设计师需要让玩家对结果有所预感，可以通过显示进度条、敌我双方实力对比的数据、最后期限、对白等方式来提示玩家。设计得更深一点，可以让玩家根据他一直以来的表现去预测结果，然后感到恐惧。比如，玩家一直以来都不好好地管理军队，导致所有的士兵士气低下，而且装备落后、训练不足。然后敌军出现了，并开始攻击玩家的军营，这时玩家感到恐惧了；因为他猜测到，这次敌军的突袭很可能会重挫他的气势。

设计师还可以设定一些具有时效性的物品。这些物品不是 Buff 型的东西，而是影响更深远的东西，如空气瓶剩余量。

让玩家对失去自己与他人之间的关系感到恐惧也是一种情况，但比较难以设计。比如，玩家失去某个 NPC 对自己的好感，当表现出来时，玩家也可能把它看成一项任务的失败。设计师必须将这个后果带来的影响放大，这样玩家才会害怕任务失败。

2.1.5 感召

感召不是七情六欲中的一项，而是人类自我实现的诉求。那种牺牲小我、成就大我的奉献精神，确实能够吸引人为之付出。

为他人奉献未必是人类社会发展到后期才有的精神追求，它很有可能是人类本能的一种，就像人们会本能地喜欢婴儿那样。假设人类的社群不是互惠的，而是相互敌视和只考虑眼前利益的，那么这样的社群很有可能存活不到现在。

感召分为两种情况：一种情况是让玩家看到成就大义的行为，并自发地认同、做出这种行为；另一种情况是直接引导玩家做出一些为他人奉献的行为。

针对第一种情况，我们可以设计某个 NPC 为了另一个 NPC，或者为了更多数人的利益，或者为了某些珍视的东西而做出牺牲。关键是让玩家看到他人的牺牲奉献，从而受到感召，去做一些事情。

针对第二种情况，我们的设计要让玩家自发地去奉献。这样的设计需要具备以下条件。

（1）玩家对另一个人的爱。

这不仅包括男女之间的爱，还包括亲人之间的关爱、朋友之谊、对长辈的敬爱等。

（2）玩家对一个组织的认可。

- 这个组织很有实力。
- 组织给玩家带来帮助。
- 玩家与组织成员的社交情况良好，价值观取向也相近。
- 组织的目标与玩家的目标相契合。

（3）玩家个人的价值观在于为大多数人带去福祉。

（4）玩家的价值观和信念高过其生存的本能和欲望。

我们需要做很多，才能让玩家对游戏世界产生足够美好的愿望，然后才能引导他们做出牺牲或努力。对于玩家牺牲或努力的方式，根据游戏内容进行设定，让玩家对游戏世界产生深厚的情感，才是需要我们去设计的。简短地用一两句话或一两项任务去说明其他人的大义付出，然后希望以此来感召玩家，这不太可能有效果。要想更加有效地感召玩家，我们需要更多的游戏内容和剧情的支持。对于感召这种良性的游戏情绪，我们需要在项目一开始时就去考虑。它会深深地影响游戏各个方面的内容，如成长线的设计、技能的设计、许多游戏玩法的胜败条件、剧情的走向等。

不过，我们也可以采用"登门槛"的技巧，一步一步地让玩家付出更多。心理效应也是非常强大的工具，笔者将在 2.2 节展开讲述。

除了"七情"，还有"六欲"。"六欲"就比较直接了，所以我们在设计好其对应的内容和途径后，就让玩家自己去探索吧。其中也有许多技巧，在 2.2 节和第 4 章都会被谈及。

2.2 心理效应

随着心理学的发展，许多心理效应被发现。同时，人们也发现，对于很多心理效应，人类很难避免受到其影响。

人类的心理效应包括各种偏见、错觉、障碍。在笔者看来，这些心理效应是比较能够跟游戏融合的心理效应。

讲述这些心理效应的设计方式是为了能够更好地设计游戏，同时也希望读者能够理解这些设计方式。这些心理效应的应用效果未必是很直接的，总体而言，它提高了玩家产生这些心理效应的概率。如果我们能够熟练地将多个心理效应一起使用，那么效果是非常好的。

2.2.1 创造从众的压力

1. 从众

从众的第一种情况是人们容易受到自己所扮演的社会角色的影响，从而效仿其他人的行为；第二种情况是当某个人自身的能力不够，或者对事情没有足够的了解时，会倾向于从众，从众是一种安全的选择。

第二种情况是一种理性选择，下面先讨论第一种情况。

社会角色是指一个人在各种环境下为了顺应人们的期待所表现出来的一套行为模式，如孩子、朋友、领导。当人们接受一个社会角色或屈服于社会期望时，在某种程度上就是在遵守社会规范，接着他就会做出符合这个社会角色的行为。比如，许多父母都会要求他们的孩子要乖、不要吵闹、听从大人的话、好好学习，接着这些要求就会变成具体的行为规范。

从众的两种方式：个体需要去遵从群体的规范；群体想要去抹杀不同的个体。

首先要设计一个社会角色，会有怎样的社会角色可以提供给玩家呢？普通的社会角色有舰队成员、流浪剑士、牛仔。这些社会角色是可以被称为"我们""他们"的社会角色，人们心中已经对他们的行为有一定的预期。这些社会角色几乎可以涵盖 95%能够说出的指代。

再如军团指挥官、工会会长、RL、舰队队长，这些不是普通的社会角色，属于出众的社会角色。人们一样对他们的行为有着一定的预期。比如，人们都觉得军团指挥官应经验丰富、能力出众，这样的社会角色在游戏中就是等级高、装备好、操作优秀、对游戏了解和投入比较多的角色。还有一些社会角色对玩家有用。比如 VIP 用户，我们会赋予他比普通的社会角色更多的便捷功能；或者工会会长，他拥有管理工会成员及工会金库等权利。除此之外，还有一些社会角色是公益性的，或者只是玩家们自封的，如新手"引导者"。

无论是对玩家有用的角色，还是玩家自封的角色，只要玩家代入了该角色，就会让自己的行为符合他们对该角色的认知，并且去做一些该角色应该做的事情，这便是玩家开始屈从于该角色了。玩家做到多大程度算是从众呢？这取决于在角色该有的行为中，有多少是玩家自觉认可的，又多少是玩家因为外界的灌输而认可的。外界灌输的认知不一定不对，但对玩家来讲，只有分清其中哪些行为是自己真正能够接受的，才能避免过多地盲从。

在设计了某些角色之后，接着就要给这些角色"制定"行为规范了。

一个简单的角色名一般不具有行为指导意义。很多游戏中的角色都具有各种技能，在其技能提升到一定程度之后，这个角色可能就会得到一个头衔。但玩家并没有把这些头衔当回事，因为这些头衔都是作为一种获益被交给玩家的，并没有附带挑战性的获得条件，也不包含独特的功用。

如果是"角色职业"呢？比如，玩家认识了一个治疗系队友，他就会期待并要求这个新队友起到治疗的作用，因为玩家已经对"治疗职业"有了预期。这说明人们对具有实用性功能的角色能够自然地形成一定的行为预期。如果不是这种直观的、约定俗成的职业角色，而是一种新的"角色"特性，那么就必须主动地把角色的行为规范传达给玩家。比如，当玩家成为一名军官时，系统会告诉他在其所处的 X 阶军官中，有百分之多少的玩家付费购买了什么服务或内容。这就让玩家知道了这个角色的某些普遍行为。当这些行为越来越普遍时，从众的压力就会越大。

当玩家身处一个与其他人有交互的团体时，比如在工会中占有很大比例的人都拥有某个道具，或者在朋友中，有很多人都通过了某个挑战关卡，具备某些技能。

在大部分的游戏中，你几乎没见过这样的信息吧？如果你在工会信息界面的某个标签中看到工会 90%的人都购买了某项不错的服务，看到你的好友们都购买了某项服务，此时你心中会不会好奇？如果这些付费内容有直观的外形展现或功能体现，那么你跟好友们站在一起时就会显得格格不入，你会不会产生一些心理压力？

以上是在个体进入群体后，告知其行为规范的做法，也可以在个体进入群体之前告知其行为规范。

可以在建会之初就给工会设计不同的规则。比如，这个工会对采集副业有加成，另一个工会对潜行有加成，这些规则会很直接地促使这些工会吸引到对应的玩家。

有时不同工会的区别与战斗不相关，而与精神相关。工会可以设定一整套的形象，在图腾、衣服、法术效果上展现。比如，"凤凰社"的很多展现都带有凤凰的形象（期待玩家自主设计一整套的形象还是比较困难的，先设计好一整套的形象，让玩家从中挑选，再让他们去修改，会更合适）。

有时根本不用给出一套行为规范，只要给出一个共同的身份，就可以促使玩家去做一些事情。比如，我的帮派叫作傲世狂龙帮，这个帮派就是一个打劫其他玩家的帮派，如果你加入了我的帮派，大家就会默认你也会做出或者至少不排斥打劫其他玩家这种行为。

如何让一个群体产生我们想要的行为？有一种效果非常好的做法：让榜样做示范。

人们一旦从众，就会参照群体的行为采取行动，因此让人们从众的方式之一就是通过示范大家所期望的行为来促成新成员的改变。

举一个心理学家做过的实验。

- 示范节水。

加州大学的管理者希望大学生们节约用水，于是在男浴室的墙上贴了一张告示，告示的内容为建议的洗澡程序：①淋湿；②关水；③打肥皂；④冲洗干净。在为期 5 天的时间里，只有 6%的人按照建议的程序洗澡。当告示被贴到另一个更显眼的位置时，依建议而行的人所占的比例增加到 19%。

最终，所有告示都被撤除，由一名学生来示范适当的洗浴行为。当浴室暂时空无一人时，做示范的学生走进去，他打开水龙头，淋湿全身，然后关上水龙头，给全身打上肥皂，背朝着入口等候有人进来。一旦听到有人进来，他就按照告示中的建议打开水龙头，把肥皂冲洗干净，然后离开。在这种示范下，依建议而行的人所占的比例剧增到49%。当用两名学生做示范时，有67%的人会跟着这么做。

同最早张贴告示的结果相比，这是一种巨大的进步。

这就是说，必须把游戏中出现的榜样展现给其他玩家。但仅把这些榜样展现给玩家是不够的。比如，一些游戏会在商城中显示在一个星期内某个礼包被卖出了多少份，以此来促使玩家去买礼包。看到礼包的购买数量，大家会对礼包的价值产生信心，不过想要购买礼包的意愿还不够强烈，因为这种做法没有针对个人。更直接一点，在商城中显示玩家的朋友们一共购买了多少份礼包，这种做法的效果会更好。

榜样的数量也影响着从众的效果，三五个榜样比一两个榜样能引发更多的从众行为。比如，看到一个路人抬头看天空，人们并不会在意，但如果看到三五个人抬头看天空，人们就会抑制不住自己的好奇而抬头去看看天空中有什么。

以上是榜样产生的作用，那么如何使个人因感受到来自群体规范的压力而从众呢？要将来自群体规范的压力展现在玩家面前。比如，整个工会90%的人买了礼包，就剩下几个玩家没有买礼包。为了获得认同感，他们会因感受到心理压力而去买礼包。

换而言之，要去构建类似的情境，将个人暴露在群体之中。比如，一个小队被消灭了，需要大家贡献出10个生命水晶来使所有人复活，其他玩家给了，就剩下一个玩家没给，此时剩下的这个玩家就会感受到很大的心理压力，于是他不得不去积攒一些生命水晶，以避免下次再遇到这样的情况。

从众未必是坏的事情，未必会促使玩家去付费，但可以促使玩家做一些积极、有益的事情。

2. 创造小团体关系

成为一个团体中的少数成员是让人感到很难受的事情，但如果能找到某个和自己立场一致的人，那么为了做某件特别的事、支持某个独特的观点而挺身而出就容易得多了。

我们都想在游戏中创造各种社交关系来留住玩家。我们设计工会系统、师徒系统、夫妻系统等，就是为了创造各种社交关系。这些系统已经在很多游戏中存在，这些游戏也做得很好，在此仅简单地说明一下要注意的点。

- 用奖励促使玩家产生想要建立社交关系的意愿。
- 在这些社交关系间设计独有的游戏内容，包括技能、活动、装备等。
- 设计要求玩家有这些社交关系才能进行的游戏内容，让他们能够经常在一起做一些事情。
- 创造能容纳一定情感的沟通方式，一些手游中有朋友间送体力的设定，虽然有比没有好，但还达不到沟通的程度。

3. 不要先让人做出判断

想象一下，在一个实验中，研究者提出了一个问题，并要求你第一个回答，在你做出回答后，你听到其他人都不同意你的观点，然后研究者给你一个重新考虑的机会。面对来自群体规范的压力，你会放弃原来的观点吗？在实际的实验中，被测试者几乎没有一个这样做。个体一旦在公众面前做出承诺，就会坚持到底，最多就是在以后的情境中改变自己的判断。

如果要创造从众的压力，就不要让玩家一开始就做出判断，而是先让玩家面对困境，之后让他做决定，或者先让他做出一个错误的判断，之后让他坚持。

2.2.2 认知失调及其解决方式

1. 行为影响心理

不协调理论假定人们总会认为自己的行为是正当的，或者为自己的行为找出正当的理由，以此来减轻内心的不适。自我知觉理论则假定人们观察自己的行为，并对人们对自己的态度做出合理的推断，如同观察其他人一样。抛开宿命论和人类是纯物质的这些观点，假定人的主观精神确实是自主的，那么这两个理论都是对的。科学家做了很多实验，证明生理情况确实会影响心理活动。比如，科学家用轻微的电压电击被测试者，同时要求他们嘴里咬着一支笔。一半被测试者被要求用嘴含住笔，也就是将整个嘴唇贴着笔，这部分被测试者在被电击时感受到的主要是愤怒和紧张。另一半被测试者被要求用牙齿叼着笔，就像微笑时露出牙齿一样的状态，他们在被电击时则感受到了开心和有趣。仅因为笑肌被牵动，就产生了这样的区别。

对现有的大部分设备而言，让玩家主动用它们去做一些动作并不容易。但还有 Wii U、VR、大型游戏机等设备可以用，如果制作的是这些设备上的游戏，那么应考虑到这一点。

当行为与态度有差异时，人们在心理上会感到紧张，为了缓解这种紧张，人们的态度就会逐渐向他们在做出行为时所表现出的态度转变。也就是说，有时人们做出某些事情并不是出于本意，但是在做了之后，人们反而会把在做那些事情时所隐藏的情绪归为自己的本意。举一个现实的例子，一个女孩子问她的闺蜜自己是不是喜欢上那个男孩子了，闺蜜回答她："放学后你们一起回家，当遇到问题时你会找他帮忙，上次你还用手帕帮他擦汗，你肯定非常喜欢他。"实际上这个女孩子未必真的喜欢那个男孩子，也许只把他当成很好的朋友，但当她找不到别的解释方式时，就会接受闺蜜的观点。

这是一个很强大的心理效应，我们可以设计很多不同的内容来展现玩家各方面的情绪。比如，创造一些公众场景，让玩家一起唱赞歌，一起表达对祭典的支持，一起行自由军团的"心脏礼"来表达打败巨人的决心。做多了，玩家就会认可这些行为，并对其含义越来越认可。

许多这种具有象征性的行为，只要能够被玩家重复去做，就能产生一定的效果。

在游戏中，玩家经常去做一些具有象征性的行为。比如，某个 NPC 要求玩家每周送自己一束花，一开始玩家只将其当成一项普通的任务来完成，只是为了获得奖励才去做，但在他送了多次之后，其中的意味就变了。

看到图 2.1 所示的这束花，你心里有什么感觉呢？

2．心理的均衡

村庄里的 NPC 请求玩家帮他们去怪物那里拿过冬的食物。

玩家答应了。

在玩家到达怪物的洞穴，打了一圈后，一只怪物出来问玩家："如果食物被你拿走，我们怎么过冬？"

于是玩家陷入两难的境地。

这时怪物说："如果你要拿走食物也可以，但请你去别的地方给我们拿来替代的食物。"

这时玩家很可能会答应下来。

如果不是怪物，而是另一个阵营的敌人要求玩家去做别的事情，玩家一般也会答应，这就是心理的均衡。

图 2.1

这个效应的使用思路是，让玩家做一件事情，让他明白刚刚做的这件事损害了（或者可能损害到）另一方的利益，接着要求他做出补偿（平等地对待）。比如，玩家为村民捕获了很多鹿和野兔作为食物，一段时间过后，一个巨魔小孩跑过来哭诉玩家的这些举动导致他们没东西吃，玩家可能觉得于心不忍，接着巨魔小孩就开始提要求了。

有时这会让玩家开始考虑更多的事情，他们会想到整个世界的均衡，而不只是他们所代表的氏族的均衡。玩家心中装下了一个世界，可以拔高整个游戏的思想层次，但这未必是好事，如果这是一个只追求快感和乐趣的游戏，最好不要让玩家反思。所以在给出要求和信息时，要注意其牵涉的范围。

比如，在玩家失败后，要求玩家对失去的东西做出补偿。完成某些工会任务需要耗费工会物资，如果玩家失败了，就血本无归了，这时要求玩家完成另外一项任务来补充工会物资，自觉理亏的玩家就会去完成这项任务。按照同样的思路，任何消耗、失败都可以被考虑是否可用于设计中。

大部分人心中都持有公平、公正的信念，这是社会对他们的要求，也是他们对社会的要求，所以各种要求平衡、公平的情况，都可以被设计到游戏中。这种做法无疑将加大游戏的深度，但也需要考虑，这种深度是否是特定的游戏项目所需要的。

3．决策后失调

在做出重要决策之后，人们经常会过高地评价自己选择的东西，而贬低放弃了的东西，以此来减少不协调。

杰克教授让明尼苏达大学的女生们评价 8 件物品，这 8 件物品包括烤面包机、收音机和吹风机等。然后让她们挑选评分非常接近的两件物品，并告诉她们可以拿走其中的一件。最后当她们重新评价这 8 件物品时，她们抬高了对自己所选物品的评价，降低了对所放弃物品的评价。

就像汽车销售商使用低价法策略，一开始并不把整辆车的价格一次性标出来，而是先让人们选择一辆裸车，之后再提示他们还需要购买各种车内的系统和装饰，但人们依然会接受。在未做出决定之前，人们可能从未想过自己会这么容易接受这些附加的费用。这种策略是先让人做出一个选择，再展现选择结果的其他部分。

设计师在给玩家提供可选择的、可购买的、可获得的东西时，先让他们下决心付出一定的成本，之后再展现剩余的部分给他们，就可以形成决策后失调，让他们继续坚持下去。这种情况类似于沉没成本误区。另一种情况则是先让他们做出判断，这种判断是对纯粹的价值观或者理性内容的判断，之后再给他们展示剩余的部分，只要剩余的部分对总体的影响不太大，他们基本都会坚持原有的判断。

这份坚持可以被用来诱导玩家付出更多。下面讲解这两种情况。

第一种情况是，游戏中的城市需要扩展，需要玩家决定新建的大型建筑是狂战士训练营，还是魔法师奥术塔楼。假设设计师期待玩家选择魔法师奥术塔楼，实际上建魔法师奥术塔楼的总体花费比建狂战士训练营的总体花费要多，那么就先缩减他的初步付出，到了中期时再让他去完成一些建筑任务来补上多出来的花费。

有些时候，无论玩家选择新建哪一个，对设计师来说都是无关紧要的。玩家只要在这两个选项中做出选择，就意味着他必然会在游戏中花费一些时间和精力了。所以这一切的意义仅在第一步，即缩减玩家的初步付出。这种做法在很多游戏中都有，只不过这些游戏采用了新的展现方式，如新买的一个英雄或宠物。虽然新买的英雄或宠物有功效，但还算不上真的有用，还需要被好好培养一段时间，也就是需要玩家继续付出。

第二种情况是，从精神方面下手，不着眼于当前的情况，而是着眼于后续的情况。比如，一开始让玩家自行选择是否加入某个阵营。也许设计师会通过让 NPC 提供某些片段性的论据来让玩家接受这个阵营，但只要他们接受了，之后即使委派玩家去做一些过分的事情，如破坏敌方的汽车、烧毁敌方的一个聚集地，玩家也会毫不犹豫地去做！人们仅因为自己最初的判断和选择而在这条路上越走越远。

试试在简单的游戏中使用这一效应。让玩家决定是通过浇花还是通过剪草来美化整个公园，在他们每天做事时，都展现公园的一些细微的变化，让他们能够感觉到这些细微的变化。到最后玩家都会认为自己做的事情才是最重要的事情。

这有什么用呢？

因为玩家获得的东西都是设计师提供给他们的游戏内容。设计师要做的只有更进一步地设计玩家的情绪，也就是说，这时要达到的目标不是决策后失调，而是让玩家在决策后产生"我的选择是对的""我好厉害"这种心态。比如，玩家选了兵营，可以生产更多的步兵，设计师就相应地调高了接下来玩家会遇到的、需要步兵的任务的数量。于是玩家会更加觉得自己选对了，认为自己超级厉害。

4．过度合理化

一位老人的家门口有一片公共草地，老人非常喜欢安静地坐在草地上享受阳光。可是某一天，一群小孩来草地上玩，非常吵闹。老人心里很想把这群小孩赶走，但这片草地是公共设施。老人知道，越是赶这些孩子走，他们会玩得越开心。怎么办呢？老人想了一个办法。他对这些小孩子说："小朋友们，你们明天继续来玩吧，只要你们来，我就给你们一人1元！"这群小孩喜出望外，于是第二天又来了。几天之后，老人说："孩子们，我不能再给你们每人1元了。我只能给你们每人0.5元了。"孩子们有些不悦，但也接受了。又过了几天，老人说："从明天开始，我只能给你们每人5分了。"孩子们说："5分太少了，以后我们再也不来了！"

这个老人成功地把孩子们来玩的理由从"喜欢"变成了"挣钱"，再把"孩子们挣到的钱"逐渐减少，打消了他们到草地上来玩的想法。给钱让人们玩智力游戏，他们以后继续玩游戏的行为就会少于那些没有报酬而玩游戏的人。让孩子做自己心里喜欢的事情，并给孩子一定的报酬，久而久之，孩子们就会将做这件事情变为工作。

当个体很明显是为了控制别人而事先付出不相称的报酬时，就会产生过度合理化效应。

关键是报酬意味着什么：如果报酬针对的是人们的成就（会让他们觉得"我很善于如此"），则它会增加个体的内部动机；如果给报酬是为了控制人们，而且人们也相信给报酬会使他们更努力，则给报酬会减少个体对工作的内在兴趣。

如果为学生们提供充分的学习理由，并且给予他们报酬和赞赏，让他们觉得自己很有能力，就能激发他们的学习兴趣和继续学习的欲望。当存在其他多余的理由时，学生自我驱动的行为就会减少。

一位实验者的小儿子养成了在一周内读6~8本书的习惯，有一天图书馆成立了一个读书俱乐部，并承诺任何人只要在三个月内读了10本书就可以参加一次聚会。三周以后，那位实验者的小儿子开始每周只借一两本书。为什么？"因为他三个月仅需要读10本书。"

需要使用过度合理化来减少的玩家的行为如下。
- "杀死"100个低等级玩家可以获得1个铜币。
- "抢怪"。
- 使用不文明用语。

对许多游戏而言，没有那么多的过分行为，所以未必用得到过度合理化去调整玩家的错误行为。可以去调整的是一些不太期望玩家做出的行为。比如，期望玩家多去刷高级副本，那么依旧提供低级副本的通关奖励，玩家完成10个低级副本，可以额外获得100个铜币，由于奖励太少，玩家便对此失去兴趣。

和直接减少掉落的低级副本这种粗暴的做法相比，过度合理化能够更加柔性地从玩家的心理上促使他去挑战合适的副本。比如，为了减少玩家抢低级怪的情况，额外设定一条奖励,就是杀 1000 只低级怪,可以获得 100 个铜币,一些玩家可能会因为奖励太少而减少抢怪的情况。不过,过度合理化只是一种助益工具,不会总是效果显著,可酌情使用。

5. 自利性记忆重构

对记忆的重构能够使人们改变对过去的记忆。布兰克与其合作者曾就德国出现的令人惊讶的选举结果,邀请莱比锡大学的学生回忆他们两个月之前对投票结果的预测。他们发现大学生们表现出明显的事后聪明式偏差,倾向于回忆自己的预测结果与后来实际的投票结果比较接近。

人们的判断、认知也会重构他们过去的行为。罗斯、麦克法兰向滑铁卢大学的学生传达一种信息,使他们相信刷牙的必要性。之后,在一个完全不同的实验里,让这些学生回忆之前两周刷牙的次数。结果他们回忆的刷牙的次数要比那些不知道这条信息的学生回忆的刷牙的次数多。

这种记忆重构的存在是非常广泛的,既存在于人们的现实生活中,也存在于设计师制作的游戏中。如果要去设计这种记忆重构,可以这样试试:让一些 NPC 去帮助玩家把其之前的游戏历程重构为正向的、优秀的历程,从而影响他们现在的游戏体验。

在与真人互动时,人们更容易相信一些误导性信息是真的,但对于游戏中的 NPC,一开始玩家就不认为它是真的。作为设计者,必须给出一点儿干货。比如,用后台系统去记录玩家的一些数据,如玩家获得的评价、游戏的效率、游戏耗费的时间等,然后让 NPC 把这些数据说出来,以此来提高 NPC 的可信度。

一直以来,在一整段的游戏历程里,系统很少提醒玩家回顾他们之前的经历。但在很多的电影中,每当主角陷入人生的困境而失去信心时,其他人的安慰方式经常是帮他回顾过去,让他想起之前成功时的各种事迹,从而帮他重拾信心。

除了展现真实的数据,还有另一种设计方式,就是给出好的标准,询问玩家能否达标。比如,一个守门的 NPC 用无关紧要的一句话来询问玩家:

"今晚的秘密集会只允许那些在过去一周中取得优秀战果的玩家参加,您是否为工会击杀过特别强大的怪物,真诚地为工会的发展做出了大量的奉献,或者协助工会领袖完成过重要的任务?"

实际上,游戏中并没有那么多特别强大的怪物,但几乎所有玩家都会在被问到这个问题时回答"是的"。如果这时系统询问玩家实际做了哪些事情,他们也能够列举一些事情出来。即使这些事情的实际难度、贡献度不足,他们也会认为"自己做到了""自己超级厉害"。

对设计师而言,让玩家获得成就感,也就是间接地增加了玩家对游戏的好感。

6. 盲目乐观

在某高考委员会对 829 000 名高中学生的调查中,没有人在"与人相处能力"这一主观的条目上对自己的打分低于实际平均值,而且有 60% 的人的自评分集中在前 10%,有 25%

的人认为自己是最优秀的 1%。

大部分人容易盲目乐观和自我评价过高，鉴于这种情况，可以让他们先进行自我评价，之后他们为了保持自我的一致，就会拼命地去达成他们所说的。

这是一个很好用的心理效应！只要抛出问题，玩家就会给自己下套。游戏中有很多评价系统，只要让玩家去预测他们接下来会获得怎样的评价，他们就会在游戏中努力去做到评价所说的内容。如果对于不同程度的预测结果，玩家还能得到程度不同的奖励，那么这个效应的影响力就更强了。

设计师可以按以下方式去设计。

在玩家出战前，偶尔会出现一个 NPC，NPC 在客套地恭维了玩家一番后，问他们觉得通过这次征战能够获得怎样的评价，并给出几个选项：SSS 级、S 级、A 级和 D 级。在玩家做出选择之后，NPC 再补上一句对白："玩家如果能做到，就会得到相应的奖励。"

设想一下，如果此时你来选择，你会选 S 级还是 A 级？在有奖励的情况下，你会不会非常努力？

上述方式涉及提供奖励给玩家，需要注意，不要把玩家的心理"过度合理化"，不要让他们纯粹为了获得奖励才去做这件事，而应把做这件事内化为对他们的挑战和对他们能力的认可。所以这个 NPC 应注意措辞。

除了对评价结果的预测，还可以是对别的结果的预测。

"城主，你作为一个强大的勇者、智谋无双的城主，你觉得咱们的城市在什么时候可以达到 10 级？"

- 很快。
- 一个月后（游戏时间）。
- 四个月后。

玩家不会否定自己，于是他要为自己的盲目乐观承担责任。

2.2.3 情绪影响理性评估

1. 情绪和判断

情绪会渗入人们的思维中。对那些正处在自己球队获胜的喜悦中的人或刚看完一部温馨电影的人来说，生活好极了，其他人看起来都像好人。

人的情绪会改变和影响他们实际的见闻和经历，就像用 Photoshop 给图片加上一层颜色。人脑读取记忆和做决策的方式类似于一条河流，经常使用的知识就像河道，使用的知识越多，河道就越宽。人们用来协助回忆的一些事物，如某些信息点（时间、地点、人物、气味、那天穿的衣服等），就像一个个节点，帮助人们在错综复杂的网状河道中，找出正确的那条河流。

这些节点除了属于某一条河道，还属于很多条其他的河道，所以在回忆某一个信息点时，人脑中也会连带地闪现其他河道的信息。这是人脑的特性，是无法阻止的。根据自身特有的知识和经历，人们看到一个信息点，会想到与它相关的多个信息点。比如，看到"蚂蚁"，会想到昆虫、咬、沙砾等。所以情绪对人产生影响，是因为它们点亮了某个信息点，带来了其他信息，从而对人产生影响。情绪对人产生影响的另一个原因是，某些情绪会让人分泌激素，让人处于某种状态中，并且这种状态会持续一段时间，这会让人在接收和处理外界信息时产生偏颇。

对人来说，情绪是一种基础的生理现象，对大部分人而言，情绪产生的效果是难以控制的。

鉴于这样的情况，可以在游戏中植入让人开心、快乐的场景，如村庄的欢庆活动、战胜怪物的庆祝活动。还可以记录下玩家首次拯救村庄的日期，之后每个月村庄的人都要给他庆祝一次，以示感谢。这样做可以影响玩家的情绪，进而影响他对游戏的回忆和评价。

借助 NPC 的快乐及其对玩家的感激，让玩家也快乐起来。试着把这种做法与其他要开发的内容相结合。

基于人脑的这种特性，科学家们做的另一个试验证明，植根于被测试者头脑中的观念容易被当成先入之见，它们会不经意地、毫不费力地、无意识地启动被测试者对时间的解释和回忆。如果人们先前看到了诸如"敢作敢当""充满自信"这样的词汇，在随后一个不同的情境中，人们更容易对一名登山者或大西洋上的水手产生积极的印象。一旦他们的思维受到诸如"鲁莽的"这样的消极词汇的影响，他们就会对这些人物产生相对消极的印象。

将这个技巧运用于文本内容中应该是自然而然的，但现在的玩家都很急躁，他们很少会仔细地看对白或任务剧情。所以设计师在设计游戏时既要考虑保持对白的简短，又要确保应用简短的对白可以达到想要的效果。除了对白，设计师还可以考虑语音、NPC 的动作、背景音乐等，就是将角色周围的许多因素一起考虑进来进行设计。

这种人类心理特性既可以称为误导信息，也可以称为先验信息。设计师要先考虑游戏要传达给玩家何种情绪，然后考虑游戏中各种怪物的名字、造型和关卡等内容。

2. 阈下刺激

在上一个效应的基础上，科学家们发现了阈下刺激。阈下刺激就是一些人们能感觉到，但在意识层面察觉不到的刺激。比如，在 100f/s 的影片中插入特定的文字"爱我爱我爱我"，虽然人眼能够接收到这条文字信息，但人脑并不能直接感知到这条文字信息。

一项实验证明，虽然被测试者没有知觉，但还是对他造成了影响。这个实验结果被公布出来后，对整个社会造成了很大的影响，大家觉得人类此后可能会被大商团控制了。

但后来的实验接着证明了，阈下刺激可能没有先前研究者所认为的那样有效。例如，尽管阈下刺激可以激发个体做出微弱的快速反应（即使个体达不到有意识的唤醒水平，也能够产生某种感觉），但并没有任何证据表明，用磁带播放包含商业内容的阈下信息能够重构人的无意识心理活动，并带来购买行为。

在此讲解这个心理效应只是为了说明，很多人在看到关于阈下刺激的研究报告后，就觉得应该弄一些肉眼难以察觉的文字，如"给钱""爱我"，但实际上是不行的。

在播放《宠物小精灵》这部家喻户晓的动漫连续剧时，曾经发生过一起"3D 龙事件"，《电脑战士 3D 龙》本来是其第一季中正式播放的一集，但这一集被播放后，全日本多地出现了观看者呕吐、头晕，甚至住院的情况。该动漫连续剧当时就被禁播了，"3D 龙事件"产生的原因过了很久才被查明。

日本以前在制作动画时，为了表达震撼感，会采用背景闪烁的技术。在每秒 24 帧的情况下，每 1~2 帧直接切换式地重复播放不同画面，如用白→黑→白→黑的快速闪光来制作爆炸时的画面。这样做除了能达到视觉暂留的震撼效果，还能节省制作动画的时间与成本，因此这项技术一直被普遍使用。

在《电脑战士 3D 龙》这一集中，为了配合"电脑世界"场景，爆炸的闪光用红→蓝→红→蓝来展现。另外，为了达到更震撼的效果，这一集使用背景闪烁技术的频率比以往更高。制作单位在检验后，初步认为这一集没有异常。不过制作单位没考虑到，《宠物小精灵》在当时是轰动全日本的动漫连续剧，观众中有许多在视觉上比大人更敏感的儿童。加上儿童大多喜欢不眨眼地盯着电视看，而红光与蓝光快速切换的速度高达 1/12s 一次，于是这些孩子在观看动画时，视神经受到强烈刺激，影响到脑部的控制，轻则表现为不舒服，重则会昏厥或痉挛，这些症状在医学上被称为光敏性癫痫。这个事件使得光敏性癫痫在医学界开始被大力研究，同时也促成了新的动画制作规则的制定。

3．教师的期望与学生的期望

皮格马利翁效应是指人们基于对某种情境的知觉而形成的期望或预言，会使该情境产生适应这一期望或预言的结果。

皮格马利翁效应留给我们这样一个启示：赞美、信任和期待具有一种能量，它们能改变人的行为。当一个人获得另一个人的信任、赞美时，他便感到获得了社会支持，获得了一种积极向上的动力，并尽力达到对方期待的目标，以避免让对方失望，从而保持这种社会支持的连续性。

后来，研究者在再次进行实验时发现，这个效应"非常难以被重复验证"。也就是说，依据更广泛的研究得到的结论是，较低的期望并不会毁掉一个有能力的孩子，同样较高的期望也不会像变魔术一样将一个学习吃力的孩子变成名牌大学的毕业生。期望能够改变人的努力程度，但人的天赋不是如此容易就被改变的，还有很多努力和天赋之外的客观条件，这些都会限制期望所产生的效果。

作为游戏世界的创造者，设计师应该让 NPC 表达出其对玩家的期望。只要 NPC 反复赞扬玩家做得好，玩家就有可能做得更好，而且"做得更好"表现为很多方面，如操作更优秀、成长更快、使用更多技能、更多次地付费等，这对设计师而言已经非常有用了。

也许应用皮格马利翁效应培育不出许多极其优秀的学生或玩家，但能够让许多参与度低的学生或玩家在学习或游戏中变得更投入。

一个班里的学生对老师的态度和老师对学生的态度同样重要。学生越觉得老师优秀，老师就会越容易变得优秀。对设计师而言，应尽量把游戏设计得更好，尽量让玩家对游戏的评价更高。因为《魔兽世界》在被引进我国之后的很长一段时间内都是一款非常优秀的游戏，所以《魔兽世界》的玩家们产生了自豪感，他们因为游戏的高品质，而尽量不在游戏中做不好的行为，主要做出一些友善互助、团结奋斗的良性行为。

所以在设计游戏时，设计师从一开始就要维护好玩家对游戏的期待。除了画面，在玩法上，在内容的展开上，都要让玩家充满期待。这需要保持游戏的神秘感，既让玩家接触到一部分内容，又要保护好关键的内容，以防泄露。采取的办法是间接、不刻意地展现出未来广阔的内容，但当时不给玩家实际接触游戏的机会；让内容不停地推进，又不停地抛出新的包袱，时不时给玩家一点儿甜头，让他们想玩下去。

这种办法说起来容易做起来难，其中包含了整个游戏的大设计，从一开始就要决定是用玩法还是用情绪来吸引玩家，以及如何将游戏内容有节制地展现给玩家，从而一步一步地把他们带入设计好的游戏中。

4．用其他人的赞同强化原有态度

实验者让一些大学生阅读有关某人的人格描述，然后让他们向另一个人总结该描述，这个听众在听的过程中会给出即时的反应，即喜欢此人或者不喜欢此人。当听众喜欢此人时，这些学生会总结出一个更积极的评价。而且在说过好话之后，他们自己也会更喜欢这个人，让他们回忆自己所说的内容，他们会记起比实际更多的积极描述。

简而言之，人们会倾向于根据自己的听众来调整讲话的内容，并且在说过以后会对所说的事物得出与听众相同的评价，如图 2.2 所示。

图 2.2

可以这样做：设计一些场景，让玩家对 NPC 做出好的评价，接着其他的 NPC 赞同了他的评价，从而提升玩家对 NPC 的好感。

或者让玩家对某段经历做出评价，比如以下的对白互动。

"哇！今天是我第一次猎熊，我到现在都还感觉好激动，你感觉怎么样？"

"超级棒！还不错！"

"是啊是啊！此刻一想起来，我还会忍不住攥紧拳头，太刺激了！"

客观来讲，这有多大作用呢？作用肯定不会很大，人心可以被影响，但不会那么容易被控制。可是作为设计师，不就是应该将游戏的各个方面都设计得更好吗？

这一做法除了能够在剧情中使用，还能够在什么地方使用呢？

可以强化玩家对某个游戏的认知，让他觉得这个游戏很有价值。比如，某人买了一件衣服，别人问他那件衣服好不好看，他回答好看，别人在了解后赞同这一观点，于是他就更加觉得这件衣服不错了。我们在现实中常常见到这种现象，如果要把它转化为游戏中的内容，首先需要让玩家得到其他人的赞同。做到这一点不太容易，可以采用集赞、朋友评分的方式来让玩家得到他人正面的评价。一些游戏的换装系统可以方便、直接地采用这一方式，在别的一些强调功用性的系统中，玩家多从功用性方面去收获朋友们的赞赏，但想要玩家特意地在系统中表达主观情绪方面的赞赏，还比较难做到。可以刻意地设计一些方式，如为那名玩家点赞可以获得一些奖励，这样他们就可以安慰自己为那名玩家点赞是为了获得奖励。而购买了 998 元的屠龙宝刀的玩家在看到自己获得的几百个赞时，却认为别人是真的在赞赏他。

5．易得性想象

易得性想象会影响人的判断和情绪。假如人们喜欢的球队以一分之差输掉一场重要的比赛，人们会比在两支球队的比分差距更大时产生更大的情绪波动。当持续出现易得性想象时，玩家的情绪变化很大，因为情绪是会叠加的，在他们焦急地等着结果的过程中，情绪就一直在叠加。

如何去创造易得性想象？比如，给评分系统制定一些规则，使得玩家的最终评分得到一定的改动，更接近上一级或下一级的评分。除了评分系统，任何具有随机性的系统，在有可视化的差距、距离、进度的游戏系统或者内容呈现中都可以得到应用。比如装备系统，在投入升级材料后，有可能"升星"（游戏中的成长系统），也有可能不"升星"，并把这个过程展现出来。

挑战的刺激程度也与易得性想象有关。面对与自己能力接近的对手，玩家一直处于赢和输这两种结果的波动中，他们也会对此叠加出更高的情绪。

必须明晰地告诉体验者可能面临的两种结果。比如，在设计怪物的难度时，如果设计玩家得用 10min 去击败一只弱小的史莱姆，史莱姆基本不具备攻击力，玩家只是因为它的血量太高而需要 10min 去击败它，那么玩家就不会考虑失败的可能性，他们就不会对这个结果患得患失。但如果史莱姆只有承受玩家 10s 攻击的血量，它在生存期间能够发动两次攻击，任意一次攻击都能够直接秒杀玩家，那么玩家就会考虑到失败的可能性；每当史莱姆开始攻击的时候，玩家就会开始紧张。

将易得性想象放到更广阔的背景中讨论。对于现在很多手机游戏，设计师设计了很多成长系统，一切都靠数值决定。玩家在玩的过程中，一开始就基本知道了可能打得过或者打不过。这一结果甚至不会因为他们的操作能力发生变化而改变，这样他们就不会患得患失，也就不会产生专注和感到刺激。必须让玩家容易被击败，让数值不再决定所有，让玩家能够预估到两种可能的结果，但又无法直接看到结果，这样的游戏才会更吸引他们。

易得性想象也是心流产生的一个原因，就看如何挖掘更多的方式去使用。

易得性想象需要一段时间去展现结果，也就是给玩家提供了一段时间去想象和感受这两个不同的结果。假设这不是一场持续几十分钟的比赛，而是玩家输入数值，然后计算机立刻计算出来一个结果，玩家没有了等待的时间，那么就不会产生这个心理效应。所以，应留出一段时间，这段时间就像高潮前的铺垫、风暴前的平静、危机来袭前的寂静。只有这样，才能给玩家提供想象的时间，让他们对结果有所预估。比如，在一些游戏中，有"子弹时间"这种设计，它完美地表现了勉强避开子弹的那种情境。"子弹时间"是战斗过程中即时的展现，还有很多其他的时间设计方式，请读者自行思考。

2.2.4 帮助和合作

1. 共情

被唤起共情的人通常会给别人提供帮助。

在一项研究中，让一名年轻女士假装正在遭受电击，然后让堪萨斯大学的女生们观看。当实验停下时，那个看起来很痛苦且刚刚遭受电击的女士随口谈起，她在童年时曾掉进电栅中，因此她对电击非常敏感。出于同情，研究者建议观察者和她调换一下位置，接受余下的电击。在这之前，一部分观察者被告知这个遭受电击的年轻女士与他们有相似的价值观和志趣（以此来唤起他们的共情）。研究发现，这些已经被唤起共情的观察者，基本上都表示愿意替代那个年轻女士接受剩下的电击。

再进一步讲，当人们产生共情时，如果同时有别的方式能让他们内心感到舒服，那么他们就不太可能帮助别人。注意，这里用的是"内心"而不是"良心"。比如，在上述实验中，先播放愉快的歌曲，再让观察者观看那名女士遭受电击，结果观察者即使被唤起了共情，也不是特别愿意提供帮助。

共情需要比较多的内容陈述，对于小型的游戏就不太合适。

在跟身边任何一个人说话时，对于他所讲的处境或行为，人们都会或多或少地产生共情，让自己去体验他人的经历和心情，从而让自己能够更好地理解他人的行为，并与他交流。只要NPC有情绪等着玩家体验，玩家就能够体验到。在很多游戏中，NPC就是一个发布任务和接受任务的机器，所以玩家已经习惯于漠视NPC的存在。而且玩家越来越不想花时间去看文本，所以要想让玩家去体验NPC的情绪，设计师就需要改变做法。比如，通过行动而不是文本，或者通过语音、表情等直观、直接的方式。

举一个简单的例子。

玩家看到某个村庄被匪徒蹂躏，一个NPC被杀害，一个小孩子正遭受痛苦，此时出现一个NPC，请求玩家拯救他们。

面对这些情境，玩家帮不帮呢？无论最后是帮还是不帮，此时玩家有没有感受到共情和道德观给自己带来的压力呢？无论结果怎样，这些内容都使得游戏世界更加有血有肉，不只是一条干巴巴的任务链。玩家会看到游戏世界中的 NPC 都有他们自己的目标，所以才请求他们去做各种各样的事情。

共情其实是一种人类的基础能力，社会性动物必然拥有这种能力。上述例子体现的都是悲伤方面的共情，本章前面的部分内容也包含了其他例子；当 NPC 产生一些快乐的情绪时，玩家也是可以共情的。所以，共情是一种人类自身所具有的，而且可以被设计的能力。至于共情具体被用在什么方面，就看想要创造的情绪是喜还是悲了。

共情的对象未必是一个人，共情不一定必须出现或者需要一个确定的对象，比如，玩家行走在荒芜的村庄里，突然发现路面上有一只被火烧掉一半的小布鞋。此时他会想到什么呢？是一个村庄悲惨的遭遇？还是一个可怜小女孩的不幸命运？所以共情有时并不需要很明确的一个对象。

共情对人类日常的影响相当广泛和深入。在这方面，笔者建议读者去看看《游戏情感设计》这本书。一方面，这本书的内容基本上集中在文本方面，对于如何写出震撼人心的剧情，它提供了相当多的方式和思路，讲述如何在文本和剧情上去创造引人入胜的情节和有血有肉的角色。另一方面，这本书讲述了如何多用内容、多采用互动的方式让玩家产生共情，从而更积极地参与游戏。

共情引起的是人们对其他个体的情感投射，但这些情感对于只强调成长线和玩法的游戏项目，也可以是非必要的。用标识物、对话、互动内容等创造的共情，只有在适合的地方才有用。

2. 社会助长行为

实验证明，他人在场能够加快人们完成简单任务的速度，同时能够提高人们完成简单动作的准确性。

这种社会助长行为也同样会产生在动物身上。当有同类在场时，蚂蚁挖掘沙子的效率会提高，小鸡会吃更多的谷物。"处在人群之中"对个体的积极反应和消极反应都有增强作用。拥挤能够增强唤起状态，所以在多人的课堂上，学生能学习得更好，演唱会上人一多，每个人都会更兴奋。

唤起能够增强任何优势反应，但优势反应是较为基础的行为。比如，唤起能够提高简单任务的作业成绩，因为在这些简单任务中，"优势"行为往往是确定的。人们在唤起状态下完成简单任务的速度是最快的。而在复杂任务中，正确答案往往不是最直接的那个反应，此时的唤起反而容易增强错误反应。因此，在完成一些复杂任务的过程中，当人们的生理唤醒更强时，取得的成绩反而更差。

当个体多到拥挤时，这种唤起状态就会变得扭曲。1962 年，约翰·卡尔霍恩用白鼠做实验，他让一组白鼠在一定大小的房间中繁殖，直到数量增加到拥挤的程度。原有各种行为组的白鼠开始出现异常，比如统治型的白鼠开始攻击雌鼠、未成年鼠和不动的雄鼠。而雌鼠会从正常的怀孕生产和照顾幼鼠，直接变成哺育能力缺失，在发情时会被一群异常兴奋的雄鼠无休止地追逐直至无法逃脱，并且在怀孕和生产过程中出现并发症的概率很高；在转移幼鼠时可能转移了一些而忘了一些，导致被忘记转移的幼鼠死亡或被成年鼠吃掉。

还有其他的情况，这里就不列举了。总而言之，过分拥挤会激发很多异常情况出现，包括让个体更容易烦躁，直至攻击性大幅提升，记忆力和免疫力下降等。

在游戏中，拥挤并不会直接给玩家带来身体上的不适，只需要去注意因为拥挤而导致的社会服务变差，如服务器响应时间长，或者NPC与玩家的交互变少。此外，当人或怪物太多时，如果他们与画面背景在色彩上反差太大，就会导致画面不好看。这些问题大都是基础性的问题，不太涉及游戏设计，注意避免就好。

3. 社会懈怠

个体认为，只有在他们单独操作时才会受到评价。而当个体处于群体中时，个体被评价的概率就会降低，于是他们就容易产生懈怠。

当不让员工单独为某事负责或者不对其努力程度进行单独评价时，他们就会因为失去压力而产生懈怠。一旦被他人观察，个体被评价的压力就会有所增强，懈怠也就会减少。对于群体中的成员，由于责任被分散了，他们被评价的压力也会一样减少，就容易产生懈怠。

对"社会懈怠"的研究在现实生活中的很多地方得到了应用。比如，在管理团队时，要让每个人都感觉到自己受到了关注。将对"社会懈怠"的研究放在游戏中有什么用呢？我们已经通过提供乐趣、设定目标等方式让玩家愿意积极参与游戏了，社会懈怠何时才会出现在他们身上，并达到需要去矫正的程度呢？比如，当玩家组团进行副本攻略时，团长不希望有成员偷懒，期望每个玩家都在推动工会进步的道路上更加积极地参与，而不是做一个附庸在工会中的"上线人头"。

除了设计玩家间的评估规则，创造一些NPC角色替代工会管理人员去监督他们也是可以的。比如，玩家在野外执行任务时，有概率获得一项特殊任务，此时工会的守护女神会来到玩家身边，请求一起为工会做某些事情。工会的守护女神就相当于工会管理人员，她为工会控制社会懈怠和营造群体内的认同感。

设计师可以设计一个守护女神，也可以设计一个冰冷无情、凌驾于所有玩家和游戏角色之上的系统来作为监督者。它们一样有效，只是带给人的情绪不一样。设计这样一个系统，并且将游戏中的主要冲突和剧情发展定为如何打破它的监督和控制，也可以创造出很有张力和紧张感的体验。

对于社会懈怠，也有应对它的一些心理效应：当面对完成起来有些困难的任务时，人们更可能认为自己付出的努力是必不可少的。一个超级目标促进了合作，同时也会让每个人更积极地参与，让他们觉得需要去帮忙，需要一起去努力。对我们而言，就是要去设计这样的任务，并更好地展示它的困难性和重要性，让团队中的每个玩家都清楚地认识到，要想完成这样的任务，需要他们一起付出努力。

如何做？

- 单个玩家极易被击杀，需要玩家们抱团，他们可以相互救治或由系统提供一个依据人数而提升效果的 Buff。
- 一个玩家付出的努力只能影响总体的一小部分，他可以战胜某部分的敌人、集齐一定的物资、守住某个据点，但是一个更大的 BOSS 不是他一个人能阻挡得了的。
- 需要很多玩家共同配合，一个团队的玩家只能完成一定的任务，需要和另外团队的玩家配合去完成更大的任务。

对一款游戏而言，不能让玩家面对超难的挑战并且直接被击杀，需要让每一个玩家都有适合自己的挑战，并且这个挑战是不因其等级低和数值能力不足而无法完成的。也就是说，BOSS 带给玩家的伤害有限，玩家不会很容易死亡，不同能力的玩家有适合他们去做的事情。他们付出的努力对总体的进度而言只是一小部分，甚至是极小的一部分。

再进一步的方式：小就是美。

缩小群体的规模，会让每个人都能更加明确地感受到自己的责任和自己对群体的影响，同时每个人也会更容易受到其他人的关注和监督。这里包含的第一点是缩小群体的规模，如直接限制工会、队伍的人数，或者在工会中帮助玩家们分组、分团，或者多设计一些同时出现且需要好几组人分头行动的任务、活动，迫使玩家去分组。包含的第二点是让人们更明显地感受到自己的责任和自己对群体的影响。比如，设想团队中的一员在一场大型的战争中砍下了敌方一个团长的首级，导致敌方开始混乱，这是很突出的一个贡献，应把它展现给所有人看，让所有人都看到它的影响。再如，假设每个人都以每次 1% 的效率在为最终的胜利而努力，而某个玩家突然做出了一个 10% 的贡献。即使这个 10% 贡献的得来完全没有技术性，也会让这个玩家觉得自己很优秀，从而变得更积极。

还可以在一开始就设定一些关键角色。比如，在一组去炸火车的特工中，如果一切情况顺利，那么护送炸弹和设置炸弹的工兵会是一个关键角色。再如，一个需要使用"无敌"技能去抵抗 BOSS 的必死技能，从而拯救整个团队的骑士会是一个关键角色；在刺杀任务中，直面敌军首领的那名刺客会是一个关键角色。不过这也有一个弊端：当我们更专注于某几个玩家时，虽然这确实让他们更清楚自己的重任，也提高了他们的参与度，但如果没设计好其他人的游戏内容，就容易导致其他人因此开始松懈。这是需要注意的。

4．增加帮助行为

要让人自发地做出一些帮助他人的行为并不容易，这在《社会心理学》中是一整章的内容，以下只简述几个要点。

（1）解开对帮助行为的束缚。

- 降低模糊性，加强责任感。
- 感到内疚和关注自我形象。
- 他们有余力去帮助他人。

（2）利他主义社会化。
- 教化道德内容。
- 树立利他主义的榜样。
- 把帮助行为归因于利他主义。
- 学习利他主义。

列举其中一个要点："他们有余力去帮助他人"。首先，在一个节奏非常快，每个人都感到压力大、时间少的社会中，每个人都不会有太多的精力去关注外界，也就不容易发现需要帮助的人了；其次，即使他们发现了需要帮助的人，也未必有余力去提供帮助。

在游戏中其实也一样，很多游戏都让玩家每天必须马不停蹄地去做这个去做那个，完成一个又一个的任务，玩家就没有停下来、慢下来的时候，此时他们又怎么会看到其他需要帮助的人，并且去帮助他们呢？必须设计一些可以让他们慢下来的游戏内容。比如，让许多人一起护送一辆移动速度特别慢的马车，这可以让他们慢下来，并有机会去进行社交。

也可以设计一些让玩家在完成自己手头任务的同时，可以顺便帮助其他人的游戏内容。比如，每个玩家都会接到一项两段式的任务，其中第一段是玩家抱着一颗巨大的水之宝珠去村庄救火，在半路上遇到一些怪物，由于玩家抱着水之宝珠无法攻击，所以需要小心地避开怪物的攻击。第二段是玩家来到山顶，拿起 NPC 提供的狙击枪，射击山下的怪物，其中就包括第一段路程中的怪物。在玩家完成第二段的任务时，他们其实就在帮助正在完成第一段任务的玩家了。

或者设计一些同时包含这两段内容的任务。比如，玩家需要穿过火焰之地去取得某个物品，他们会获得一项保护性技能——产生寒气抵挡火焰的伤害，但这项技能只持续一小段时间，并且需要冷却。产生的寒气能够同时保护其覆盖范围内的其他玩家，他们可以轮流使用这项保护性技能，快速、无伤地通过火焰之地。游戏机制如图 2.3 所示。

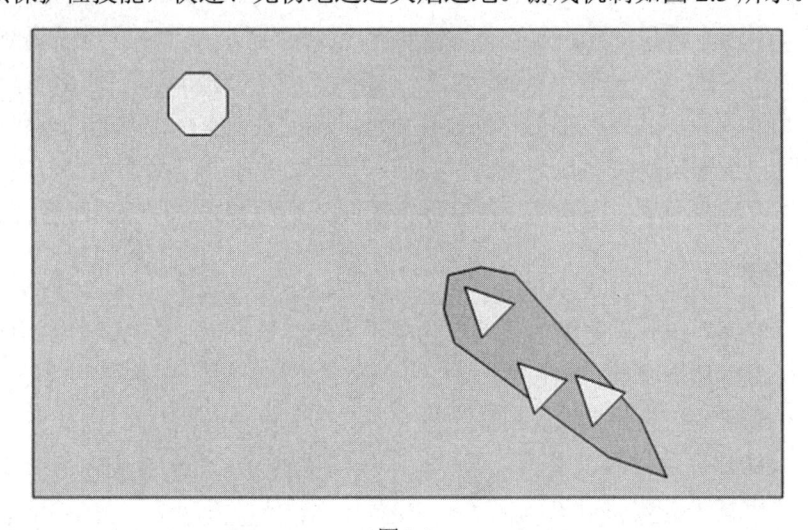

图 2.3

或者设计这样的日常任务：救助 5 个"濒死"的玩家，即使这项任务只占总体日常任务 3%的进度，但玩家还是会为了这 3%的进度去帮助他人。这一点点奖励能够让他们在形成习惯之后，认为自己是出于好心而不是刻意为了奖励去做这个事情。

还可以使用羁绊和身份来促使玩家相互帮助。比如，国内的游戏设计了很多诸如师徒、夫妻这样的关系，或者给玩家贴上"乐于助人的某某"这样的标签。这样做确实会提高玩家帮助他人的概率，但如果让玩家自己选择，他们基本上不可能选择"乐于助人的某某"作为自身的头衔。也可以采用这样的方式：假设游戏中玩家每天可以从女神那领一个 Buff，将这一系列 Buff 的效果引到某些方向上，比如"善良之星：野外战斗中防御力提高 20%，完成低级副本获得的经验提高 20%。"，用这种方式去给他们贴标签。如果要树立起利他的榜样，可以再设计，比如制作一个帮助他人的排行榜和评分系统，这个排行榜的得分方式是在低等级玩家每次获得高等级玩家的帮助时，或者在这个鼓励互帮互助的评分系统中完成一些共同的游戏内容后，可以给高等级玩家一颗红星。

无论制定这样的系统规则是否出于虚荣或获得利益，只要能够给予其他人帮助，这就是好事。同时，事后可以发一封邮件来引导玩家把他们的帮助行为归因于无私的利他主义。每一次他们这么归因，都会树立无私的自我形象，之后再帮助其他人。

5. 超级目标促进合作

当面对一个共同的外部危机时，成员之间容易产生紧密相连的凝聚力，一个超级目标能够将群体的所有成员团结起来。研究者曾对一个夏令营的孩子们做了一次大型的心理实验，其中包含很多的实验目标和手段，在此仅简单讲述一下。研究者将同一批参加夏令营的孩子安排在两个营地，然后设计了一些目标让他们完成。研究者一开始仅发布一些团队内部的目标，如建好帐篷、取水等，后期则开始涉及另一个营地。研究者设计了一系列竞争性的活动，如棒球比赛、拔河、营地内务检查、寻宝等。在活动中两个营地的孩子必须分出胜负，并且所有的奖励（奖章之类）都属于优胜者。结果两个营地的孩子逐渐进入了公开的"战争状态"，甚至出现烧毁对方的旗帜、对对方的营地进行骚扰等严重的情况。面对另一个与自己有利害关系的群体，孩子们迅速变得野蛮了。

在这样的情况下，研究者使用了"超级目标"。比如，他们故意损坏了夏令营的供水系统，让两个营地的孩子通过合作来修复供水系统。此外，他们故意让卡车抛锚，让男孩们一起把卡车拉到启动为止。结果在完成任务时，孩子们相互击掌以庆祝胜利，而在不久之前，他们还是相互敌视的两个团体。

使用"超级目标"是非常有效的做法，为了达到一个更大的目标，人们不仅可以与原来不喜欢的人共事，还可以忍受很多艰难的处境。"超级目标"对于相互敌视的团体有非常好的作用，它也能够让整个游戏的情绪更丰富。比如，在《魔兽世界》中，为了打开安其拉神殿的大门，相互仇恨的部落和联盟玩家放下仇恨，一起努力，如图 2.4 所示。

小的设计是指小型的、不涉及那么多人的设计。比如，在很多电影或其他艺术作品的情节中，一个角色迫不得已和他的仇人一起合作。再如，在一些剧情之外，设计一个玩家自身难以完成的目标；在一场战斗中设计多股力量，并且玩家属于处于弱势的一方；设计只要双方合作，就可以实现双赢，而如果双方不合作，就什么也无法获得的情境，如共同开发矿山。

图 2.4

游戏促进了玩家间的合作。在合作的过程中，玩家既要看着对面的敌对玩家来来去去，还要忍住不进攻，这让整个游戏有了更丰富的情绪。超级目标可以起到很多正面作用，让每个玩家感觉到自己的渺小和自己对伙伴的需求，这非常重要。

2.2.5 说服的信息性因素

1. 中心途径与外周途径

当人们有能力全面、系统地对某个问题进行思考时，他们主要使用的是说服的中心途径，也就是关注论据。

在这种情况下，他们会：

- 具有某种动机。
- 更细致地分析问题，更完整地描述问题。
- 被令人信服的论点引发持久的赞同态度。

比如，在对商城道具进行描述时，如果使用中心途径，那么可以说明提升多少战力、进阶多少星级等数据。但这是不够的，不应该只描述"获得 200 点炼妖值"这种数据，还应说明"提升 43%的炼妖等级，并获得 75 点战力"这种数据。

如果人们无法全面、系统地对问题进行思考，就不得不采用外周途径。此时他们会有如下选择：

- 很少分析或投入精力。

- 处于低努力水平，使用外周途径，遵循经验法则。

外周途径引发的喜爱和接受，通常只是暂时性的。比如这种措辞：买过的人都说好；80%的人都买了；外观看上去很强大……

对于那些难以推敲的论据，最好采用外周途径来展示。

关于论据和说服，其实最困难的部分在于很多玩家是不去看文本内容的，很大一部分玩家连剧情都会直接跳过，他们不关注剧情对白，对于道具说明就看得更少了。玩家也只是在商城中出售道具的时候能够对其使用说服途径，那短短的一小段文本描述，再除去功用性和描述性文本，留给玩家进行说服的空间很小。

所以应该扩宽说服的途径，不要把它只局限于对白文本和道具说明，而应嵌入各个可能的界面中。比如，嵌入宠物升级界面，当玩家在这个界面停留了一段时间时，界面上出现一些走马灯似的或由宠物说出来的信息：升了这一级将使击败烈焰邪灵BOSS的概率提高到97.1%、20%的金币加成将使主人每天额外获得127.5万个金币等。

97.1%从哪里来？从玩家数据来。127.5万个金币和选择以哪个BOSS为卖点来叙述也是一样的，依据记录的玩家数据：玩家目前的卡点、日常的获得数量、各种战斗的数据，通过分析他们长期欠缺的部分，预估他们的需求。

再设想一下，如果游戏面对的是二三线城市的玩家，那么他们更容易受到外周途径的影响。如果他们感到生活压力比较大，那么玩游戏会是一种放松的方式，现实的生活越不如意，这些玩家就会越期望在游戏中变得强大。这些玩家很在意排名，在意与他人进行比较。相对而言，受教育程度更高、生活条件相对更好的玩家，会更注重游戏的乐趣。但这些玩家由于受到现实条件的限制，一般不会在游戏中投入很多的钱。那么就要做到让他们充一点儿钱，立刻就变强大。这就很关键了，也就是要把说服的论据放在将玩家与其他玩家的比较之中，如"超过32%同等级的玩家""使您的排名提升139名""使您每天的金币获得效率达到全服务器的前8%"等。

对象不同，对其进行说服所产生的效果也不同。

- 对乐观者而言，正面说服的效果更好；对悲观者而言，负面说服的效果更好。
- 受教育程度越高或者善于思辨的人更容易接受中心途径的说服。
- 被说服者心情越好，越容易被说服。此时他们会低估所要付出的代价。
- 唤起恐惧会更容易让人拒绝某些行为。

如何使用这些知识？比如，在玩家成功完成一个有难度的挑战之后，再问他们是否要购买新关卡，这就考虑了心情的因素。

除卖道具之外，说服玩家升级装备等级也是一种情况，如果采用中心途径来进行说服，可以选择展示数据，如"升级装备可以让伤害提高30%，可以让关卡清理速度加快40%"。假如要刻意对悲观者进行说服，那么应把时机放在他多次失败的时候，如消耗了许多门票来挑战某个副本，但全都以失败告终，此时的他是很无奈和懊恼的。

放出这样的信息："您的装备等级比大部分通过这一关卡的玩家低了18%，也许您可以考虑一下增强您装备的实力"。再看这条信息："只要再提升 18% 的装备等级,您将达到通过这一关卡的玩家的前 10%"。第一条信息采用了反向的说法,第二条信息采用了正向的提示,并且包含了炫耀性;但在悲伤的情绪中,采用反向的说法会使信息显得更柔和,从而影响更多的人。

2. 框架效应

框架效应是指对待同一个问题,使用在逻辑意义上相似的两种说法,却导致听者做出不同的决策。

在一个"疾病问题"的实验中,研究者让被测试者想象美国正准备应对一种罕见的疾病,预计该疾病的流行将导致 600 人死亡。现有两种对抗该疾病的方案。假定对各方案所产生后果的科学估算结果如下。

- 情景一。对第一组被测试者（N=152）如此描述：如果采用 A 方案,200 人将生还（72%）；如果采用 B 方案,600 人生还的概率为 1/3（28%）。
- 情景二。对第二组被测试者（N=155）描述同样的问题,同时将 A 方案和 B 方案分别改为 C 方案和 D 方案：如果采用 C 方案,400 人将死去（22%）；如果采用 D 方案,无人死去的概率为 1/3,而 600 人死去的概率为 2/3（78%）。

实质上,情景一和情景二中的方案是一样的,只是描述方式不同而已。措辞的不同使得被测试者的认知参照点发生了改变,由情景一中的"收益"心态变为情景二中的"损失"心态。也就是说,是将死亡还是将救活作为认知参照点,使得在第一种情况下被测试者将问题看作收益,在第二种情况下被测试者将问题看作损失。不同的认知参照点使人们对待风险的态度有所不同。

当面临收益时,人们会小心翼翼选择风险规避；当面临损失时,人们甘愿冒风险。因此,在情景一中被测试者表现为风险规避,在情景二中被测试者倾向于风险寻求。两组被测试者在做决策时完全是以认知参照点为依据的,认知参照点不一样,做出的决策也不一样。

再来看一个例子。

让人们根据下列情景进行决策。

- 情景一。一笔生意可以稳赚 800 美元,另一笔生意有 85% 的机会可赚 1000 美元,但也有 15% 的机会分文不赚。
- 情景二。一笔生意要稳赔 800 美元,另一笔生意有 85% 的机会赔 1000 美元,但也有 15% 的机会不赔钱。

结果表明：在情景一中,84% 的人选择可以稳赚 800 美元的生意,表现为对风险的规避；在情景二中,87% 的人倾向于选择"有 85% 的机会赔 1000 美元,但也有 15% 的机会不赔钱"的那笔生意,表现为对风险的寻求。

可以用框架效应来扭转某些事实带给人的感觉。这种方法适用于设计一些文本内容,如对白、剧情描述、道具描述等。比如,在玩家用完了游戏筹码之后,弹出来引导他们付费的对话框。

进一步来看，框架效应是由人们对风险的规避和对风险的追求这两点造成的。在设计一款贸易类游戏中商品买卖的价格和信息的获得时，就可以用上这一效应。或者将其应用在游戏系统的设计上。比如，在一些国战型 SLG 游戏中，设定主城的守卫等级是依据军队人数进行的，主城可以派军队出去执行任务，在派出一两支军队之后如果再派兵，主城就会面临守卫等级下降的情况。此时，玩家的冒险精神就会起作用了，是派兵还是不派兵呢？在非战时情况下，冒险的失败概率和代价不会太高，那么玩家就会倾向于派兵。这是设计师希望出现的一个结果，即让玩家自行选择更冒险、更刺激的游戏方式。

使用框架效应，是为了让玩家花费更多的时间，投入更多的精力，获得更刺激的体验。

3．诱饵效应

诱饵效应是指在人们面对两个不相上下的选项进行选择时，第三个选项（诱饵）的加入，会使某个旧选项显得更有吸引力。被"诱饵"帮助的旧选项通常被称为"目标"，另一个旧选项被称为"竞争者"。

在电视机销售过程中，商家设计了如下可供对比的选项。

- 19 英寸喜万年牌 2000 元。
- 26 英寸索尼牌 3000 元。
- 32 英寸三星牌 5000 元。

你会选择哪台电视机呢？虽然不确定喜万年牌的电视机是否比三星牌的电视机要合算，但消费者在再三权衡后会更倾向于选择那台索尼牌电视机。

索尼牌电视机一定也是商家在这一季中最想卖的商品。

这样的技巧被应用在各种各样的商品销售中。餐厅的菜单上总会有一道高价菜，这道高价菜的存在并不是要吸引顾客选择它，而是诱导顾客点第二贵的那道菜；因为顾客在看到那道高价菜之后，一定会觉得第二贵的那道菜或者其他更便宜的菜"物美价廉"。

这就是诱饵效应的作用方式，增加的第三个选项使人们在难以选择的情况下，最终选择了中间的那个选项。

除此之外，还有很多地方可以应用诱饵效应来帮助有选择困难症的人们做出选择。但要注意，提供的选项应该是同一类型的三个东西，而不是三个不同的东西。

比如，玩家基地需要招募更多的同伴，他们可以选择如下方式。

- 方式一，花费 500 个金币，招募一个看上去好像有点儿强的成员。
- 方式二，花费 800 个金币，招募一个看上去有点儿强的成员。
- 方式三，花费 1400 个金币，招募一个看上去应该很强的成员。

这个例子与上一个例子不同的地方是，结果并不清晰，玩家必须靠主观猜测做出选择。只要招募成员的能力与花费的金币是成正比关系的，玩家就会更容易倾向于第二个选择。

当然，很多游戏已经应用诱饵效应去引导玩家开宝箱了。人们经常会依据代价去判断选择某个选项可能带来的收益，即使两者之间并没有任何明确的逻辑关系，但玩家是第一次遇到这些选项，他们还是会认为代价跟收益应该是成正比的。

让玩家在以下三个区域中进行选择。
- 区域一，怪物聚集的森林，花费 1000 个银币。
- 区域二，人类的村庄，花费 1300 个银币。
- 区域三，沙漠区域，花费 2000 个银币。

玩家会不会觉得沙漠区域应该比较厉害，而且能够带来比较多的收益呢？

玩家最后会选择哪个区域呢？上面的表述方式是为了引导玩家选择区域二，但"好像人类的村庄应该是比较普通的地方，选择它不可能获得比较好的奖励"，玩家会不会有这样的刻板印象？至少笔者有这样的刻板印象。很多游戏都从村庄附近开始，经过平原和森林到一些极端的区域，许多玩家都会对其形成这样的印象：村庄应该是一个比较普通的、不危险的地方。刻板印象是另一个心理效应，在引导时需要注意效应之间的交叉作用。可以在另外的地方，把玩家对村庄的这种印象修正过来，也可以把人类的村庄修改为敌法师的村庄。这时玩家会选择哪一个区域呢？

4．顺序和峰值

人们何时会受到"首因效果"的影响？何时会受到"近因效果"的影响？

如果两种信息连续呈现，并持续了一段时间，就会出现首因效果。在听众接收第二种信息后立即要求他们表态时，近因效果会更明显。

首因效果：信息#1—信息#2—时间。反应：接受首因。

近因效果：信息#1—时间—信息#2。反应：接受近因。

这里只是为了说明才把顺序和峰值这个心理效应写出来，在实际游戏中，很少用到这种心理效应。如果在游戏开始时使用，通过剧情透露出主角父亲死亡的两个原因，当玩家操控的角色的等级达到十几级时再来询问他们，那么这时就会出现首因效果。然而，出现首因效果或者近因效果，对游戏而言又有什么用呢？促成了更强的首因效果，然后让玩家接收信息#1，有什么作用呢？并没有太大作用，除非剧情出现反转。在玩家接收了信息#1后，剧情出现反转了，他们发现自己的判断是错误的。然而要将这些偏向文本和剧情的设计内容转化为互动式的内容，还是比较困难的。

峰终定律是一个非常强大的心理效应，心理学家丹尼尔·卡尼曼经过深入研究，发现对体验的记忆由两个因素决定：高峰（无论是正向的，还是负向的）时的感觉与结束时的感觉，这就是峰终定律。这条定律说明了人们的体验的特点：在体验一个事物后，让人记忆最深的就是高峰时的感觉与结束时的感觉，而在体验过程中，好与不好的比重、时间长短，其对记忆的影响远不如高峰时的感觉与结束时的感觉对记忆的影响。

很多游戏让人感到厌烦是因为游戏内容再也不能让玩家产生情绪波动，也就是没有了峰值。如果在游戏的结尾玩家没有一些特别的事情要做，那么终值也没有了，即使这一天的游戏内容有一定刺激性，也给玩家留不下好印象，如图 2.5 所示。

图 2.5

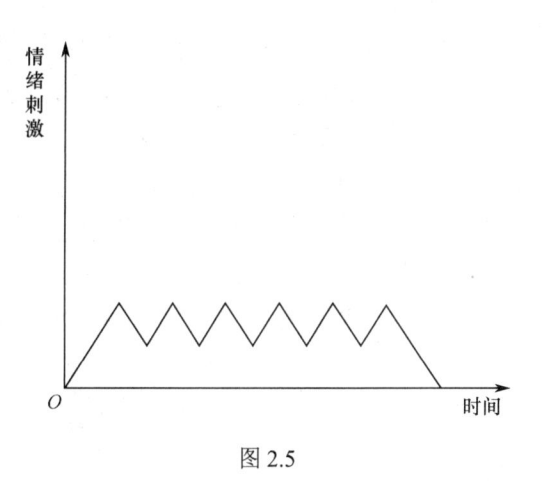

图 2.6 所示的情绪曲线才是一条有效的情绪曲线，按照这样的情绪波动去规划整段游戏历程，可以让玩家的游戏体验更刺激和更深刻。这条情绪曲线对人类的强大作用，是由首因效果、近因效果、峰终定律、锚定效应等共同促成的。

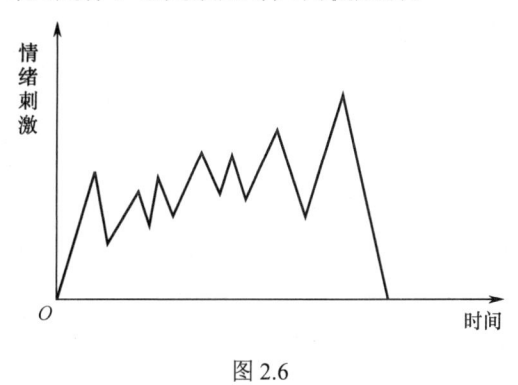

图 2.6

5. 自由度

给予个体一定的控制权，可以让个体更健康，还可以增强个体的幸福感。

对环境有一定控制权的囚犯，比如可以移动椅子、控制电视、开关电灯，会体验到更少的压力，更少出现健康问题，并且更少有故意破坏的行为。给工地上的工人一定的回旋余地和让他们拥有一些决定权，可以改善他们的精神面貌，让他们重振士气。庇护所里无家可归的人基本上不可以选择吃饭和睡觉的时间，更谈不上拥有隐私权了，所以他们在寻找住处和工作时更可能产生被动和无助感。

但也不应该让人过度自由。想想乔布斯是怎么做的。"苹果的用户不需要思考！苹果的用户只要按照我们的步骤做就可以了！苹果的用户只可以使用我们苹果的产品！"

用户真正需要的是那种自由的感觉，而不一定是真正的自由。就像一个实验所展示的，商家在卖冰激凌时，告诉来询问的顾客全部 100 种冰激凌的口味，顾客获得了最大的自由，但他们不知道该选哪个口味的冰激凌了。如果商家告诉顾客总共有 100 种口味的冰激凌，其中最畅销的有三种，即香草味、巧克力味和草莓味的冰激凌，那么顾客就能接受了。

另外有实验表明，人们对无法反悔的选择的满意度比对可以反悔的选择的满意度要高。然而在大部分情况下，游戏并没有给玩家提供可以反悔的选择。

游戏不应该给玩家太多的选择，应用更直接的方式告诉他们，接下来要去做这个，再接下来要去做那个。比如，加一个 Buff 给玩家，告诉他接下来去做什么会有额外的收益。

在游戏中，应持续地告诉玩家接下来应该做什么，还应告诉他们现在进行到哪里了，以及还剩下什么没完成。应采用文字、进度条等方式去传达信息。

对很多游戏来讲，给玩家设定一个目标是其惯用的手段，但实际情况是有时游戏会过度使用它。当在主界面上放一个商城按钮时，它属于一级入口，这比点开它才能进入游戏主界面提高了约 23% 的点击率。放在界面上的任务指引会更有效地引导玩家去完成各个游戏内容，但问题是，现在的一些游戏界面包含了太多的东西，全部都做成了一级入口，期望玩家去点击，最后反而会让玩家晕头转向。

即便设计的不是强调玩法和乐趣，而是强调成长线的游戏，让玩家聚焦于某一条成长线，也能产生很好的引导效果。在玩这类游戏时，玩家只要关注一个明确的目标即可。

2.2.6 说服的心理性因素

1. 登门槛现象

实验表明，如果想要别人帮自己一个大忙，一个有效的策略就是先请他帮一个小忙。

研究者邀请选修普通心理学的学生在上午 7 点整来参加一个实验，仅有 24% 的学生露面。如果让学生在事先不知道时间的情况下答应参加实验，然后告诉他们参加实验的时间，那么有 53% 的学生会来。

推销人员发现，即使顾客已经知道了推销人员在使用"登门槛"这种方法，这种方法仍然有效。比如，最初一个没有损失的承诺，返还一张写有信息的卡片，答应去听一堂投资理财的介绍课，经常能让顾客许下更大的承诺。

精明的人对这种推销方式很反感。怎样把它做得圆润一点呢？那就是请求玩家达到游戏中的某个目标，而不是让玩家直接付费。比如，把占领村庄的任务升到 10 级，或者锻造一把特殊武器，然后用它去砍断请求者身上的锁链。这就是将请求玩家达到的目标改为能够引起玩家共情的目标。比如，为了救某个人、帮助某个人，请求玩家把自身或者装备的等级提高。可以一步一步地提出更多的要求。比如，在玩家砍断了 NPC 的锁链后，再请求玩家帮他恢复功力、"杀死"山贼，而不是直白地告诉玩家目标就是升到 10 级、武器突破到一星这样明显和无趣。

应尽量唤起玩家的自我知觉，让玩家感到 NPC 不只在请求游戏里的英雄，仿佛在直接请求屏幕外的"他"。但设计师没办法让玩家直接产生自我知觉，而可以先让玩家自我评价一下。比如，问玩家是不是一个善良、坚韧、狡诈的人，无论玩家怎样回答，都已经唤起了他的自我知觉，之后再请求他。

玩家已经习惯在游戏中接到任务，然后一个接一个地去完成任务，这犹如"登门槛"。

如果希望玩家付出更多，就要让游戏中的角色更重要、更真实，而且要让玩家产生强烈的自我知觉。

2．留面子效应

留面子效应是心理均衡的一种延伸。

先提出一个非常大的要求，这通常会被拒绝；之后提出一个小一点儿的要求，这时玩家为了让自己显得不那么刻薄，就会答应。对玩家提要求的应该是一个生物，这个生物需要在玩家心中具有一定的价值，这样才会让玩家考虑他（它）的要求。对玩家提要求的生物，可以是一个陌生人，也可以是与玩家长期相伴的一只小狗。

在游戏中使用这个心理效应的难处在于：让提出要求的游戏角色对玩家而言有价值。设想在《最终幻想XIII》中，玩家控制着雷霆，这时香草突然要求玩家帮她筹集500万个金币，玩家明知不会有什么报酬，但由于自己对NPC的重视，因此会考虑去做。最正面的一个例子莫过于《仙剑奇侠传》，众多玩家为了让赵灵儿的结局不是死去，便传出只要收集1000只金蚕王，就可以打出隐藏的"不死"结局的消息，然后就有许多喜欢赵灵儿的玩家为之废寝忘食地工作。

在一个实验中，实验者请求被测试者进行公益捐款，提出了两种询问语句。对比这两种询问语句，第二种询问语句比第一种询问语句多一句话："哪怕捐一分钱，也是一种帮助"，于是捐助者的占比从39%上升到57%。

总体而言，留面子效应还是很有效的。但对那些被改变了决定的人而言，他们实际上并不情愿，而且他们的这种情绪很容易被察觉。这近似于一种乞求，所以无论是乞求玩家购买某种商品，还是一个NPC乞求玩家做某件事情，都可能让玩家感到不舒服，并且让他觉得自己额外付出了，在之后要获得更多的回馈。所以，留面子效应只适合用在某些一心设计收费系统的游戏中，或者决定杀鸡取卵的游戏中。

也可以不去创造一个让玩家认同的NPC，而是借由其他玩家来提出要求。比如，要求其他玩家和他们一起完成任务，不要把这一切当成规则来进行设计，而是用一些弹框之类的东西来明显地要求其他玩家帮助他们。其他玩家未必会帮，如果其他玩家不帮，在心里就会产生愧疚感。在未来某些时候，可以让他们在别的情境下做出一些行为来补偿。

3．错觉思维

错觉思维包括以下两种。

错觉相关：在没有联系的地方看到联系，当人们期待发现某种重要的联系时，很容易自行将各种随机事件联系起来，从而感知到一种错觉相关。

控制错觉：研究者通过做50多个实验发现，人们在行动时往往认为自己能够预测并控制随机事件。

还有类似于把一个个独立事件看成有关联的事件的例子。比如，连续将10把武器强化失败了，那么下次强化的成功概率应该会变高；在整点的时候培养宠物比较容易出极品；

队伍里有某个人容易获得极品装备。这些错觉相关，除了一部分比较明显和自然，很大一部分是独特、个性化的错误相关。玩家的许多错觉相关是设计师无法理解的。其实不必去纠结应该怎么对待这些个人化的特例，只有对于比较大众的错觉相关，设计师才有必要考虑是否要澄清它不存在。

我们是要消灭错觉或任由它存在，还是特意去创造一些"真实的错觉"？就好似都市之中需要传说，故意创造的"错觉"成为人们讨论的话题，而人们在讨论时，自然就提高了对游戏的参与度。

4. 赌徒谬误

赌徒谬误认为未来事件的成功概率会受到过去已经发生的事件的影响。

对于所有存在概率的事件，如单次开宝箱，或者十连抽送紫色武将，刻意降低每次抽中的概率，都会导致某种情况出现，使玩家产生情绪上的波动。在十连抽送紫色武将中，不降低每次抽中的概率，而且如果十次都抽不中紫色等级以上的武将，就额外赠送一次。这样做并没有使总的抽中概率更高，但是带给玩家的是另一种情绪。

除了赌徒谬误，更重要的是自以为是的心态：赌徒们相信自己会赢，相信自己就是人群中特殊的那一个。不只是赌徒，很多人在某些情境下可能都会有这种自以为是的心态。只要让他们连续获胜，他们就会认为自己所向无敌，逐步变得过分自信，然后就开始倾向于冒险。但也许只需要一次失败，就足以让他们血本无归了。正常且理智的人如果遭遇失败，就会立刻收敛。

2.2.7 锚定效应和沉没成本

1. 锚定效应

锚定效应是非常强大的一个心理效应，甚至不需要前后事件之间有关联。给被测试者展示一个无意义的数字，如800，这会比给被测试者展示18时，让他们在接下来的价格猜测中猜测更大的结果。最初接触到的信息会影响后续的决策和判断，如果先设定一个过高的价格，然后打折出售，顾客就感觉好像捡了便宜。

锚定效应的应用效果是很明显的，可以应用它去达到怎样的目标呢？是促使玩家在付费时购买更多的钻石吗？对于如此确切且玩家会仔细思考的目标，应用锚定效应是效果不明显的。比如，在经营、贸易类游戏中，用一个数字去影响玩家对后续卖出或买入物品的价格的判断，这是可行的。再如，在RPG游戏中，让玩家一开始看到某个东西用800个金币可以买，现在用400个金币就可以买到，他们就会感到便宜，于是就更倾向于购买。如果游戏中有拍卖行这样的系统，也可以应用锚定效应，达到让玩家多花钱的目标。

不过，因为游戏中所有金币的产出和消耗都是被设计好了的，所以只有在溢价或减价的情况下，锚定效应才有用处。

比如，在《露塞提娅：道具屋经营妙方》中，玩家扮演店主，出售各种装备给NPC。在售出每件装备时，都会有一个议价的过程。玩家可以选择以原价百分之多少的价格出售。

如图 2.7 所示，从原价的 200%开始，之后这个中年男子肯定会跟店主砍价，那么店主就会把价格再降低一些，有可能降低到原价的 130%就成交了。

图 2.7

此时最初的价格就很重要了，如果开价很高，NPC 可能因为生气而跑掉了。在之后议价的过程中，如果将价格降低一个明显的幅度，如原价的 50%，那么就能够成交了。

这个例子针对的是 NPC，如果设计一些系统用来针对玩家，那么就更有趣了。

还以这个游戏为例，由 NPC 扮演店主，玩家是普通的顾客。当玩家进入道具店买东西时，看到一个自己想要的盔甲，此时店主出价 2000，可以议价一到两次，那么应该怎么议价呢？这其实很难决定，没有一个对比物或基准，玩家根本无从下手。假设玩家预估它的价格是 1200，第一次就提议 800，但是店主不卖，玩家愣住了。

这种底价未知，而店主可以不卖的情况，有点儿像赌博，但又和赌博不一样，比如《暗黑破坏神 II》中的赌博装备，玩家是以贵于蓝装的价格去购买一件未知的装备的，祈祷它具有金色以上的品质。这就像投骰子，玩家都期待结果是 6。而上面的情况则复杂得多，因为结果难以评估，玩家不知道是买贵了还是买便宜了，而且店主还可能不卖了，那么也许这件装备就再也遇不到了。道具越珍贵，得到的机会就越少，就越容易溢价。锚定，也就是店主的第一次出价会对最后的成交价格产生明显的影响。那么应该出价多少呢？这就看每个人的议价能力和承受能力了。

如果用这种方式来出售游戏中需要付费的珍稀道具，可以让它溢价更多，代价则是需要设计一个游戏系统。

锚定效应的影响是长期的，《怪诞行为学》一书的作者做了一个实验，要求被测试者听一段录音，然后询问付给他们多少美分能让他们愿意再听一次。一共有三段录音，在听完第一段后，实验者将被测试者分为两组，他问第一组被测试者给他们 10 美分愿不愿意再听一次，然后问他们自己的出价是多少。他问第二组被测试者给他们 90 美分愿不愿意再听一次，然后问他们自己的出价是多少。

实验者在提供补偿时应用了锚定效应，第一组被测试者的出价比第二组被测试者的出价要低很多。然后让被测试者听第二段录音，在听完之后，实验者问两组被测试者给他们50美分愿不愿意再听一次，以及他们自己的出价是多少。此时两组的补偿都是50美分，然而他们继续受到第一次锚定效应的影响，第二组被测试者的出价依旧比第一组被测试者的出价高很多。

之后让被测试者听第三段录音，听完之后，实验者给了第一组被测试者90美分的补偿，给了第二组被测试者10美分的补偿，询问他们是否愿意再听一次，以及他们自己的出价是多少。他们依旧受到最初锚定效应的影响，第一组被测试者的出价仍明显低于第二组被测试者的出价。这是因为他们全是按照听第一段录音时的思路去思考的："既然我第一次这么做了，那么后面我这么做肯定是对的。"

锚定效应除了对价格和数字有用，对人类的很多行为都能产生影响。人们对其他人的第一印象，对某件事的第一印象，对某间店的第一印象，都会长久地影响人们对它们的评价。所以当推出新的游戏内容时，或者在游戏初期引导玩家时，应该尽量让玩家处于设计师希望的情绪中，给他留下一个较好的印象。或者使用锚定效应影响他们的行为习惯。比如，在第一次打大副本之前，引导他们使用长效药剂，在通关过程中，引导他们使用红、蓝药水，让他们认为这是正常的情况。多引导玩家几次，让玩家认为这是正常的，然后他们就会养成这样的行为习惯了。

2. 沉没成本

在制定经营策略或者做决策时，沉没成本与之是不相关的。但在人们的实际投资活动和生产经营活动中，广泛存在着一种在做决策时顾及沉没成本的非理性现象：为了避免损失而沉溺于过去的付出中，选择了非理性的行为方式。这就是沉没成本效应。

沉没成本谬误有时也被称为"协和谬误"或"协和效应"，其中"协和"指的是第一架商业化的超音速客机——协和式客机。协和式客机项目从一开始就是失败的，但参与该项目的国家（主要指英国和法国）还是坚持向其注入资金。这些国家的投资给自己戴上了沉重的枷锁，让其无法跳出来进行更好的投资。在损失大量金钱、人力和时间之后，投资者们不想就这么轻易放弃。

比如，在人们花钱去看电影的过程中，可能会出现以下两种情况。

- 付钱后发觉电影不好看，但忍着看完。
- 付钱后发觉电影不好看，退场去做别的事情。

在这两种情况下，人们都已经付钱，所以理性来讲就不应再去考虑付过的这笔钱。当时的思考内容应是是否继续看这部电影，而不是为这部电影付了多少钱。经济学家往往建议人们选择第二种情况，这样只是花了点儿冤枉钱，还可以腾出时间来做其他更有意义的事情，从而获得更大的收益，但实际上大部分人做不到这么洒脱和理性。

这就是经典的"来都来了""钱都给了""做都做了"说辞的心理效应来源，这个效应的适用范围是非常广泛的。在游戏设计中，创造沉没成本最直接的方式是设计一些参与成本，还可以用分段奖励的方式来创造沉没成本。比如，把原来完整的一个奖励，通过小一小一小—大的方式，甚至极小—极小—极小—大的方式来发放，将极小的奖励作为一个小阶段完结的标识，使玩家到最后才能获得实际的奖励，在获取奖励的过程中，玩家就不得不为了最后的奖励而继续努力。

还可以多使用一些提醒，让玩家感觉到沉没成本的存在，那么他们就更容易陷入这一心理效应中。但是，在一般情况下，不要提醒他们已使用的时间，这会让玩家联想到现实世界，从而觉得该游戏很浪费时间，甚至退出游戏。

2.2.8 完结感

很多游戏没有被玩家删掉，是因为玩家还没有通关。很多游戏，玩家已经厌烦了，但还会去玩，这是因为他们想要打败其中的BOSS，达到自己设定的某个目标。

完结感是非常强的一种情绪，是玩家对自身的认可，也是对自己之前所做事情的认可。即使达到目标对他们已经没有太大的实际作用了，他们还是会产生"做事情就要把它做完"的心理，驱使着自己继续做下去。

这就意味着，除了在游戏中给玩家设定目标，还要将完成这个目标的进度清晰地展现给玩家。

设计师可以用任务列表、目标列表和日程列表进一步提醒玩家。或者用"红点"提醒玩家还有新的消息、未完成的任务，以及可以升级的技能，如图2.8所示。

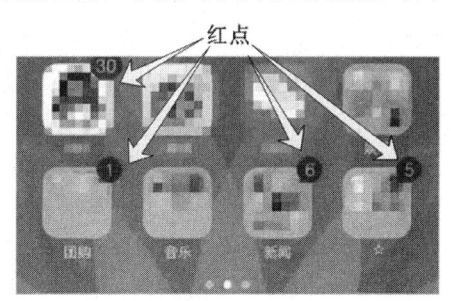

图2.8

除了设定目标，阶段性地设计游戏也是一种应用完结感的方式。比如，玩家告诉他的妈妈："等等，我这个BOSS就要打完了。"玩家对自己说："打完这关，我就去睡觉""还有100点疲劳值，刷完就可以了"。

所以无论是在总体的游戏历程中，还是在每天、每个周期的游戏历程中，都可以设计一些完结点，交给玩家，让他们有意识地去完成这些完结点的任务。而且应把这些完结点分得更细一些，这样才能形成一些短期的目标，呈现给玩家。

刷完每天的体力可能太常见了，那么刻意把游戏历程分节会怎样呢？刻意把游戏历程分节，不仅影响游戏关卡的设计，而且影响更多内容的设计，如新技能获得、新兵种获得等，因此这在许多网游和手游中很少见了。实际上，阶段性设计是非常有效的设计方式，其中包含很多非常有效的心理效应。这些心理效应既可以协助设计师进行更好的数值设计，还可以协助设计师控制游戏内容和玩家的进程，促使玩家付费。

2.3 促进社交

游戏从业者总是期望在游戏中创造更多的社交，因为社交能够让玩家对游戏产生更浓厚的兴趣，能够让游戏内容更丰富，能够让游戏的寿命更长。设计师可以采取多种方法去设计多人之间的交互内容，但玩家一定需要社交吗？社交确实能够让玩家对游戏更上心，但他们真的需要吗？普通人打游戏的目的就是放松一下而已，其埋藏在心底的心理需求，未必会那么容易被勾出来。

让我们简单看看玩家对社交的需求。

- 硬性需求。

一些单人极难完成的游戏内容，如单人很难打得过的 BOSS、需要其他人配合的控制开关、需要消耗一千万个水晶才能打开的关卡大门，必须通过多人合作才能完成。

- 软性需求。

多人合作会有更好的结果，如更快的效率、更高的奖励（如组队就加 50%）。

- 心理需求。

玩家有心理需求，如需要友爱、关怀、排解孤独、获得成就感、排遣心情。

设计师在想着创造一些怎样的体验给玩家，玩家也在选择要玩怎样的游戏。

玩家缺什么就会倾向于在游戏中寻求什么，设计师需要做的是提供土壤，以及设计一些可供娱乐或谈笑的内容。提供一个社交平台只是基础，设计师还需要提供契机、可供议论的话题内容、可供展现的平台等。每个大型 3D 聊天室，都是因为有足够的内容供玩家去消耗和再创造才受欢迎的。要想让玩家得到其他人的关爱，就要考虑怎样让他们去展现关爱。如果什么都不做，只会让玩家功利性地去做事，那么玩家将很难做出关爱他人的行为。

心理需求可能不是玩家本来就有的迫切需求，而是被游戏激发出来的需求。

许多游戏中的社交性设计，都是从功用性入手的，期望玩家把它们深化为心理需求。也许这有点儿本末倒置，但在现实中，很多人在结交朋友时，不都是因为和对方有着共同的经历才结下深厚的感情的吗？而很多好朋友，也会因为不生活在一个地方，在现实中的交集越来越少，而逐渐疏远了。

有共同的经历是非常必要的！对游戏而言，想要让玩家有共同的经历，最简单的方式就是让他们进行各种合作，次之是让他们沟通交流。

有的游戏，限于设备，是很难让玩家沟通交流的。设计师可以就此放弃，也可以尝试采用其他的方式让玩家相互理解和沟通。比如，在玩家打败某个 BOSS 后，其面临的选择是"杀了"他或者放了他，而后他们会得到一个标记。所有选择"杀了"BOSS 的玩家都会进入一个新的工会组织，名字前出现三角星，头发变红；所有选择放了 BOSS 的玩家都会进入"救世主"工会，名字前出现十字架，头发变蓝。玩家认为谁的选择跟自己的选择是一样的，谁就跟自己更相似。

这就是用玩家选择的结果，或者他们任何的游戏表现去标识他们自身，从而使他们被别人了解和了解别人。但这种方式也有缺陷。虽然可以用更长久、更多的标识来更好地概括一个人，但标识终归是有限的，甚至可能是有欺骗性的，所以最好还是要有共同的经历。

游戏是持续一段时间的体验，并且可以根据玩家的互动产生不同的反馈和变化，这是游戏非常宝贵的一点。

试想这样的情况：两个玩家是好朋友，他们都是指挥战争的军团长，如一团长和二团长，他们不是合兵一处，一起进攻同一个敌人，而是从两个地方一起进攻同一个敌人，而且会相互影响。比如，一团长知道二团长面对敌人的远程炮火攻击很头疼，于是用他的轻骑兵先行击溃了敌人的炮兵团；由于一团的挺进，因此敌人无法合围二团。两个人即使不在一处，但由于做同一件事情而产生了联系，这也是一种共同的经历。

可以把它设计得更大一点儿，让全服务器的玩家为了抵御魔王大军的进攻而一起努力，此时打下敌人的堡垒的是一批人，打下敌人的后勤线的是另一批人，所有人都在为抵御魔王大军做贡献，这便让打下敌人的堡垒的玩家与打下敌人的后勤线的玩家建立了联系。

做社交，说到底就是在做情绪。

设计师通过设计内容，促使玩家产生情绪，以及采取实际的行动。玩家在游戏中的合作、仇视、相互利用、为他人牺牲，所有这些与他人有关的内容，都是由他们自身而起的，设计师要着眼的也是他们自身。

本章小结

在本章中，笔者讲解了非常多的心理效应，有一些心理效应经常被使用，还有一些心理效应对游戏设计而言，比较难以被直接用在互动式内容中。对设计师而言，应该多思考如何运用这些心理效应，以推动设计的进步。

游戏内容不是最重要的，因此游戏设计的重点不在于设计师设计了多少内容，而在于让玩家怎样去玩，以及让玩家在玩的时候获得怎样的体验。一切都应从玩家的角度去考虑，无论内容简单与否，他们感受到了什么才重要，设计师的着眼点是如何设计这份感受。这份感受在很多时候都是非理性的。第 1 章讲述了各种理性的、内容化的乐趣，第 2 章讲述了许多非理性的、让人着迷的心理效应。总之，设计师应采取理性或非理性的方式去设计、影响玩家的情绪。

站在情绪和体验的角度去设计整个游戏，很少有人这样做。根据目标设计游戏的做法已经指引我们很多年了，我们走过了蛮荒的阶段，现在仍有很多设计师迷茫于怎样设计好游戏。游戏是一种需要体验的东西，关乎认知和情绪，内容只是用来创造和调动情绪的方式。在笔者看来，情绪才是游戏设计的本质，我们只有站在情绪和体验的角度去设计游戏，才可以成为深入人心的设计师。

第3章 游戏历程设计

本章讨论整个游戏历程的设计。

无论游戏提供何种情绪、内容、乐趣或者策略，最终带给玩家的都是一个个的刺激，这些刺激有正、有负，有高、有低。将一个个的刺激组合起来，就会在以情绪刺激为纵轴、以时间为横轴的坐标系上形成一条情绪曲线。设计师设计的所有游戏内容、制造的压力、创造的需要玩家思考的策略点等，最终都将转化为玩家心中的这条情绪曲线。

玩家最后依据什么去评判游戏带给他们的感受呢？游戏内容只是引子，这条情绪曲线才是他们评判游戏带给他们的感受的基准。

笔者作为玩家，玩过很多游戏，其中许多游戏虽然内容丰富，但玩起来感觉不怎么样。设计师在设计游戏时，应该以什么为基准去考虑游戏内容呢？让难度一直处于玩家的极限附近，并持续几分钟，甚至十几分钟，这就是好的设计吗？设计师可以设计一些挑战关卡，也可以设计一些简单的家园任务，还可以设计一些涉及更多内容的任务，而完成它们占用玩家的游戏时间应该是多少？这也是设计师需要考虑的问题。

不应该依据想给玩家的奖励而去倒推如何设计游戏的难度和内容，也不应该认为只要把单个内容或玩法设计得很好，游戏整体就会很好。设计师需要站在一个更高的层次去规划游戏的所有内容，包括难度、情绪、持续时间和顺序，以及站在整条情绪曲线的高度去看玩家的体验。

大部分设计师很少这样去做，知道情绪曲线的人大多把它看成针对那些需要长时间体验的内容，认为只有体验贯穿整个游戏历程时，才需要去考虑情绪曲线。但实际并不是这样的，情绪曲线是如何安排一段体验的手法，而这段体验，即使短至两三分钟，也是可以的。以改编经典歌曲为例，不同的版本有不同的编曲，由不同的歌手演唱，风格也随之改变。一首歌都能有很多变化，那么平时的各种日常活动，如与其他人的一段谈话、进店购物的一段体验、看一部电影等，变化就更多了。设计师提供给玩家的游戏内容和游戏历程也是一样的，通过不同的安排，可以产生巨大的变化。

本章的主要内容就是如何安排前两章提到的玩法和情绪，让玩家在整个游戏历程中产生最好的体验。

第 3 章 游戏历程设计

3.1 变化的重要性

佛蒙特大学的研究者利用计算机、自然语言处理及文本数字化等手段，用大数据的方法分析了 1737 本故事书，总结出了 6 种主要的情绪轨迹。符合这 6 种情绪轨迹的故事，其知名度和下载量都极其可观。研究者主要采用了两种方法对故事模型进行测试，如图 3.1 所示。

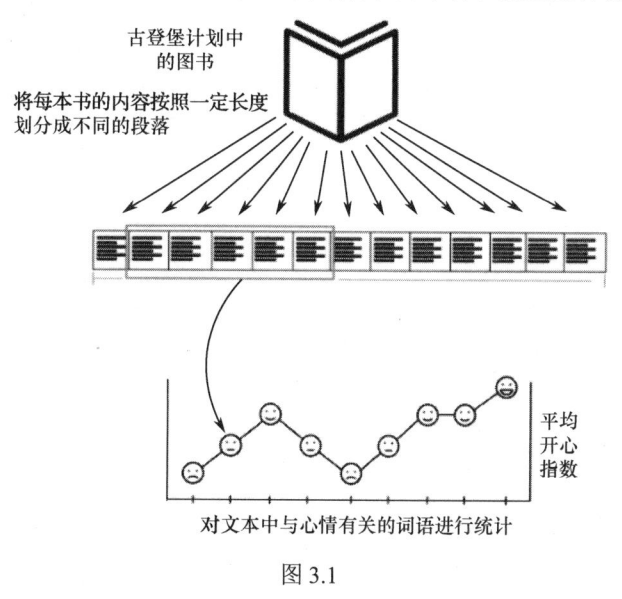

图 3.1

3.1.1 情绪曲线的构建

以上研究所用到的故事书全部来自古登堡计划。古登堡计划（Project Gutenberg）是世界上第一个数字图书馆，它将所有图书都进行了文本化处理。研究者将这些图书整理好，将每本书的内容按照一定的长度划分为不同的段落并依次呈现，用 Hedonometer 的方法来测定读者的愉悦程度，并绘制成情绪曲线。研究者分析了 J.K 罗琳所写的"哈利·波特系列"的最后一本《哈利·波特与死亡圣器》的情绪曲线。尽管该书的情节是嵌套式的，十分复杂，但根据其展现出来的情绪曲线，可以非常直接地了解读者的情绪变化，如图 3.2 所示。

而后，研究者运用主成分分析法将不同图书的情绪曲线转化成了多种故事模式，其中最为典型和突出的故事模式有 6 种，如图 3.3 所示。

- 由穷变富（Rags to riches，rise）。
- 由富变穷（Riches to rags or tragedy，fall）。
- 在陷入绝境后成长（Man in a hole，fall-rise）。
- 伊卡洛斯式（Icarus，rise-fall）。
- 辛迪瑞拉式（Cinderella，rise-fall-rise）。
- 俄狄浦斯式（Oedipus，fall-rise-fall）。

游戏设计：深层设计思想与技巧（第二版）

《哈利·波特与死亡圣器》

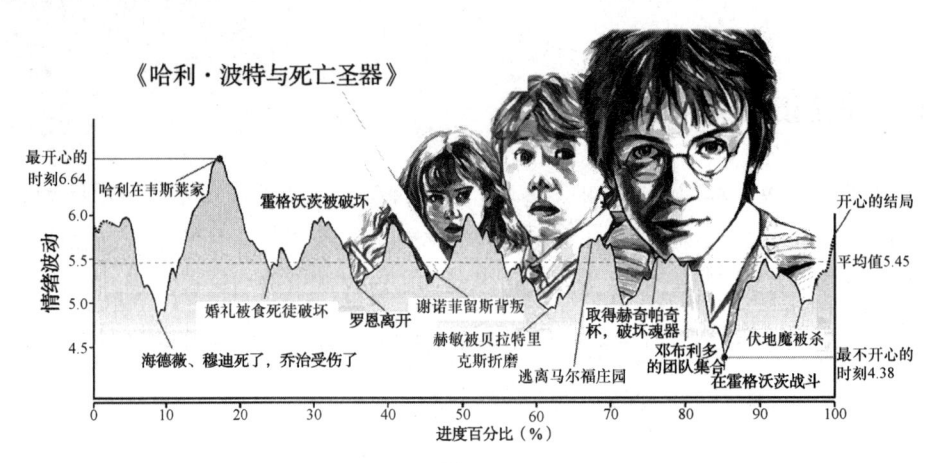

最开心的时刻6.64

哈利在韦斯莱家

霍格沃茨被破坏

开心的结局

平均值5.45

情绪波动

婚礼被食死徒破坏

罗恩离开

谢诺菲留斯背叛

取得赫奇帕奇杯，破坏魂器

伏地魔被杀

最不开心的时刻4.38

海德薇、穆迪死了，乔治受伤了

赫敏被贝拉特里克斯折磨

逃离马尔福庄园

邓布利多的团队集合

在霍格沃茨战斗

进度百分比（%）

图 3.2

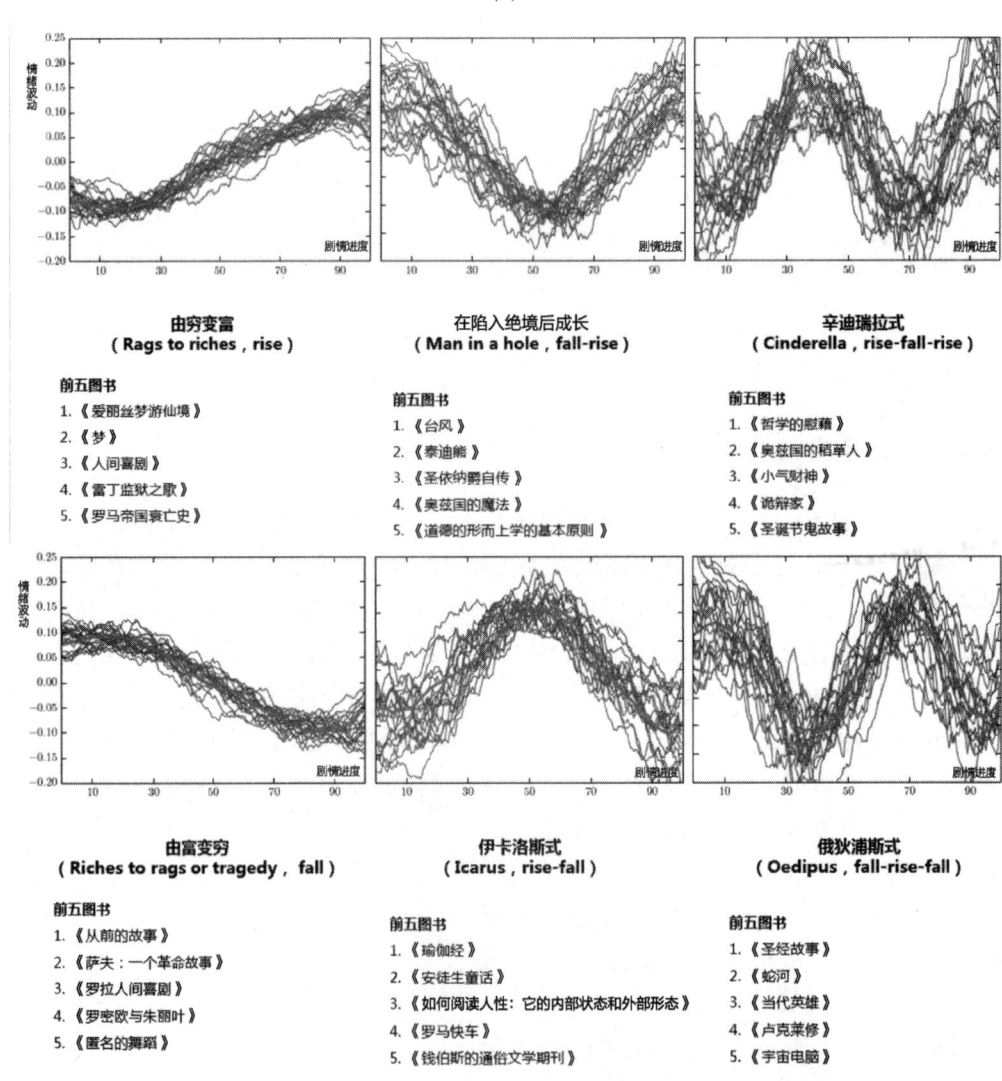

由穷变富
(Rags to riches, rise)

前五图书
1.《爱丽丝梦游仙境》
2.《梦》
3.《人间喜剧》
4.《富丁监狱之歌》
5.《罗马帝国衰亡史》

在陷入绝境后成长
(Man in a hole, fall-rise)

前五图书
1.《台风》
2.《泰迪熊》
3.《圣依纳爵自传》
4.《奥兹国的魔法》
5.《道德的形而上学的基本原则》

辛迪瑞拉式
(Cinderella, rise-fall-rise)

前五图书
1.《哲学的慰藉》
2.《奥兹国的稻草人》
3.《小气财神》
4.《诡辩家》
5.《圣诞节鬼故事》

由富变穷
(Riches to rags or tragedy, fall)

前五图书
1.《从前的故事》
2.《萨夫：一个革命故事》
3.《罗拉人间喜剧》
4.《罗密欧与朱丽叶》
5.《匿名的舞蹈》

伊卡洛斯式
(Icarus, rise-fall)

前五图书
1.《瑜伽经》
2.《安徒生童话》
3.《如何阅读人性：它的内部状态和外部形态》
4.《罗马快车》
5.《钱伯斯的通俗文学期刊》

俄狄浦斯式
(Oedipus, fall-rise-fall)

前五图书
1.《圣经故事》
2.《蛇河》
3.《当代英雄》
4.《卢克莱修》
5.《宇宙电脑》

图 3.3

我们生活中的一些电视剧也采用了以上故事模式。
- 《微微一笑很倾城》采取的是典型的由穷变富的故事模式。
- 《倾世皇妃》中的马馥雅走的是在陷入绝境后成长的路线。
- 《武媚娘传奇》走的是辛迪瑞拉式的灰姑娘路线。
- 《步步惊心》采取的是俄狄浦斯式的故事模式。
- 《W-两个世界》中的女主角走的是辛迪瑞拉式的灰姑娘路线。

这些电视剧有很高的收视率，一定与其整体剧集走向迎合观众的口味有很大的关系，核心在于这些电视剧抓住了普通人渴望逆袭的潜意识。

3.1.2 变化

能够清晰地让人感觉到的变化才是人类最在意的点。就像眼睛对动的东西更敏感，鼻子对闻过一阵的气味会麻木，人体对外界的很多感觉都是基于变化而得到的。比如，接连几天用非常真诚的语气去赞美一个女孩子漂亮，第一天她会惊讶又欢喜，第二天她还是很愉悦，但是几天之后，她就习以为常了。再如，每天给孩子一颗他最喜欢的糖，时间长了，他就不再觉得这颗糖能让他很开心了。相同强度的刺激会让人麻木，这就是感觉的变化。

从生理消耗的角度看，这个理论同样成立，下面看一个游戏的研究案例。

该研究案例包括几个结果，与上述讨论有关的如下。
- 持续高强度的情绪唤醒会让玩家产生疲劳感。
- 1~2min 的放松，能够让玩家持续地在游戏中保持高参与度。

如何让一段体验产生更大的刺激，并且让人在回味时感觉更好呢？

设计师应设计变化明显的游戏内容，去引出玩家高低起伏的情绪。

3.2 情绪曲线

较为有效的情绪曲线一共有以下三种。

3.2.1 基础式情绪曲线

基础式情绪曲线体现的是从平淡逐渐提升到高潮的情况。开头情绪比较平缓，且有正负波动，在高潮来临前有一段明显的压抑，之后再爆发，如图 3.4 所示。

基础式情绪曲线是大多数人在进行创作时会不自觉地使用的情绪曲线。笔者在上学时，由于没有学习过写作的手法，在写作时只会平铺地展开叙述，最后做出论述去点题。笔者在写作时的情绪曲线如图 3.5 所示。

一来笔者写的作文没有思想深度，二来情绪波动不够大，没有反面情绪，导致文章整体偏于平淡。

图 3.4

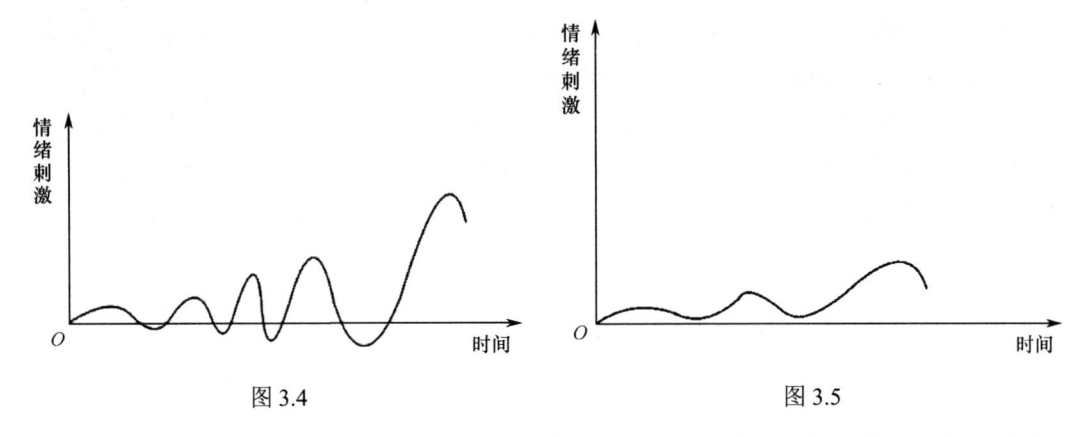

图 3.5

这是基础式情绪曲线容易陷入的困境,当没有足够深刻的情绪变化时,它就变成了图 3.6 所示的情绪曲线。

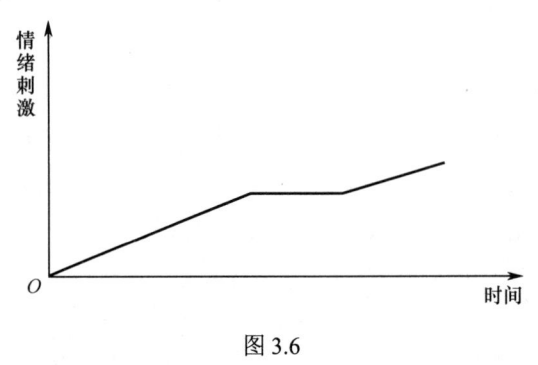

图 3.6

设计师要让玩家在体验的过程中有比较大的情绪反差,既有一马当先的时候,也有伤心至极的时候。男主角越勇猛无敌越伤心,因为此时他强大的力量,是他的爱人牺牲了自己的生命才让他获得的。让玩家的体验从一个极端滑向另一个极端,甚至在处于一个极端的同时也处于另一个极端。

基础式情绪曲线适合表现丰富的情感、巨大的波折和自我反思。

3.2.2 好莱坞式情绪曲线

好莱坞式情绪曲线是指开头就有高潮,然后情绪起起落落地逐步发展,最后以一个高潮结束。

这种情绪曲线很有效,以至于在很多地方都可以看到它的影子,如电影、神话故事、音乐、游戏。其运用方式大致是这样的:由开头的一个小高潮带动玩家的情绪,引领他们进入专注状态,随着剧情的发展,出现一个个小高潮,整条曲线逐步上升,并在最后的时刻迎来一个大高潮,如图 3.7 所示。

好莱坞式情绪曲线对于宣扬正能量、勇者精神等往同一个方向去的情绪是非常有效的。即使情绪在发展之中有波动,也能紧紧抓住玩家的心。

图 3.7

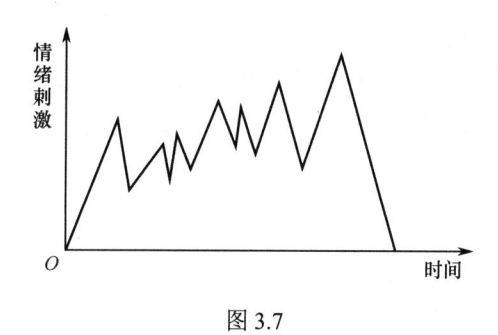

可以让情绪刺激全部在横轴之上,也就是让情绪往同一个方向去。很多乐曲体现的就是这样的情绪曲线。

也可以让曲线被横轴贯穿,也就是让情绪时而积极时而消极,但是整体走向还是一致的。此时情绪有了正、负向的变化,情绪在变化之后,需要持续一段时间,才能在人的心中留下印象,让人产生确切的情绪感受。所以这一般适合较长的一些体验。笔者在非常多的电影、文学、歌剧作品中看到过类似的安排,建议读者阅读《千面英雄》,其论述的英雄之旅的模式,既是许多从古代流传至今的神话故事的模式,也是很多当代优秀作品所使用的模式。而它包含的情绪曲线,就是好莱坞式情绪曲线。正确来讲,《千面英雄》这本书引发了好莱坞的导演和编剧使用好莱坞式情绪曲线去编排他们的故事。

3.2.3 波动式情绪曲线

波动式情绪曲线是由一个个小高潮串成的一整段体验。

在许多生活喜剧中,如《老友记》《生活大爆炸》等,如果忽略掉主剧情的发展,那么每一集的情绪曲线都是一样的,由一个又一个的小高潮组成,这些小高潮基本上持平,没有高低之分。全剧的情绪曲线其实还是遵循了逐渐上升,直至小高潮处爆发的模式,这些小高潮产生的时候通常就是其中的人物关系发生巨大变化的时候。波动式情绪曲线如图 3.8 所示。

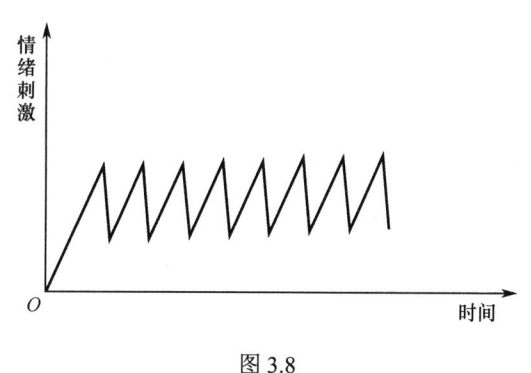

图 3.8

玩家每天上线玩游戏,都在做着同样的事情,情绪没有变化。最典型的是玩手机游戏,玩家每天上线,扫荡完各个副本,等待限时活动开启,如果还有时间,就在野外挂机,一整天下来并没有太多情绪的变化。

当然，游戏不是完全重复的，玩家可以购买新的人物、新的技能，让自己的游戏操作有所改变。然而，游戏带给玩家的体验，依旧鲜有改观。

在图 3.9 所示的游戏 *The Flame in the Flood* 中，玩家一开始对到达的每一个小岛都很好奇，根本不知道这里会有什么资源和怪兽。但在玩家多探索几个小岛之后，情节就开始重复了，其带给玩家的体验并没有特别的改变。

图 3.9

笔者并不是很喜欢这种曲线，因为它没有明显的变化。对喜剧而言，每一个笑点都足够刺激，每一个笑点都是不同的。对游戏而言，设计师不可能做到让每次设计的内容都不同，设计不了那么多的内容。如果每天的游戏过程都是类似的，那么玩家就很容易将游戏看透，然后就会厌烦。

无论如何，设计师都要让玩家看到游戏外在的改变，产生情绪的变化。即使每一个刺激点都类似，埋藏的剧情线也要有变化。

3.2.4 三种情绪曲线选哪种好

对于基础式情绪曲线、好莱坞式情绪曲线、波动式情绪曲线，选哪种好？这要根据游戏内容而定。如果是追求快感的游戏，那么就选择好莱坞式情绪曲线和波动式情绪曲线。如果是讲究更深层情绪的游戏，那么就选择基础式情绪曲线和好莱坞式情绪曲线。对于好莱坞式情绪曲线，设计师需要考虑当玩家每天刚刚上线时，是否立刻制造一个高挑战的高潮，或者制造一个低挑战的热身。

现在很多游戏在玩家每天上线后，都会给玩家提供每日奖励之类的东西，这是高潮吗？并不是，每日奖励对玩家而言是一种具有确定性的东西，玩家在获得奖励后会产生获得感，但不会认为这是一个高潮。每日转转乐是高潮吗？现在的玩家已经不相信每日转转乐了。尽管在转盘转动的过程中玩家会产生一些期待，但奖励的程度才是决定情绪能否达到高潮的关键。并且由于转盘转动时间过短，玩家又没有参与其中进行操作，因此很难产生一个高潮。

可行的做法如下。

首先，现在很多游戏中都有各种各样的系统，如普通模式、精英模式、PK对战、爬塔等。修改它们的出场顺序，并且限定玩家玩这些系统的顺序，可以实现情绪的改变和积累。或者专门为了体现某种情绪曲线而设计系统，然后再看这些系统和行业中哪些常见的系统相似。

比如，将第一段设计为平稳上升的小铺垫，假设这是一款ARPG游戏，那么在第一段可以让玩家操控英雄角色去操练小兵，并且让玩家操控的英雄角色变成小兵，执行巡逻、探索、侧翼进攻敌阵之类的任务。在第二段，任务是控制小兵，让他们跟随玩家操控的英雄角色去进攻一些神奇的生物，如巨魔、蜘蛛女王。但是玩家操控的英雄角色作为NPC，在对抗BOSS时并不是很顺利。玩家需要控制好英雄角色，使其避开BOSS的攻击，然后打开某些机关，或者执行搬动蜘蛛女王的卵之类的任务，扰动BOSS，创造进攻机会。此时玩家操控的英雄角色需要多久才能击败BOSS呢？以前玩家总是嫌弃游戏里的NPC弱，现在NPC是玩家自己操控的英雄角色，如果需要打太久，玩家就会觉得自己弱。此时设计师可以提供一个反向的动力去驱使他们增强操控力。接下来，就可以回归到普通游戏中的各种模式了，在玩家每日游戏历程的后半段，把最刺激的部分搬出来，如PK部分。

其中，前面每段之间的过渡，比如第一段与第二段之间的过渡，可以是强制性的，对于后面几段之间的过渡，可以给予一定的自由度。比如，在玩家将第三段打了两三关之后，就给出第四段的通行门票、体力点之类的东西，允许玩家跳过第三段进入第四段，或者直接开放第四段和第五段，让玩家自行选择。

另一种做法则是把一切交给动态规则，包括动态事件/任务，以及每个动态事件/任务的难度和奖励。在设计一个开头之后，要依据想要的情绪变化和设定的规则，随机安排合适的游戏内容。设计这样的游戏内容并不难，只要游戏一开始是这样设计的，那么此时就会这样去做。

3.2.5 体验的中断和游戏的中断

有时设计师期望设计一段有挑战性的内容，让玩家进入心流，但难度的设计不可能总是贴合玩家的能力，有时也会超越玩家的能力，让玩家感受到压力。这可能导致的一个结果就是，玩家挑战失败，体验产生了中断。这是比较纠结的一个点，设计师期望玩家的体验不中断，期望玩家能够流畅地玩下去，这样就不会产生太多的重复，让游戏变得无聊，让玩家变得烦躁。设计师的刻意设计或玩家不同的能力情况导致了玩家体验的中断，此时要再想达到那个情绪高度，可能就要从头开始了。

可以用更短的存盘点来弥补这一点，甚至可以采用没有死亡惩罚之类的手段来防止体验的中断。其实惩罚有时也是有必要的，它能够让玩家认清自己。

问题是均衡点在哪里。

首先，不要将游戏的中断当作体验的中断，要把游戏的中断当作体验的一部分，再去设计它。

在戏剧中，人们会设置伏笔、悬念，会故意停止，不去讲接下来的内容，从而让观众的情绪积累起来，设计师应把游戏的中断也当成类似的情况去设计。设计师应先思考需要设置多少伏笔、多少中断，以及在每个中断之后，玩家需要再次体验的内容是怎样的，再去思考如何对待这些中断。比如，要让难度迅速达到玩家的能力极限，这是一种在每次玩家的体验中断之后，让他们的体验快速回到原位的设计。

也有很多游戏，其存盘点距离玩家死亡的地方很远，这意味着玩家需要再次体验很长一段不怎么具有挑战性且已经体验过的内容。一般而言，玩家很快就会感到无聊和烦躁，特别是在他们多"死"几次的情况下。有时设计师会把这个过程当成挑战的一部分，比如，玩家操控的角色有 100 点血，在打倒 BOSS 之前，如果耗费了太多血量，那么就更难打倒 BOSS 了。但真的有必要让玩家每一次都从头开始吗？如果在打倒 BOSS 之前设计一个存盘点，那么玩家在血量较少时，就可以选择保存游戏进度，接受当前状态，以便后续重新挑战。如果他们觉得有必要重新开始，就让他们自己去读档，这样岂不是更好？同理，打倒 BOSS 的战斗时间比较长，有多个阶段，如果每次都要从第一个阶段开始，有时也是很烦人的。虽然设计师埋了伏笔，但当下次再接上这个话题时，没人愿意再看一遍剧情回顾。

设计师应该根据游戏节奏的快慢去考虑游戏中断的次数、重复内容的长度，以及回到原来情绪节点的方式和时间。

其次，要将游戏的中断当作真正的中断，即玩家停止玩游戏去做别的事情。

游戏的载体是电子设备，设计师可以设定各种规则，即时更改内容。玩家在情绪曲线上的某个时刻中断了玩游戏，当他们回来时，应该给他们提供怎样的情绪曲线呢？是从中断的地方开始还是从头开始呢？

设计师应该先根据游戏体验的类型来做初步判断，再根据中断时间的长短做二次判断。

如果是线性的游戏体验，那么可以从中断的地方开始。如果是开放性的游戏体验，那么要根据中断的时间来定：如果中断的时间比较短，就不要去改变，让玩家从中断的地方开始；如果中断的时间比较长，那么根据中断和重连的时间来判断玩家是否会忘掉之前的体验。比如，玩家从早上 8 点开始玩游戏，玩了 1h，然后中断，去干别的事情，到晚上 9 点才回来继续玩游戏。虽然玩家还记得早上玩游戏时的体验，但是我们认为玩家回归游戏时的心态已经归零了，那么就可以让动态难度系数回归基础。如果每一次都从头开始，就可以让动态难度系数归零。

反过来，如果游戏提供的只是一个简单的开放世界，其中并没有制造动态事件、概率性事件这些任务，只有固定的支线任务，那么就没办法了。针对这一点，设计师可以多采用动态规则的设计方式，以更好地设计玩家的情绪曲线。

3.3 基调

以前在设计单机游戏时有一个方法，这个方法被称为"30min 定律"，就是每隔 30min 给玩家提供一些新的道具、新的技能或者新的区域。当然，30min 只是一个概数，25min

也行，35min 也行。如果将间隔的时间再延长一些呢？

平时决定间隔时间的依据应该是玩家体验游戏内容的时长，假设游戏内容的体验时长预计为 30min，由于玩家对关卡不熟悉，在失败了很多次之后才通关，导致体验这段内容的时长变成 1h，甚至更长。在这 1h 的体验过程中，玩家真的松懈了吗？真的觉得很无趣吗？

所以，最终决定间隔时间的依据是玩家的投入程度，而不是玩家体验游戏内容的时长。时长短、进度快的游戏内容，可以让玩家保持投入；时长长、多重复的游戏内容，也可以让玩家保持投入。不同的进度被人们感受为节奏的快慢，它们都是有效的。对于这些，设计师在设计时是可以选择的，即让玩家的操作频率是快一些还是慢一些。

这些就是一款游戏的基调！很多不同的歌曲，虽然节奏不同，但都可以感动人。

那么游戏有哪些可用的基调呢？设计师可以参考编曲思路来决定游戏的基调。

按照编曲思路来设计关卡的内容和流程，应先找一首自己喜欢的歌曲，仔细听，体会其中情绪的变化过程，再用游戏的方式去重现其情绪变化。体验一下不同风格的音乐，感受一下它们是如何让听众感动的，感受一下它们的节奏和旋律的变化。

这些不同基调可以概括为轻、重、缓、急。

- 轻，对应怪物少、怪物容易打、角色移动的速度慢。
- 重，对应强大的怪物、震撼力十足的互动或镜头效果，需要玩家集中注意力。
- 缓，对应放松的时刻、一大段没有怪物的过程、剧情平铺、陷入 Debuff。
- 急，对应玩家需要快速多次操作、面对多个目标、迅速避开危险。

轻、重描述的是游戏的难度，缓、急描述的是游戏的节奏，将它们结合起来可以得到 4 种基调的组合，下面逐个讲解。

3.3.1 轻和缓

比如，《玫瑰人生》《散步》这些乐曲，节奏不快，旋律变化不强烈，配器遵从基本原则，各声部的音量均衡，使用长时值的音符，给人的体验是轻快、舒缓。

下面仔细描述游戏中的对应做法。

- 这些乐曲不会给人紧迫感，对应到游戏中就是挑战难度低，但不代表完全无挑战，玩家可以流畅地完成这些挑战。比如，设计一些跳台，但跳台间的距离很短，玩家很容易通过。
- 也可以连续出现多个深渊，但是深渊之间的间隔较长，玩家容易跳过去。
- 或者出现几只伤害力小的"波利"。

即使我们一直听这些乐曲，也不会觉得烦闷。因为其轻快的旋律中也有轻重音的变化，这种变化就是歌曲律动的表现。

设计师可以通过一些动画来表现拍点，比如，让角色在一段平坦、无怪物的道路上向前跑，在角色每跑一段路程后，就在背景中播放烟花、星星等奖励性的光效。

设计师也可以用游戏奖励来表现拍点，如用跑酷类游戏中的金币。

在实际的音乐编曲中，节奏是非常重要的。拿 4/4 拍的音乐来举例，古典音乐的强弱规则是强弱次强弱，重音被放在 1、3 拍上。重音的改变可以直接导致音乐风格的改变。比如，雷鬼音乐的重音被放在 2、4 拍上，它听起来就是咚↓、嗒↑、咚咚↓、嗒↑。这些拍点就是图 3.10 中的大金币和怪物的出现，以及怪物的一次强力攻击等。我们没有必要将每段游戏历程都设计得这么仔细，但心中要有刺激度的节奏变化这个概念。

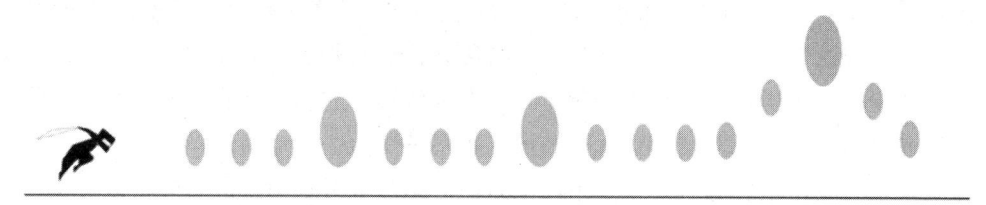

图 3.10

有些乐曲还传达了另一种情绪，给人的体验更偏向于悲伤、忧郁，如 *Oblivion*、*Nearing the End*。

很少有游戏会去表现哀愁、伤心，这与游戏的定位有关，但这并不代表不能在某一时刻把这种体验带给玩家。

先讨论一下这类乐曲的特点。

- 使用的乐器少，旋律声部单一，没有节奏声部。这在游戏中表现为：界面元素简单，色彩不鲜艳，需要玩家注意的目标少。
- 多使用小调调式，音程跨度大的音少，旋律波动趋于缓和。这在游戏中表现为：需要玩家进行的操作少，角色的移动幅度或者可操作幅度小，动作激烈程度低。
- 多使用小三和弦、七和弦与减和弦。这些和弦让人觉得悲伤、忧郁。这在游戏中表现为：让玩家面临一些易导致悲伤的互动，如护盾破裂、生命值缓慢下降、当面对黑暗且危险的环境时火把逐步熄灭；让玩家不得不抛弃自己心爱的东西或者队友，否则就会死亡；让玩家看到过去的东西，看到已经失去的东西；让玩家面对碌碌无为的、无法逆转的未来。

悲伤、忧郁等情绪不适合被用在游戏中，但是如果被使用了，则会让游戏内容更加丰富，让角色的形象更加有血有肉。

3.3.2 轻和急

轻和急囊括了低难度和快节奏，是最容易给玩家创造短时刺激和快感的组合。

比如，*Diablo rojo*、*To victory* 这样的乐曲，简直让人听了就想动起来！

这些乐曲实际包含如下内容。

- 急促的鼓点节奏，多乐器合奏。这在游戏中表现为：多目标、快速操作。
- 旋律轻快，多是短音符，律动连贯，没有经常性的停顿，很少使用切分突出重音。这在游戏中表现为：操作难度不大；操作流畅，这类游戏在一开始就不采用强调物理惯性的缓慢的操作方式；打败敌人的难度不大。
- 乐句变化快、所使用的乐器种类多。这在游戏中表现为：游戏背景、关卡进程、敌人类型变化快；光效展示、动画展示丰富。

轻和急适用于表达紧张的情绪，以及快速变化但并不非常危险的游戏历程。

这类节奏很容易调动人的情绪，提高玩家的唤醒程度和参与程度，可以作为一个热身被放在挑战关卡的开始。

3.3.3 重和缓

高难度、高专注度和较慢的节奏，传达的可以是悲痛的情绪，也可以是沉重得让人喘不过气的情绪。比如，*Hurt*、*When It All Falls Down* 这些乐曲的节奏。

这些乐曲实际包含如下内容。
- 节奏缓慢。这在游戏中表现为：敌人或者操作点不多。
- 乐句长，律动无变化。这在游戏中表现为：减少玩家的操作。
- 在高潮部分，增大演奏乐器的力度，突出有震撼力的低音乐器。这在游戏中表现为：有从造型到能力都很强大的敌人；有更强大的各种负面效果。
- 旋律下行，多用小调和弦与减和弦。这在游戏中表现为：玩家的攻击效果很差或者无效；战胜敌人后没有奖励或者奖励很少；玩家将会不可避免地受伤，并且表现突出，比如为了保护身后的NPC，玩家操控角色去当肉盾。

可以设计这样的情节：玩家必须使用能量炮去击败一个本来无法击败的强大敌人，然而每发能量炮的炮弹都是玩家身后许多自愿为其牺牲的士兵的灵魂。

或者玩家已在努力操作，但他心爱的一切依然被摧毁。比如，他的城堡面对许多敌人的投石车来袭，玩家努力地破坏眼前的投石车，但是一辆投石车被毁了，后面还有无数辆投石车在靠近，炮弹铺天盖地地飞过来。玩家在做着注定无效、苟延残喘的努力。再如，玩家和伙伴们在某个塔顶，突然BOSS降临，把玩家震飞出去，玩家在爬塔去救伙伴的过程中，每爬上一层就看到一部分伙伴的躯体被抛下。这些情节让玩家愤怒，但又因为无可奈何，愤怒转为悲愤。

大部分游戏提供给玩家的都是让他们获取更多资源或者击败敌人，若打算让他们体验失去或者悲痛，就需要设定新的操作规则。这种情绪也很少在游戏中被使用。

还有一些乐曲，如 *Dungeon*、*Darkest hour*，这些乐曲给人以危险将近、危机感压顶的感觉。

和前面那些乐曲相比，这些乐曲传达的情绪要好很多，因为其展现的不是失败的、消极的结果，而是情节逐步推进的情况。

因此，在游戏中需要这样设计。
- 敌人不多。

玩家需要良好地运用游戏角色各方面的能力。

在游戏过程中没有提供恢复点或者恢复道具，而战斗要持续一段时间；玩家拥有的资源越来越少，敌人却越来越强大。

- 打败敌人的难度逐步加大。

玩家很费力才能击杀一只怪物，在每一次战斗时都有相当大的压力。

可以存在未知和强大到无法打败的怪物，让玩家真正紧张。

- 提供较长的思考时间，但是策略深度更深，要求玩家进行强度更大的思考。

3.3.4 重和急

重和急在游戏中表现为：操作难度大，操作要求多，挑战接连不断地到来。

这类乐曲太多了，很多史诗乐曲、ACG 中热血的战斗乐曲都属于这种类型，如 *Destiny*、*Ultraviolence*。

在游戏中营造这种气氛需要以下因素。

- 强大的敌人。
- 较高的操作精准度。
- 多次连续操作。
- 动作的定格、减慢，大幅度的光效和场景特效。

区分"重和急"与"重和缓"，关键在于操作的密集度和连续挑战的间隔。

"重和急"要求玩家进行多次间隔短的操作。这适用于一场战斗、一个关卡的结尾或者一个跑酷类游戏的关卡，或者持续时间并不长的挑战。

抛开音乐，反过来考虑一下这种体验对玩家意味着什么。

意味着巨大的挑战，意味着一段历程的终结，意味着拼搏和奋斗的时刻，意味着一个情绪的高峰。

如果反复让玩家处于这种情况中，玩家就会变得麻木。难度是对比出来的，如果游戏一直很难，玩家就会认为这是一个高难度的游戏，而不是把这段内容当成游戏中的一个难点。

在一首乐曲中，节奏是随着需求的变化而变化的，鼓点的强弱和快慢、其他乐器的烘托，一起创造着乐曲旋律的起伏。上述四种基调可以互相变化和结合，来帮助设计师设计游戏。在实际编曲时，编曲者会在想好一段主旋律或者一个主题风格之后，规划好整首曲子的各个段落，接着要确定每个段落中各个乐句的律动、旋律与和弦。在每个乐句内，旋律也是有变化的，4/4 拍是强弱次强弱，3/4 拍是强弱弱，而跨乐句的旋律会让节奏和音的长度有所变化。所以在进行关卡设计时，在从开始到高潮之间，应考虑设计出不同的关卡变化。

这里的"基调"其实并不完全等同于音乐中的节奏，节奏类型在一首曲子中是很少变化的，这是曲子赖以形成风格的重要部分。基调体现的是一段体验的刺激性和互动性，是针对游戏这类互动式体验的概念，用来描述一段体验刺激点的密集程度和强弱程度，以及一定的情绪倾向。

比如，要在游戏中设计一个端午节活动，已经预设其包含采集和战斗的内容，那么在这个场景内，采集物应该有多少呢？采集时间应该是多久呢？采集物的刷新间隔应该是多少呢？允许玩家对战吗？与玩家战斗的怪物在何时、何地出现？整个活动的体验历程是怎样的？有因剩余时间变化而变化的内容吗？与之配套的光效和奖励如何？

将这些问题的答案定下来，就是定下了玩家参与这个活动的情绪历程。要做好整个游戏的设计，就要先定好游戏内容的基调，再考虑上述各种内容应该达到怎样的刺激度和频繁程度。

3.3.5 关卡曲线设计

最合适的关卡曲线如图 3.11 所示，但并不是说每一个关卡都应按照这条曲线去设计。好比听不同的乐曲，很多乐曲的前面都是铺垫，后面都是高潮，听众们听久了就会烦，也有采取其他模式让人眼前一亮的乐曲，如贝多芬的《命运交响曲》。无论采用何种模式，都会在最后推出一个高潮，这跟人类的思维模式是一致的，就是会有峰值和近因效果。

不过这里讲的是单个关卡的设计，如果在一个大的章节中，就不一定要这样设置情节了，完全可以让其中的某一个关卡在低潮处收尾。一般而言，不要将低潮设置在玩家一段体验结束时。也就是说，不要让玩家每天的游戏历程结束于低潮，应该让低潮只是他们体验过程中的一段。

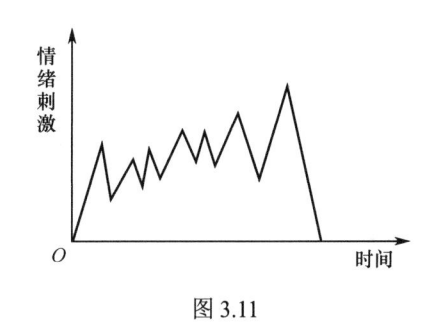

图 3.11

这里依旧使用音乐来做类比。音乐其实相当讲究起落，一般按照节奏的快慢，将 4 个小节或者 8 个小节归为一个乐句。第一个乐句称为起句，一般是情绪提起、累加、上升的一个乐句。第二个乐句会是一个答句，无论是在古典音乐中，还是在流行音乐中，第二个乐句的旋律都会回缓、下行，主要落在主和弦音上，对应于起句，相对平稳，仿佛作答一般。在一些舞曲中，这种起和答的互动更明显。乐曲用不同的乐器演奏起句和答句，模拟男士和女士之间的互动，如乐曲 *Regreso al amor*。

在这首乐曲中，用班多钮手风琴比喻男士，用小提琴比喻女士。因为这是一首相对比较哀怨的乐曲，不是一首具有趣味性的乐曲，所以在开头用手风琴和小提琴合奏时，小提琴在很低的音域填补了手风琴句尾的空白，仿佛女士在无奈、哀怨地说出"是啊"。接着将小提琴作为主乐器演奏，同样是在较低的音域上奏出旋律，仿佛在男士说过话后，女士低声地讲述她自己的感受。我们可以听到第一个乐句是 16 个小节的手风琴和小提琴合奏，之后是 16 个小节的小提琴主奏，渐慢之后是以小提琴为主、手风琴为辅的合奏，然后变为以手风琴为主、小提琴为辅的合奏……

这是一种具有持续性的体验，这种音乐作品也会强调起和落，并注意起和落的交叉、长短。同样，在单个关卡的设计上也应该体现起落、快慢，即在一段高潮之后，接一段低潮，然后是下一波怪物的进攻。

比如横板过关类游戏，本来笔者是这类游戏的忠实粉丝，但在体验某款该类型的游戏时感觉不太好，玩了不到三分之一就放弃了。现在回想起来，它有一些地方没有做好，如游戏节奏。笔者认为设计师没有从体验的节奏性这个角度去考虑，在这款游戏中，关卡的节奏性是有的，但它是自然形成的，不是人为设计的。其中有几个关卡的节奏和音乐的节奏一样，压得很准，但两者是不一样的，跟着音乐的节奏不代表就是在设计玩家的操作节奏。最终这种节奏无变化的体验流程就会让人们很快厌烦。

下面详细探讨一下在设计关卡时需要考虑的地方。

1. 设计游戏节奏

设计师设定的游戏节奏肯定不可能完全符合所有人的心理最佳节奏。

设计师可以通过与音乐的绝妙配合，把一个关卡的节奏清楚地传达给玩家。比如，只使用一首背景音乐，而且让游戏中操作的节奏和背景音乐的节奏保持一致，借由音乐的快感带给玩家玩这个关卡的快感。但不可能让每个关卡都使用不同的背景音乐，不能完全要求玩家没有回旋余地地被关卡进程推着走，并且任何一首乐曲的节奏不可能被所有玩家喜欢。玩家对一个关卡节奏的体验包括各种互动操作、光效、声效，以及对如何对付怪物的思考等。设计师可以通过设计操作密集的关卡内容来让其节奏符合更多人的心理节奏，这就好比越小的数字越容易被更多的数字整除，但也不能太频繁地使用这种会提高紧张度的设计。

所以最好的方式是让玩家自己设定游戏节奏。比如，《奥日与黑暗森林》中银之树的BOSS关卡，如图3.12所示。

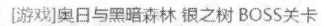

图3.12

在该游戏中，玩家操控的角色可以在接近敌人或敌人的炮弹时使用弹射技能。此时会有几秒钟的时间静止，而这段静止的时间，既是提供给玩家进行操作的反应时间，也是提供给玩家设定游戏节奏的时间。玩家可以根据能力、心情、熟练度调整自己的游戏节奏。

2. 不要让一段体验的刺激度均匀不变

图 3.13 所示为某款游戏的某一个关卡。

图 3.13

这个关卡的内容是，主角被恶龙追逐，然后需要一直不停地奔跑，以通过这个关卡。主角的移动是匀速的，追逐的恶龙也一直是匀速的，两者几乎一直保持着相同的间隔，这就不太好。主角只差一点儿就要被恶龙咬到了，这确实能够让玩家产生紧张感。但如果一直保持这样，紧张感反而会减弱。让恶龙时而临近主角，时而远离主角，这样才能让玩家更紧张。

好比被人用针扎手臂，如果针一直保持一个深度，确实让人感到很疼，但过一会儿就麻木了。如果扎针有深有浅，那么人就会一直对疼痛保持敏感。

紧张感也需要有变化、有张力。

图 3.14 所示为某个关卡中 BOSS 举起手示意玩家其要在这里拍下。BOSS 是一直举着手的，这除了少了变化的丰富感，最重要的是少了危险临近的紧张感。因此，BOSS 应该由慢到快地做出一个拍击动作，而用影子和半边身体的动作变化就足够给玩家提示了。

图 3.14

如果增加"对危险的预期"这一设计，那么在这一整段时间内就会让玩家产生紧张感。

同时，这个角色没有快速移动的技能，在游戏中是匀速移动、躲闪的，虽然这样也能够产生那种差一点儿就被攻击到的情景，但和角色能够快速移动的游戏相比，明显少了很多紧张感。

让玩家焦虑地等待的游戏设计也是很重要的。再以《奥日与黑暗森林》为例，图 3.15 所示为奥日站在一座高台前，由于高台的边缘布满荆棘，他无法攀爬上去，必须等到高台边上的怪物吐出跟踪光球后，才能借助跟踪光球攀爬上去。此时底下的水一直在上涨，在玩家从右边的树洞里出来到站在高台下的几秒钟的时间内，奥日必须等着，等待怪物吐出跟踪光球。

图 3.15

这段等待的过程配合下面水流上涨的危险，能够营造出非常棒的紧张感。这是一种故意放慢游戏节奏的手法。另外，水流的速度也是跟随角色的变化而变化的。

3．机器般的操作

在设计师设计玩家与 NPC 之间的互动时，经常出现一些不太好的情况。大部分情况是 NPC 反应不及时、不正确。比如，不到一定的位置，小精灵 NPC 不会触发开关，而这个位置经常在跳台的边缘、深渊中间的最高点，或者是某个操作的临界位置。在速度快的横板过关类游戏中，触发范围太小导致留给玩家的操作时间非常短。如果游戏自身速度快，玩家为了能够正确地操作，不得不停下来让自己有足够的反应时间，那么游戏节奏就被拖慢了，同时操作也会变得冗余。

一些一连串的奖励，有时也会变成让玩家厌烦的关卡记忆要求和操作要求。比如，在关卡设计中，不在正常的关卡流线上设置奖励，或者需要玩家进行超过极限的操作才能获得奖励。也就是说，玩家需要去记住在什么位置操作、如何操作，才能获得奖励。如果玩家每次都得不到奖励，内心就会感到失落。如果还要求玩家按照顺序从头吃到尾，那么玩家就仿佛变成了一台机器。

如果设计师设计了太多玩家与NPC之间的互动，就会有太多的地方都要求玩家进行精准的操作，最终会使通过每个关卡都变得像通过普通游戏中的最终关卡一样难。

在设计易学、难精的规则时，不用让它们时时刻刻出现，让它们只在几个点出现就够了。

关卡节奏何时起、何时落呢？这就像音乐一样没有定式，设计师在掌握了工具之后，可以依照自己的意愿去创造。

3.3.6 多角色、多线程

多角色的叙述方式能够让作者更完整地展现他的故事世界。既然是多角色，那么主角就不限于一个。由于单个角色的视角有限，因此多角色的叙述方式还有助于创造和控制悬念。站在体验者的角度来讲，多角色的叙述方式能让设计师更好地控制情绪曲线，因为某个角色的冒险历程不可能总是符合设计师想要的情绪曲线。比如，可以在第一主角处于低潮时，利用其他角色去创造情绪高潮。

设计师并不想让每个故事都成为"英雄之旅"，希望有一些不一样的历程，如果游戏中有多个角色，就可以利用其他角色的起起伏伏带给玩家情绪变化。在《降世神通：最后的气宗》这部动画中，前四十集的节奏和内容非常值得称赞，在主角安昂一行人四处拜师和解决各种小问题时，设计师就让其他角色去制造紧张感，调动起观众的情绪。

有多少游戏用过多角色的叙述方式呢？很少。一个主角的体验都做不来，哪里还有精力去设计其他的角色呢？使用多角色实际上只是从另一个视角帮助推进游戏历程，并不是推出一套全新的玩法或者控制模式。就像前面提到的，玩家在每天上线后除了操控主角，还可以通过操控小兵获得一段体验。这是一个思路，做法可以灵活选择。

3.4 设计内容

现在有了各种工具和设计的倾向，应该设计一些什么内容呢？

设计师可以从三个方面去考虑：创造期待、拉入主循环和有力的结尾。

3.4.1 创造期待

创造期待应该根植于玩家对游戏体验最根本的期望，如对玩法和乐趣的期望、对社交功能的期望，以及对其他功能的期望。设计师应该先思考游戏的类型和广度，决定它要满足玩家多少方面的需求，然后再创造玩家对游戏各方面的期待。

1. 设定一个目标

有没有目标将直接影响玩家对整个游戏历程的期待程度。

只有一种方法可以抵消没有目标的副作用，就是将游戏的节奏设计得特别快。但无论是怎样的节奏，当有目标时，游戏历程都更容易让玩家集中精力和心怀期待。

对比《降世神通：最后的气宗》和它的续作《降世神通：科拉传奇》，《降世神通：最后的气宗》一开始就把"火之国导致天下不平衡，神通能够使天下恢复平衡"这点指出来，并且用实际情况展示了火之国对其他国家的侵略和对神通的追杀，目标明确又迫切。而在《降世神通：科拉传奇》中，就没有这么明确的目标了，设计师把剧情更多地放在了科拉自身性格的养成上，这样做一来没有将目标表达清楚，二来不容易让玩家对剧情产生期待。

在《冰与火之歌》的前几卷中，天下逐步混乱，角色很多，玩家找不到一个主角，也没看出来整体的目标。但是在它的情节展开之后，一些角色自身的目标和玩家感受到的人民的期望，就逐步转化为游戏的目标，即狼族复兴、龙女复辟、抵御异鬼。有了这些目标，才促使玩家继续玩下去。

如果一个故事、一段体验没有目标，很快所有内容就会成为一盘散沙，玩家看着其中的角色起起伏伏，也感觉不到有何意义。

那么应该如何做呢？首先，如果要让一件事情真的成为某个人的目标，就不能只是说说而已，那样最多使其成为一种说法。如果要让玩家认可这是一个目标，就要做更多的展示，或者让其对角色产生确切的影响。

比如，设定打败大魔王的目标，就不能只是说说而已，还应设定一些规则：大魔王应该摧毁玩家所拥有的东西，或者占领玩家的领地，剥削他们，还不时出现并伤害他们；游戏的关卡被大魔王占领，玩家就不能再进入了，必须把大魔王赶走才能进入；玩家每次通关之后的奖励，都会被大魔王拿走最好的一部分。只有设计这些有实际影响的规则，才能够让打败大魔王这个目标真正成为玩家的目标。

在《神鬼寓言》中，玩家一开始扮演一个小孩子，生活在一个小村庄中。在新手阶段过了之后，这个与玩家建立起联系的小村庄立刻就遭到强盗的入侵。主角的父母被杀，整个村庄被毁。此时玩家的第一个目标就很明确了，即找强盗复仇，而且这是玩家自己内心的目标。

反例则是，开篇大魔王出现了一下，在杀害了某个NPC之后，玩家开始通过新手关卡，但新手关卡与之没有任何关联，接着就开始每天重复地刷游戏，玩家都不知道为什么要这么做。这样的游戏在情绪方面显得很单薄，只能用玩法来吸引玩家。

2. 创造预期

展示剧情是创造预期的一种方式，但不是创造预期的核心，我们要创造的是"一个世界"，剧情只是其中的一块碎片。这个世界包含的内容可以是探索欲（《洛克人钢铁之心》），也可以是玩法（《暗黑血统》），还可以是征服和占领（《大航海时代 4》）。如果选定了一个方向，就要在最初阶段向玩家展示这个方向，把这方面的信息传递出去。

在《武林群侠传》中，让玩家操控的角色"小虾米"在入城后看到自己仰慕的大侠的雕像，在他能力低微时，向他展示各种武林世界中的人和事，以及各种成长的可能性，让他结交各种朋友。这些都在向玩家暗示，在之后的游戏中将有一个波澜壮阔的江湖在等着他。

仔细来看，它采用了哪些方式来勾起人们的期待？
- 玩家操控的角色的能力差，其他 NPC 的能力强大。
- 玩家操控的角色结交各种朋友，有好有坏。其他角色的存在就代表了玩家以后可能的成长路线。
- 提供了一些能力值，并在中期解释和扩展了这些能力值，解锁各种新武功（技能）。
- 描写玩家操控的角色自身对某个大侠的仰慕，不是创造期待，而是创造目标。
- 极其功利的一条：达到某个条件，可以给予他想要的某些游戏中或游戏外的奖励。

采用剧情文本和动画，实际是采用一种最廉价和快捷的方式来帮助玩家创造期待。

再举个来自 IXDC 的例子。

在测试一款 MMORPG 游戏的过程中，在看到一个画面时，玩家表现出了很积极的情绪，同时他的紧张感也在上升。这个画面非常明确地给出了一个提示，即"您正式开始 PK 旅程"。

玩家在看到这个提示后就出现了心流，即使这样一个非常小的提示，也给了玩家一个非常明确的预期，使玩家的心流体验提升。

这说明了创造预期的作用，这些预期让玩家在还未实际体验到该部分内容时就已经兴奋了起来。

3．玩法演示

没有什么比让玩家自己直接体验一次更直接和有效了。

比如，让玩家操控的角色在游戏开始时超级厉害，在玩家体验了之后，这个角色就会因为剧情的安排而功力大减，此时玩家需要从头开始。但至少在开头，玩家体验了玩法。

还可以换一种做法，在游戏开始时，让玩家操控的角色只是普通人，只是因为情况危急而使用了某块宝石，然后功力大增，获得了一两项特殊的技能，打败了 BOSS，获得了战利品。与上一种做法的差别在于，这里展示的是玩家在游戏中段的部分能力，玩家还会对最强时的能力充满期待。

也可以采用更温和的方式，让展示玩法的不是玩家操控的角色，而是一个协助玩家的 NPC，如一个天使。在开局危险的战斗中，天使会临时赋予玩家飞翔、次元斩等能力，或者由天使来展现这些能力。这样玩家就会希望以后能够获得这样的能力。

对玩法的提前演示不是必须做的。如果设计师对游戏有足够的把握，从玩家进入游戏开始就提供足够的玩法和内容，那么就可以不用提前演示玩法。优秀是对比出来的，一开始就超级优秀，会让玩家以为这就是常态。

4．要给，也要收

要提供少量的信息，保持神秘感。事物带来对模式的想象，而模式则带来对体验的想象。

可以用更隐晦的方法：假设在游戏开始后不久，水管工马里奥的后背上长出了翅膀，这时顺便给一小段动画，让马里奥表现出和玩家一样的困惑。单单只是这样的表现，就足以让玩家去想象，角色有了翅膀，以后应该有对应的玩法出现，从而产生期待。

再如，在罗格营地外面不止有一个教学用的洞窟，还有一个外观巨大和看起来很危险的洞窟，在游戏刚开始时规定玩家无法进入这个洞窟。这会让《暗黑破坏神Ⅱ》的玩家一直念念不忘，并且想方设法地进入这个洞窟。

这种自然展现被玩家探索的谜题的方法，在手游中很少被用到，主要是因为一般手游的丰富度还比较差（一些游戏不注重乐趣，而注重成长线）。虽然部分手游也使用了这一方法，但并不能给玩家留下特别深刻的印象，成功吸引他们。

可以用上述方法把原来的高级系统、关卡、玩法自然地展现给玩家，也可以在玩家完成挑战之后，再展现这些内容。

还可以向玩家赠送一些成长性的东西，比如送一些强大的宠物，让玩家期待它在成长之后会怎样。比如，《宠物小精灵》中的波克比，在它还是一个蛋时，主角们就获得它了，玩家看着它孵出来、进化，偶尔还会展现出一些奇妙的能力，就会对它的成长充满了期待，希望知道它以后会变成什么样。

5．社交上的需求

如果游戏中包含能够满足玩家社交需求的设计，那么就打磨它并将它表现出来。

在弗洛伊德的人性需求理论中，除去自身之外的需求，大部分需求都可以让玩家在游戏中体会到。每当谈论起游戏设计时，设计师经常想的是如何用玩法去吸引玩家，因而纯粹靠玩家的社交需求去驱动的游戏较少，但是如果有，就要看它占项目核心的比例，所占比例越高，就需要越早进行展示。

事实上，许多玩法内容不足的手游都是靠玩家的社交需求去驱动的。这些游戏满足的是玩家强于其他人的欲望，所以在实际玩游戏的过程中，如果玩家不付费，就很容易被有价值的怪物击败。这导致不付费的玩家几乎无法与付费的玩家竞争，只能自己跟自己玩。这些游戏的玩法能够支撑很长的游戏寿命吗？大部分不能，玩家只是因为想要比他人更强大，所以才付费和坚持玩下去。

3.4.2 拉入主循环

设计师在辛辛苦苦地打磨好玩法、设计好敌人、创造好期待之后，还要做另一件重要的事情，就是把玩家拉入游戏循环中。循环是指玩家每天都需要完成的内容。我们不能简单地去看待循环，玩家愿意循环往复地来体验这些内容，是因为游戏中的一些东西吸引了玩家。这些吸引玩家的东西既可以是"投食丸"、让小白鼠"按愉悦开关"这种重复、短时的刺激，也可以是成就感、满足感这些更长久的感觉，还可以是让玩家觉得必须回来玩的心态。

有时很难区分创造期待和拉入主循环，尽管可以从概念上去区分它们，但在玩家玩游戏的过程中，游戏内容既可以将他们拉入主循环，又在创造和保持着他们的期待。

总体来讲，满足玩家的期待是将玩家拉入主循环要做的第一点，接着是让玩家习惯于产生期待，包括以下游戏内容和情绪方面的设计。

1．满足玩家的期待

玩家的期待包括：目标还未能达到，玩法还有很多新的内容，剧情还在推进。这些期待意味着以下几点。

（1）足够长的成长线。

成长线不同于新内容，设计师可以完全不提供新的游戏内容，只需要依据原有的内容做好数值设计即可。玩家通过数值成长，能够击败越来越多原来无法击败的怪物，也就是让他们认为自己变得越来越强。

（2）玩法。

玩法依旧是最重要的创造期待的事物。

举个反例，很多卡牌类游戏在玩家度过新手期后就开始给玩家施加压力，要求其付费；增加了许多系统。原本玩家随着等级的提升，能够获得实力的提升。实力与等级的关系如图 3.16 所示。

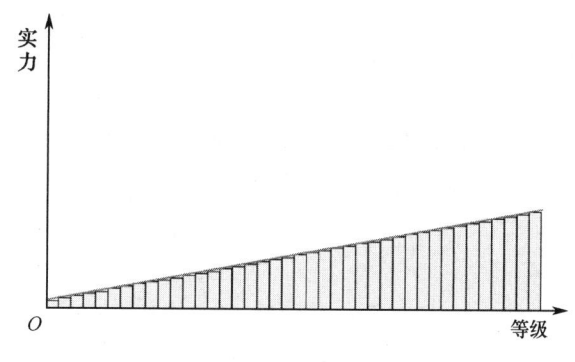

图 3.16

现在增加了各种系统，实力与等级的关系如图 3.17 所示。

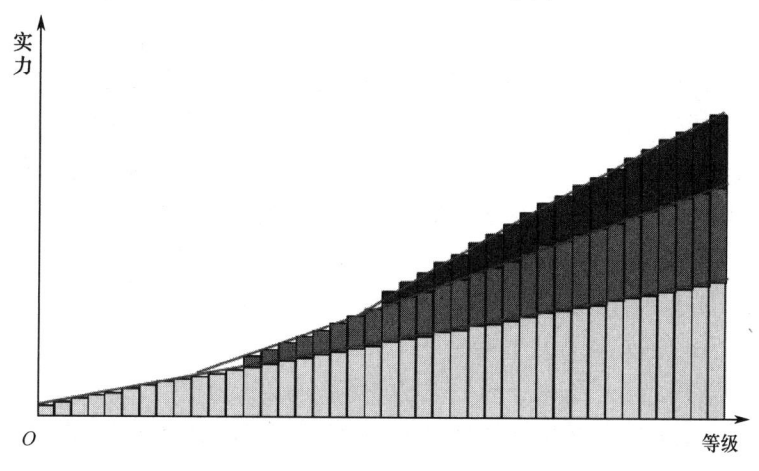

图 3.17

玩家有了更多的实力提升空间，也就意味着玩家需要更多的时间去提升实力，而且新增加的能力，也未必全都是靠增加游戏时间就可以获取的。

问题出在哪里？问题不在于增加了游戏时间，或者增加了付费压力，而在于所设计的这么多系统只是增加了玩家的游戏时间，并没有增加玩家所采取的玩法。

玩家在打普通版本的游戏时操控这么几个英雄角色，在打精英版本的游戏时也是操控这么几个英雄角色，甚至在打其他玩家的阵容时还是操控这么几个英雄角色。即使玩家操控更强的英雄角色，也只是用更强的英雄角色替换了现在的英雄角色，玩法丝毫没有改变，这就很容易让人感到无趣和疲惫。

而《万智牌》不一样，《万智牌》每次新增一套牌组，增加的都是一套新的打法，或者对旧的打法进行平衡和扩展，这些都是玩法的增加。再拿《宠物小精灵》作为例子，由于PM（游戏产品经理）在游戏中强调了宠物属性的作用，所以6只宠物组成的不同组合间的对抗性就非常明显。新增的宠物能够扩展阵容和增强对抗性，由此可以扩展玩法。

纯数值性的变化也可以让一些角色产生翻天覆地的变化。比如，在《梦幻西游》中，高敏的"盘丝洞""女儿村"打"大唐"，或者高体防的"化生寺"具有强大的生存能力。一来这些变化总体略有不足，二来一旦确定了一个方向，玩家一整套的玩法其实就不会变化了。这种变化体现的是多职业，而不是多玩法。玩法变化是操作方式、对抗策略的变化。如果要在成长线上增加玩法，那么应该将增加的玩法放在角色之外。比如，《魔力宝贝》中的气功师搭配拥有"连击"技能的攻宠，或者搭配其他群攻的魔宠。我们应该尽量多考虑如何扩展玩法，并尽量将变化放在非固定提升的成长线上，如放在宠物、天赋、装备上，而不是放在等级上。

（3）让玩家去玩小号。

设计师应提供有效的小号追赶制度，并让玩家了解这个制度。

玩家自己发现和被游戏厂商正式告知，对玩家来说是有心理上的区别的。玩家自己发现的事情，对玩家来说是不带任何情感的事情，之后玩家做出何种反应都是依据自身而定的。如果是游戏厂商正式告知的事情，就意味着这是确定的事情，比玩家从别的地方获得的信息要可靠和有保证。同时也意味着游戏厂商在鼓励玩家那么做，因为其刻意把这件事情告诉了他们。举个例子，在《魔兽世界》110级，大秘境会随着玩家通关层数的提升，给出更好的装备。但是对于给出多少等级的装备，官方是没有说明的，玩家需要自己去问其他玩家或者到游戏外去寻找。当然到了第二周、第三周时，玩家就能够知道一个大概情况，但也只是知道一个大概情况而已。他们会觉得要提升装备，大秘境通关只是一种可考虑的方式。再加上大秘境通关给的装备也是从835装等往上的，与普通英雄副本差别不大，而一开始大家都打不了高层的大秘境，得不到更高装等的装备，于是就让人产生了一种认知：想要通过大秘境提升装备并不容易。其实设计师设计了高层大秘境掉落高级装备，而且还有保底奖励等相当有效的装备获取途径。玩家只要打到10层左右的大秘境，就能获得非常高级的装备，而且掉落量也很不错，但由于游戏厂商没有将这些信息正式地告知玩家，玩家对其并不了解。

除了玩法，小号、其他角色能够为玩家提供另一个视角去看待游戏世界，如果游戏世界丰富多彩，那么几乎每个玩家都会去创建小号，玩家也很想了解与原先角色不同的角色的成长历程。

（4）提供有效的途径给玩家。

在《宠物小精灵》中，战斗和世界设计得不错，但它的一些仿制品做得并不好。在某款仿《宠物小精灵》的手游中，宠物和故事情节都来自《宠物小精灵》，但玩起来就觉得远不如掌机版的《宠物小精灵》好。其强调的是成长线，比较珍稀的宠物全部由一些特定的游戏系统产出，野外的宠物数量少，而且难以获得。宠物数量的提升，特别是进化和强化也相当难。如此设计游戏的目的是让玩家充值，这点无可厚非，但如果设计过度以至于影响到游戏的主体玩法，就会让玩家觉得不好了。获得宠物和培育宠物太难，即使是充很多钱的玩家，也难以获得一组最符合某个打法的宠物。这款游戏坐拥《宠物小精灵》这样丰富的战斗玩法，本应很有趣，但因为展开得慢，让玩家体验不到它的乐趣。渐渐地，玩家就会觉得它带来的乐趣有限。

想象一下，如果在暴雪的《炉石传说》或者《万智牌》中，玩家获得新卡牌的难度特别大，一包卡牌的95%是基础卡牌，会怎么样？基础卡牌之上的绿色卡牌才是组成卡组的基础，然后往上是蓝色卡牌，蓝色卡牌是卡组的重要部分，再往上是紫色卡牌，甚至史诗卡牌，这些卡牌才是卡组的核心。这样做会让多少玩家流失？即使知道后面有丰富的玩法，玩家也不得不一直重复做一件事情，一旦久了，玩家就厌烦了。那么，游戏的付费内容和免费内容要在游戏中占怎样的比例？付费内容所占的比例不要只是到展示玩法的程度，至少要到让玩家能够免费体验到玩法的程度。

一些单机游戏会强调，每30min都会给出新内容，这些新内容包括新技能、新地图、新敌人等。在之后的30min内，设计师会对这些新内容进行扩展，让玩家熟练操作。网游不像单机游戏，能够让玩家玩十几到几十个小时，但设计师也要尽量设计和分配好其内容，让玩家每隔一段时间就能够"拥有"新内容。

可以创造期待。比如，让玩家每隔多少级就会获得一系列的新内容，或者在通关某一片区域之后，可以获得新技能、英雄或者其他东西。也可以设计别的机制。比如，玩家充多少钱，就送相应的特殊英雄。重要的是，这种阶段性的奖励会让玩家明白每到某一个点，就会有更多新的、有趣的东西出现。当把它良好地设计出来时，它就会变成一种桥梁，使设计师和玩家之间互相信任。玩家会很安心且很努力地提升自己，从而达到下一个阶段。这最终也是在创造期待。

这是一种将大目标或者无目标转化为一个个小目标的方法。

一些手游没有给玩家设定任何目标，只是做到"来玩，这个有趣"的程度。至于到底在玩什么，玩家就不知道了。一些手游会给玩家树立一个较长远的目标，其实这个目标对玩家来说远得碰不到。将这样的目标放在现实中，会让人们的行动力无法被积极地调动起来，所以在游戏中，应该给玩家树立一个合理的目标。

天数奖励只是一种吸引人的促销手段，不是实际的"目标"。满多少级的奖励虽然是一种目标，但略有不同。因为一个目标是一种阶段性的东西，不是此时玩家达到了 15 级，就送他 100 个宝石这样的鱼饵。应该让玩家在达到 15 级之后就能扩充一次玩法，或者让玩家产生"我想要打倒 15 级的关底 BOSS"这种想法等，要将这种新阶段出现、旧阶段终结的感觉设计出来，这样做才能给玩家设定一个中短期的目标。

（5）社交需求。

社交需求是更持久、更多变的内容。

人与人之间的羁绊是超越内容而存在的，很多玩家对游戏厌烦了但还是要玩下去，是因为有朋友在玩这款游戏。这点大家都懂，那么如何去做？是做全实时、全异步的互动，还是异步、半实时的互动？

比如，跑酷类手游不好做全实时的互动，做全异步的互动又没有交互感，可以这样设计：玩家在各自的屏幕上跑着，如果吃到某些道具，可以将其扔到对战的玩家的跑道上，给他造成不利影响，如图 3.18 所示。交互是即时的，但又不需要实时处理，这就是异步、半实时的互动。

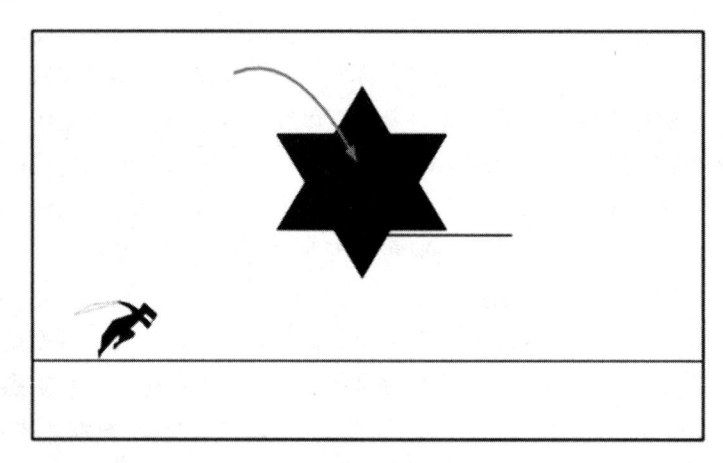

图 3.18

对于其他创造各种羁绊和人与人之间关系的方法，笔者在第 2 章中讲了很多，在此就不赘述了。

2．培养用户的行为习惯

要想让玩家养成某个习惯，需要设计一些更高级的刺激，或者无可奈何的情境。前面讲到的创造期待就是高级刺激。以前玩家用手机玩《贪吃蛇》，是因为他们别无选择，这是由时间、设备、金钱、个人能力、娱乐倾向等因素综合决定的。

网络上有很多如何培养习惯的做法，这种用行动去克制自身的方式，对生理调整是有积极意义的，但对心理调整的作用有限。在心理学上，有这样一种理论——人们会把他们的行动解释为他们有行动的意愿。比如，一个女孩反问另一个女孩："如果你不喜欢他，为什么会去见他？"这有点儿像在玩推理游戏。如果人们长时间做一件事情，就会对这件事情产生感情。即使是行为上的习惯，也是非常强大的，但这些都抵不过真正心理上的想通。

接下来讲解如何扩充游戏内容，让玩家自发地认为养成某个习惯是必要的。

（1）目标。

玩家需要在游戏里达成各种目标。

眼下的目标：完成这个任务。

短期的目标："杀死"森林里的熊，10~20min，以此划分片段。

长期的目标：拯救公主。

可选的目标：采集森林里的浆果。

可以设计一些小目标，如完成今日目标中的一步、完成每日前 10 个任务。

或者设计类似这样的中目标：获得极品卡片；参与世界地图上一些小型、中型的动态事件；完成每日任务中的最终进度任务。

设计师经常进行一些时间性的设计，如收获时间、某个时间段、间隔一定的时间、连续一定的时间。

（2）行为。

点击是最没有行为感的操作，至少要让玩家做出游戏中的某个动作，如输入"/DANCE"。无论是实际人类的行为，还是游戏中角色的行为，最好能让玩家进行一连串的操作。

可以让玩家在屏幕上做出某些固定手势，或者完成一些有象征性的行为，如在女王的火焰祭坛上祭拜时，玩家可以在祭坛下取火种，然后点燃某个火盆。将祭坛上一整圈的火盆点燃，这对玩家而言也是一种精神的象征——希望、强盛。

（3）奖励。

促使一个人养成习惯最直接、有效的方法还是奖励，讲道理太费时，而且效用有限。在现实中我们可以跟人讲长远目标，可用的交互手段也比较多，在游戏中还是用"投食丸"较为简便。

奖励的内容多种多样，投放奖励的方式也多种多样。要让玩家追着食丸去做我们希望他做的动作，或者采用过度合理化将其内化为玩家自身的行为，这就是"八仙过海，各显神通"了。不过现在的玩家对"投食丸"这种方式已经非常熟悉了，该如何将其做好也是值得设计师思考的问题。

（4）内容。

让玩家在上线之后有事情做，不要太限制玩家玩游戏的时间。比如，玩家在玩一些跑酷类游戏时，尽管在上线时是满体力，却只能玩 10 回，这让玩家如何持续喜欢该游戏呢？我们又怎么将在线人数拉上去呢？所以在设计完主要的游戏内容之后，我们还可以设计一些虽然奖励很低但可以让玩家继续玩的内容。

（5）连续性。

通过小活动，给予玩家进行其他活动的增幅 Buff，如抓鬼、封妖经验加倍。以这样的方式可以很好地指引玩家在完成小活动之后就去抓鬼、封妖。

不过，可能会出现指引性太强的情况，导致玩家都要在玩过之前的小活动之后，才会去抓鬼、封妖。当然，这样的限时活动确实在某个时间点把玩家聚集起来了，但在这个时间点之外玩家就被排除于抓鬼、封妖的人之外了。所以对于被定位于随时可以进行的日常玩法——抓鬼、封妖，最好不要给这个 Buff。除此之外，还可以设计一些偏门活动的 Buff，让这些活动成为一系列的活动。

或者采用较为强硬的方式。也就是说，对于玩家每天一进入游戏就可以玩的内容，系统是有硬性规定的。在玩家玩过第一段内容之后，系统才会开放第二段内容，直到玩家玩到第三段后期才会开放第四段内容。此时玩家有两个选择：继续玩第三段内容；直接去玩第四段内容。

这种较为强硬的方式和给予 Buff 的方式，哪种更好呢？

这种较为强硬的方式更好。举个例子：我们去肯德基吃汉堡，第一种方式是，中午只有奥尔良烤鸡腿堡可以选，如果我们晚上还来吃，除了奥尔良烤鸡腿堡，还有至珍七虾堡可以选，并且至珍七虾堡半价。第二种方式是，中午有奥尔良烤鸡腿堡和至珍七虾堡可以选，如果中午选了奥尔良烤鸡腿堡，并且晚上还来肯德基吃饭，那么选的至珍七虾堡就会半价。这两种方式带给人的感受是不同的，第二种方式会让人们考虑要不要先吃奥尔良烤鸡腿堡。"其实我想吃至珍七虾堡，我不是一个在意半价的人，但又确实有优惠，怎么办？"而在第一种方式下，玩家因为没有选择，也就不会进行考虑。这种强硬的方式看上去会让人有些不爽，但实际上让玩家少了很多的心理活动，使玩家可以持续以傻瓜式的心态进行游戏。

给予 Buff 的方式让玩家有更多的自由，它适合内容比较多的游戏。在玩这类游戏时，玩家需要更多的自由，可以随时去做某一项主线外的活动。

3. 精神成瘾

20 世纪 90 年代，剑桥大学的神经科学教授舒尔茨进行了一系列的实验，解读在神经化学领域"奖赏"这个要素是如何运作的。研究人员把猴子放在屏幕前，让它在看到蓝莓图片后去拉一个杆子，如果它成功完成，就会获得蓝莓果汁的奖励。他们检测了猴子的脑电波，发现在一开始时，猴子的大脑中出现刺激反应，分别对应它们看到图片、拉杆、获得奖励这三个时刻。而兴奋度的提升只发生在第三个时刻，也就是获得奖励的时候，如图 3.19 所示。

在猴子对拉杆这个动作越来越熟练后，研究人员发现，兴奋度的电磁脉冲前移了，前移到了看到图片这个时刻，如图 3.20 所示。也就是说，猴子已经理所当然地把看到图片和获得奖励联系了起来。

其他研究人员发现了进一步的情况：在猴子被训练成只要在屏幕上看到图片就会预期蓝莓果汁的出现之后，研究人员尝试让它们分心，在角落里放了一些食物，猴子如果放弃实验，就可以吃到这些食物。这种操作对没有养成习惯的猴子起到了作用，但对于已经养成习惯的猴子，在它们的大脑开始预期奖赏时，角落里的食物就没有诱惑力了。这种预期和神经渴求是如此强大，让猴子一动不动地坐在了屏幕前。

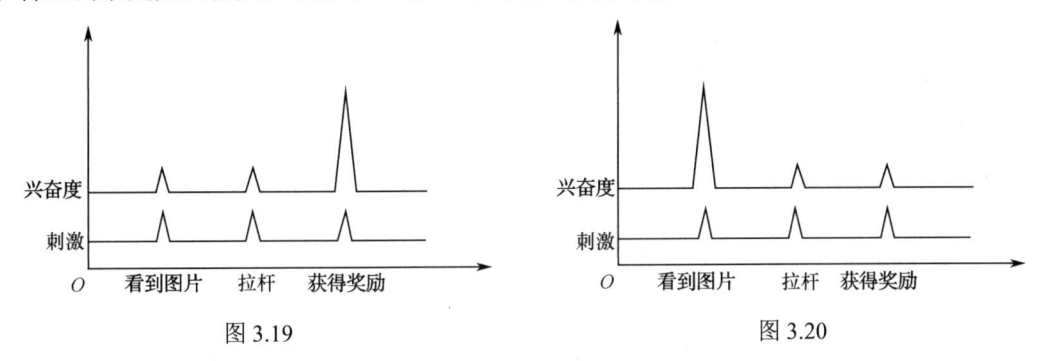

图 3.19

图 3.20

这就是难以自控地去完成某个动作的成瘾行为。

另外一种情况是，玩家在现实生活中一直处于百无聊赖的消极状态，能让他们产生多巴胺的方式就是玩游戏。这种玩家更容易沉迷于游戏，这未必是一种错，而是一种心理平衡。在没有游戏的年代，他们也会去做一些别的事情来获得心理平衡。对一些人而言，可能会面对这种情况：自己的人生毫无未来可言，即使有未来，也是一个毫无色彩的未来。也许某一时刻的你我也会有这样的心态，感觉命运就这样了，再折腾也没有用。这种心态非常容易让人落入窠臼，也容易让人沉迷于追求一些循环的、短时的刺激。

一些瘾症实现成本低，又能够使人体分泌多巴胺，从而促使人们反复去做某件事。这就让人陷入一种懵懵懂懂的，觉得想要去玩、去做的心态中。

作为一本探讨游戏设计的书，本书主要讲解如何促成这种情况，但同样的方法也可以被用在促成其他事情上，如积极的事情。希望读者通过学习这些知识，可以养成良好的习惯，或者抵抗某些不良诱导。

精神成瘾可以由以下因素促成。

（1）情绪。

女孩在逛街时也会产生与猴子拉杆类似的情况，因为奖励信号前移，所以女孩在整个逛街的过程中都处于快乐的状态。逛街时间越长，快乐状态持续的时间也越长。

当某些确定的奖励即将来临时，整个等待的过程都是快乐的。比如等快递，当知道快递今天要到达时，期待的心情会一直持续到快递真正到达的时刻。

另外，应让玩家产生"想要"的欲望，以及设计一些能够让玩家产生连续快感的内容。

需要让玩家面对一个确定的奖励吗？不一定，赌徒不会总是赢，但他们还会去赌，这是因为他们已经养成了习惯。在玩家养成习惯的过程中，既然结果是可以调节的，那么就应该让他们多赢。在玩家养成习惯之后，再提高游戏的难度就可以了，这刚好符合以往的游戏设计规则。

除此之外，对于笔者在第 2 章中提到的情绪，设计师可以想想如何将它们安排在游戏中。比如：

- 正面情绪和反面情绪。

- 让玩家觉得自己很重要。
- 不断地肯定玩家，让他们觉得自己很强，又不断地打击玩家，让他们觉得自己很弱。
- 如果玩家在第一个阶段完成任务，且有一定的成就了，那么玩家就不会那么容易流失了。设计获得感，增加沉没成本。

（2）奖励。

奖励需要足够有效。一件道具的价值是依据整个游戏系统而定的，甚至纯粹是由设计师定的。比如某个外观道具，定价为 30 000 元，它的价值就是 30 000 元，即使玩家不接受，它的价值也是 30 000 元。卖不卖得出去是另外一回事，那是玩家是否能接受这个定价的问题。固然应该给道具定一个比较合理的价格，让玩家愿意购买它，但这一切都是由设计师主导的。

在给玩家奖励时，除了考虑付费这种手段，还要看玩家完成的是怎样的玩法系统。奖励物可以是这个游戏里最有价值的道具，也可以是一点儿货币。

不同的玩法系统会有不同的设计目的，一些玩法系统的目的是填充时间，一些玩法系统的目的是提供挑战。可以配合游戏流程，让玩家一上线就接触到暗示物，比如，玩家只要完成打几个怪物的日常任务，就可以获得抽取珍贵宠物的机会，可以让玩家抽中宠物的概率非常低，但这也是一种刺激。接着则是高挑战性和获奖概率更高的任务，这些任务应被放在需要更多的时间才能完成的内容中。中间则填充一些能够让玩家获得数值性增长的内容。

对于抽宠物的道具标识物与珍贵宠物之间的联系，设计师可以采用随机性，让玩家产生期待，但并不是真的让玩家获得。如果真的让玩家获得宠物，就会让游戏的进程加快。

如果取消这个道具标识物呢？将这个道具标识物改为玩家需要完成的任务，直接弹出抽奖界面让玩家进行抽奖，会怎么样呢？这样就少了一段等待时间，会让玩家的期待有所减弱。持有的代券或者未打开的宝箱、未鉴定的装备，都会让玩家保持着期待。就像在《阴阳师》中，系统给了玩家一张更高概率抽到 SSR 宠物的符咒，然而谁也不知道实际需要多少张符咒才能抽到一个 SSR 宠物。

在其他游戏中，BOSS 的掉装备也是这种随机性的表现，让玩家产生期待。掉装备也有变种，比如不是随机给道具，而是一定会给，但只给道具的碎片。出现这种变种是因为不能真真切切地给玩家高价值道具，即使给了，高价值道具也会贬值为普通道具。这是玩家的活动价值与奖励之间的设计，是成长线方面的设计。

（3）暗示物。

在前面的实验中，猴子将看到的蓝莓图片作为暗示物，然后开始一个循环，那么我们可以给玩家一个暗示物吗？

比如，现在许多游戏中都有各种各样的关卡，玩家可以在界面上选择一个关卡，然后进入这个关卡。这个关卡作为一段经历开始的地方，也是某些奖励的入口，玩家会设想通过这个关卡能够获得怎样的奖励。然而，将这些东西作为"暗示物"终归还是弱了些。暗示物最好是一个拥有物、一个标识点,而不是一个界面的某个入口。持有的代券、未鉴定的装备其实也是暗示物,它们确实是"物",而且代表着一段未来的经历或者未来的获得物。暗示物也可以是一个标识点,比如突然出现在地图上的一栋建筑物、NPC 对话中突然出现的一个选项。游戏界面只能带来"选择"意味的感受。

也可以设计特别的每日游戏流程和关卡进入方法:玩家每天都到一个装备店给老板打工,打工的基础固定奖励很低,但有较高的概率获得各种关卡的门票。比如,在交任务时,装备店老板会把玩家介绍给道具店老板,而道具店老板会带玩家来到火山,请玩家帮他获得里面的某个东西,由此开启一个新关卡。道具店老板就是一个暗示物。这样的游戏世界更加真实,更有人情味。还可以扩展这套关系网,让它更具成长性。

对此稍微进行改动,比如把一款 MMO 游戏做得更强调探索性,那么玩家在每天上线之后,并不是直接进入各个玩法系统去参加各种活动,而是选定某个地图进行探索。在探索的过程中,当达到限定的时间、杀怪数时,玩家就能在他们可见的地图上刷出来某些关卡的入口。比如,他们走着走着,发现远处有一个残破的纪念碑,这个纪念碑是其他普通游戏中的装备副本或者坐骑副本。由此,可以免除各种界面,让玩家在这个世界中不会出戏,也让这个世界更具有真实性和趣味性。

(4)习惯。

拉杆只是一个动作,但只进行一次操作是形不成习惯的,研究人员也是经过多次实验才让猴子养成拉杆的习惯的,并且把它的兴奋点前移。对游戏而言,要培养玩家的某个习惯,不是一蹴而就的事情。这不是在给玩家介绍某个系统时,如装备强化系统,给他几个对应的消耗品,然后就可以放开不管,期待玩家自己去做。设计师一样需要多次、多时段地提醒玩家做这件事情,比如每天都赠送一定量的消耗物,在玩家习惯这一行为之后,再增加所需消耗物的数量,让玩家没办法像以前一样,每天升级系统很多次。

但单纯这么做是不够的,猴子会继续拉杆是因为后面有奖励,后面的奖励带来的刺激前移,才让它见到蓝莓图片就开始兴奋。如果提供给玩家的奖励不够,那么玩家一开始就不会对此感到兴奋。所以奖励要有足够的分量,能够提供足够的刺激。

还有什么会促使玩家养成一种习惯呢?那就是被迫养成习惯。吸烟是很多人明知其有害,但依旧无法戒掉的一种行为,他们是怎么养成吸烟的习惯的呢?很多人是因为受到环境所迫而不得不吸烟,久而久之就形成了习惯。这就是从众效应,可以用这一效应促使玩家养成其他习惯。

3.4.3 有力的结尾

终结感是单机游戏必须提供给玩家的一种感觉,但终结感不代表真正的终结。与此同时,网络游戏不希望玩家体验到终结感,但它们也需要一个或几个最终目标。这些目标既包括必然能达到的目标,也包括难以达到的目标。

对于无结尾的游戏,必须考虑其每一段游戏历程,或者每天提供给玩家的内容,以及在结束时如何吸引玩家明天继续玩。设计师可以从以下几点去考虑。

1. 结尾方式

- 难以达到最终目标。

不是没有最终目标，而是最终目标难以达到，比如某些游戏中的满级。

- 获得稀有装备。

一是有确切的获得途径，但是需要的时间长。

二是没有确切的获得途径，需要等待某个契机出现。

- 玩家竞争。

处于竞争排行榜的前面。

- 某些挑战完全超越玩家目前的能力。

成立一个星际共和国。

- 需要比较多的条件才能完成。

工会挑战，或者需要很多其他玩家共同参与的活动。

2. 吸引玩家再回来

为什么人们会在看动漫时停不下来？比如《钢之炼金术师》，从中期开始，剧情就一直在推进，节奏毫无停顿和迟缓，世界和真相一步一步地被展现在观众面前。同时也是因为每一集在结尾处都布下了一个谜，或者为一段新的历程做了铺垫。

有游戏像这样做吗？几乎没有！无论是单机游戏，还是网络游戏，都设计了玩家一天可以做的事情，但没有在结尾处抛出一个包袱、一个铺垫，让玩家期待明天的内容。所以设计师不仅要在每天游戏的开头去设计吸引玩家的内容，在每天游戏结束时，也要给出吸引物。设计师可以怎样做呢？

- 在游戏结束时推出新的内容，但是不展开。
- 让玩家不知道游戏的进展。
- 设置谜题、悬念。

这些都是动画、连续剧、漫画等作品中常用到的方式。

以下列举一些互动式的做法。

- 在结尾处给一个契机，但需要玩家耗费时间来完成，各种强调时间性的游戏设计就是这样做的。
- 在结尾处让玩家执行一个任务，在玩家执行到一半时就结束，玩家还需要明天继续执行。

这就导致了一些玩法被分为多段完成，这些玩法被包装为军队的远征、英雄的探索和商品的贩卖。再进一步，让行动的结果也未知，而且让其有多种可能性，不只是获得多少的区别。这些结果的影响越大，玩家就会越牵挂。

- 提供新的内容、玩法等。

玩家没有资源了，需要等到明天才能获得新的资源。用资源去控制玩家是很棒的做法，但对设计要求非常高。全新的内容或者玩法也许没有那么多，但可以设计一些随机出现的关卡，让其在玩家逐步没有体力时出现，并且可以保存到明天。这些随机关卡最好是有时限的，这会让玩家更珍惜，明天就会心心念念地来登录游戏。

- 阶段性的设计。

内容设计的阶段性体现为成长线的阶段性。玩家刚刚升级了，学了几个技能，正在兴头上，但是时间太晚了，不得不明天再来登录游戏。

- 怪物的多样性。

这也是一个方面，玩家学会了火焰绝招，利用这个绝招打某个关卡的怪物特别有效，但现在来到了新关卡，利用这个绝招打新怪物是否有效？

除此之外，还有许多有结尾的游戏，其结尾的设计思路是一样的，即依据剧情，确定是要完全终结，还是要留下悬念。

3.5 几种游戏剧情线的设计方式

3.5.1 线性剧情式游戏

让我们从单机游戏时代讲起。那时由于工作量和设计思路的限制，大部分单机游戏的剧情都是单线的。现在看来，单线剧情在丰富度和自由度上差很多，但它是最可控的。就像看电影一样，玩家来到什么阶段就会体验怎样的情绪波动，可以分毫不差地体验到设计师所设计的情绪曲线。

在线性剧情式游戏中，需要注意的是游戏关卡的挑战压力导致的玩家情绪的变化，以及游戏中断，总体而言，游戏过程还是可控的。

3.5.2 支线剧情式游戏

游戏系统能够根据玩家的互动产生不同的反馈，线性剧情式游戏还有很大的空间可以扩展，于是设计师开始往线性剧情式游戏中放入一些支线任务。

支线任务为玩家提供了游戏主线剧情之外的游戏体验，起到提供放松的时间、丰富整个游戏世界、使游戏角色丰满的作用。设计师也为支线任务设计了许多游戏奖励，用来吸引玩家。本来成长线仅是一部分内容，但现在许多游戏反而仅在意成长线的作用，而忽视了支线任务的作用，这是不可取的。

每项支线任务的历程，都是与游戏的主历程并行的一段情绪流，如图 3.21 所示。

比如，在《仙剑奇侠传》这款游戏中，玩家来到一个新的城镇，在开始挑战下一个大的迷宫之前，城镇中的支线任务就为其提供了许多并行的情绪流。

设计师并不知道玩家会从完成哪一项支线任务开始，甚至不知道玩家会不会完成这些支线任务。但只要他们开始做某项支线任务，就相当于在主历程的情绪曲线中插入了另一段情绪曲线，如图 3.22 所示。

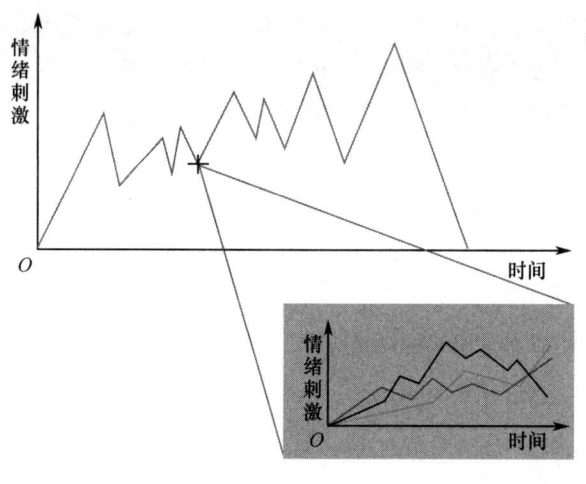

图 3.21

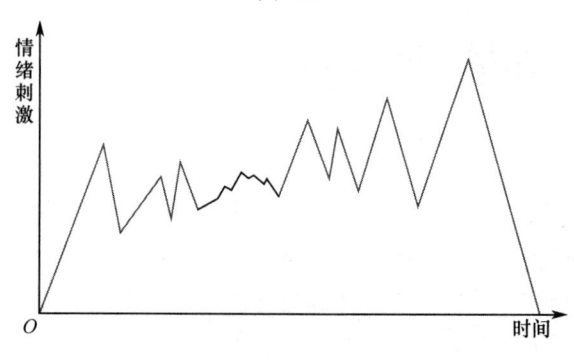

图 3.22

设计师应该清楚这些支线任务所起的作用：是提供放松的时间，还是作为下一段内容的铺垫，或者是用一些内容挑起玩家的情绪？同时，设计师还应该注意另外两点。

第一点，这些支线任务是否真能带给玩家情绪流，特别是在玩家回过头去做城镇任务的情况下。保证情绪流一致的核心点之一是保证难度的一致。特别是怪物的难度，它是随着玩家角色的成长而变化较大的部分，那么动态地使用怪物的难度是一种不错的方法。

第二点，要考虑如何让玩家在回到主线剧情时明确地知道自己回到主线剧情了。除了展现新的文本和剧情，来到新的关卡和场景也是区分新旧主线剧情的一个有效手段，也可以使用怪物、关卡内容和难度等要素来区分新旧主线剧情。

设计师从使用支线任务开始就可以感觉到，其对玩家的情绪历程开始失去控制。如果把主线剧情和支线任务的差别设计得非常明显，那么还是能够让玩家在总体感觉上将整个游戏的情绪曲线认定为最初设定的那一条情绪曲线的。比如，即使玩家的总体体验如图 3.23 所示，玩家还是仅将浅色的线，也就是原来的情绪曲线，作为他们主要的游戏历程线。

也可以让支线任务和主线剧情结合得更紧密，比如让支线任务不仅包括获得某些装备，而且包括获得某些契机，如钥匙、NPC 的协助等，让玩家在主线关卡中能够因为完成了某些支线任务，从而获得额外的助益或者开启额外的关卡。这是做铺垫的方法，让支线任务也影响着主线剧情。

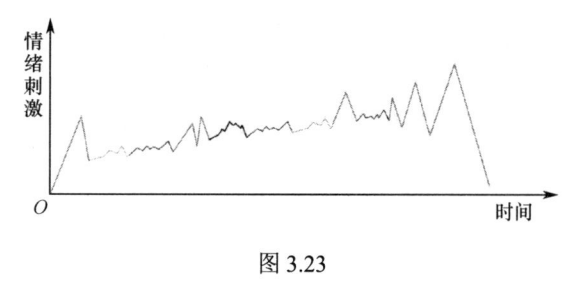

图 3.23

这里有一个细微的点，在很多游戏中，玩家在完成支线任务后，都能够获得一些很有效的对付下一个 BOSS 的道具。但问题是，也有非常多的玩家在挑战这些主线 BOSS 时，不会使用这些道具。他们要么想留着这些道具以后再用，要么想在普通情况下打败 BOSS，因为他们认为先打开道具栏，再找到那个道具来使用这个过程非常麻烦。最后他们不会去使用这些道具，使得本来设计好的助益没有产生实际的效果。也就是说，玩家并没有把支线任务和主线剧情联系起来。

让玩家能够自行选择是一回事，让设计达成目的是另一回事。只要能够提供事后的补救方法，如再次挑战这个 BOSS 的方法，先前玩家的自行选择就没有那么重要了。

3.5.3 多结局的游戏

如果支线任务对主线剧情再进一步产生影响，就会导致主线剧情的情绪历程产生更大程度的变化，如出现多结局。

一些游戏的多结局并没有达到改变主线剧情的情绪历程的程度，它们只是在最后一段，甚至是最后一步，产生不同的结局而已。相对而言，上述做铺垫的方法改变的东西更多。

游戏设计的水平一直在提高，多结局的方式对整个游戏历程的改变也越来越大。可能最初只是为了让剧情更切实，安排一些变化。比如，让某个角色在某个阶段离队；拥有某个队友，可以快速完成某一段支线或者主线的任务。后来多结局的方式对游戏历程的影响逐渐变得明显，能够省略、改变或者获得一整段新的游戏历程，这种程度的变化已经能够打乱原来设计的整体游戏历程了。

多结局是一把双刃剑，制作成本增加是一方面，更重要的是玩家的情绪正式开始失控。假设原来打算让玩家体验"松—紧—松—紧"的游戏历程，但由于玩家做了某些事，让游戏历程变成了"松—松—松—松"。这是第一种情况，这种情况还比较好处理，那就是在设计支线任务时，认真考虑玩家的情绪历程。这也是图 3.23 中将支线任务也用一小段情绪曲线表现出来的原因，玩家参与的支线任务，也变成了"松—紧—松—紧"的游戏历程。第二种情况是情感历程改变，这几乎难以修正。可以说这就是玩家自行选择的情感历程，是他们喜欢的个性化游戏历程，在大部分情况下由玩家自己选择，最终并不能够产生让他们震撼和铭记的体验。所以设计师需要在某些关键的剧情点不给玩家提供可选性，不然根据前面游戏历程的情绪积累，预期的情感历程——"平—悲—喜—悲—喜"就会因为玩家的选择而变成"喜—喜—悲—悲—平"。如果出现这种情况，那么玩家体验的几乎就不是一个游戏了。

这也是在之后一个阶段设计师难以解决的一个问题。设计师应该怎么办？

第一种做法是让支线任务对挑战难度影响大，对情绪影响小。也就是让支线任务包含更多的难度方面的游戏挑战，包含更少的情绪方面的内容，也就是包含更少的与主角和配角有关的故事内容。

第二种做法是做出明显的区分。也就是对支线任务的情感和主线剧情的情感做出明显的区分，让其主体和涉及的人物是不同的。即使支线任务涉及主要人物，也不改变其原来在主线剧情中的情感历程。

第三种做法是对支线任务做更细致的设计。这些设计包括限制其先后顺序；某些支线对其他支线的影响导致其他支线上的任务暂时无法被接取或取消；支线任务的改变涉及人物、难度、过程。

3.5.4　无主线式游戏

非常多的以玩法为主的游戏都是没有主线的游戏。需要注意的是，它们没有的主线是剧情主线，而不是情绪历程。这些游戏要么有成长线，要么有难度变化，再进一级也能做到情绪控制。

如果没有设计游戏的情绪历程，那么到了游戏中期，玩家面临的就是这边打不过，那边也打不过。然后他们就得回去刷怪，直到升级，才能将之前打不过的怪物打过，之后继续遇到打不过的怪物，再继续刷怪、升级。

这种游戏让玩家的情绪毫无波动。

设计师可以动态调节游戏的难度，从而让玩家的情绪产生波动。设计师可以把游戏内容全部交给玩家，让其自行选择，也可以通过安排一些日常任务或奖励任务，诱使玩家去接受挑战。

成长线的变化和关卡难度是互为表里的，这些难度的对比可以带给玩家爽快感、成就感和压迫感。从一定角度来讲，设计角色的成长线就是把现实中人类各方面能力的提升用虚拟的方式体现出来。

让我们来看看 Roguelike 这类游戏。在 Roguelike 这类游戏中，包含成长线，并且角色的成长基本上能够支撑玩家到达新的关卡。图 3.24 所示为《盗贼遗产》。

Roguelike 这类游戏有比较大的难度，同时敌人和地图也是依据一定规则随机产生的。这会让设计师难以控制游戏的整体历程，但并非完全没有办法。如果像《盗贼遗产》那样，单个房间的布局会影响到整体的布局，那么设计师可以在玩家通过某个房间后，根据前面几个房间的难度变化，来设定下一个房间的难度系数，然后根据这个难度系数来动态调节下一个房间的敌人、陷阱和箱子的数量及种类，从而创造想要的情绪历程。

图 3.24

也可以在怪物的难度变化之外，设计一些临时 Buff，比如神坛，让玩家体验一段爽快的节奏。在笔者以前设计的一款飞机射击类游戏中，为了让玩家体验到压力和爽快感（敌机带来的是压力，同时迅速、大量地打爆敌机带来的是爽快感），设计了 Combo 系统，大致就是随着玩家 Combo 系数的提高，敌机出现的种类、数量会越来越多，击败它们所获得的分数会越来越高。实际上连发的子弹、飞行的路线、掉落物等，都会随着 Combo 系数的变化而变化。通过设定这样的规则，可以在每一次掉落道具时让玩家感到爽快，并且让整局游戏带给玩家的体验越来越刺激。

不过另一种情况是，玩家确实体验到了爽快感，特别是在刚刚避开敌人的子弹，然后击落一大群敌机时，而且体验到的还是一波又一波的爽快感。但只这样做是不对的，因为此时难度只有升，没有降。难度要能够快速适应玩家的水准，也要有降的时候，因为人无法长期处于高度专注的状态。

在许多以玩法为主的游戏中，都会出现前半段的重复内容让玩家非常烦躁的情况。玩家在玩 RPG 游戏，重复挑战 BOSS 时，如果要重复观看 BOSS 动画，就会觉得烦躁。所以设计师需要让关卡难度迅速去接近玩家的能力，对于这一点，笔者在前面已经做了很多讨论。这些设计就是为了展现游戏的情绪历程。

再进一步讲，玩家需要往前扩张，他们希望体验更多新的内容，希望自己变强。减少重复的游戏内容是一部分，使玩家获得能力提升是另一部分。但玩家实际能力的提升是缓慢而有限的，要想让他们体验到前进，就要让游戏角色快速成长，这也是设定成长线的意义所在。所以即使在玩家每"死"一次都要重新来过的 Roguelike 类游戏中，也包含了角色成长的内容，从而支持玩家走到更远的关卡中去。

3.5.5 开放世界

开放世界和沙盒游戏的一个区别在于能否由玩家自己制作游戏内容，所以许多被玩家称为沙盒游戏的游戏，其实并不全属于沙盒游戏。比如，《侠盗猎车手》《泰拉瑞亚》《合金装备 5：幻痛》《刺客信条》等游戏，属于开放世界，并不属于沙盒游戏。

相对而言，那些提供了游戏编辑器的游戏，反而算是一个沙盒游戏。比如"上古卷轴"系列，算上其 mod，即使普通玩家基本不会去使用游戏编辑器，其也是一个沙盒游戏。从这个角度来讲，《帝国时代》也算是一个沙盒游戏。

开放世界和沙盒游戏的另一个区别就是主线任务是否存在。

开放世界虽然已经极大地模糊了支线任务和主线任务的界限，但依旧会将完成一些主线任务作为新区域、新内容的开启条件，而且在总体上有一定的主线剧情。以《虐杀原形》为例，无论玩家去不去完成主线任务，他们都可以满城市地跑，击杀僵尸和变异体，提升自身的能力。但最终玩家还是得去完成主线任务，这样才会往前推进游戏的历程。再以《魔兽世界》为例，如果砍掉满级之后的内容，只剩下练级的过程，这也是一个十足的开放世界，而且没有附带任何阶段性条件。只要玩家的等级足够，就可以去某个区域玩游戏。而且每个区域的任务、NPC、风土人情，都在为达到同一个目的服务，就是述说艾泽拉斯的居民与燃烧军团、上古之神的战斗，以及种族间的争斗。

在此进一步讨论这样的游戏内容会带给玩家怎样的情绪历程。

当支线任务和主线任务的界限已经模糊时，游戏中就不会有一条从一开始就被设定好的情绪曲线等着玩家来体验了。虽然玩家可以使用上面谈到的方法达到游戏的目的，但还是体验了一条和拥有主线任务时一样的情绪曲线。

这条情绪曲线对开放世界来说有必要吗？开放世界的乐趣就是玩家可以自由探索，他们想做什么就做什么。做个假设，玩家来到一个田园式的村庄，然后接到了一大堆任务。无论是其主动接取的任务，还是其自动触发的任务，都是不会让其情绪明显变化的任务，如去东边采药、去西边送信、去南边抓虫子、去北边找到掉落的布偶娃娃。如果你在玩这个游戏，你会有什么感觉呢？

《魔兽世界》的满级为 60 级，设计师把它当成一款 RPG 游戏去设计。笔者至今都记得，当时自己作为一个 18 级左右的部落小法师，在贫瘠之地练级。为了完成任务，笔者需要去打一个南海的联盟方的堡垒，那并不是玩家的聚集地，而是联盟方的 NPC 聚合区域。那些士兵的等级从 16 级到 21 级不等。笔者记得在到达城堡的内层时非常难打，笔者操控的角色在打倒两三个怪物之后就要坐下恢复体力。其实这是已经超越笔者操控的角色的等级的任务，但是笔者全程一直很兴奋！笔者一直在思考敌人的巡逻路线，考虑各种地形差，使用了所有学到的技能。虽然最终的任务奖励只是一些经验和一件普通绿装，但笔者将整个游戏过程一直记到了现在。

在一些游戏中，虽然有各种各样的支线任务和内容，但是玩起来就是没意思。这就是笔者想再次强调的内容：在开放世界中，设计好难度、内容只是一方面，让玩家产生情绪波动才是最重要的。设计师如果不想限制玩家的自由，那么可以多使用一些触发式任务，或者让玩家通过多探索去解决眼前的难题，但一定要设计情绪曲线。

下面简单讲解触发式任务的设计方式。

- 在玩家到达某个地点后，系统自动弹出一个任务，如"这地方很诡异、神奇、有趣，值得进去探索一下""这里应该就是某某魔王的所在地，我必须去为民除害"。
- 在玩家到达某个地点后，地上有一个瓶子或一把断剑，其上放着一个任务标记。
- 在玩家到达某个地点后，那里有一个敌人，在玩家与敌人战斗后，敌人逃跑或者打晕玩家，由此把玩家拉入任务链。

玩家自身在等级、技能、声望、装备上达到某个条件，于是获得了任务。

玩家在完成某些任务之后，获得针对某些敌人的 Buff，或者削弱了某些区域的敌人的能力，可以将其作为一个提示。

系统弹不弹出一个任务，该任务属不属于任务列表，都是不确定的，只要能引导玩家，或者让玩家注意到这有一段历程要展开就可以了。

3.5.6 沙盒游戏

如何控制玩家的创造性呢？

多提供弹药和工具，多提供具有不同挑战难度的怪物和关卡，让其也能创造出有情绪波动的游戏历程。此时，玩家也是一名设计师了。

3.5.7 MMORPG 游戏

通过上面的论述，相信读者都清楚了实际影响设计师设计游戏内容的是如何去设计玩家的情绪曲线。设计师是为了让玩家产生情绪变化而去设计不同的游戏内容和游戏内容出现的顺序的。许多现有的 MMORPG 游戏让设计师经常头疼的是，有限的游戏内容和玩家无限的新体验需求之间存在矛盾。设计师可以通过设计一些随机事件去增加游戏体验，还可以更进一步地让整个游戏世界的内容都依据一定的规则随机地产生。重要的是让玩家产生好的体验，进而产生情绪变化。原有 MMORPG 游戏中的怪物，如沼泽怪物、沙漠怪物、地牢怪物，就一定是谁比谁更厉害吗？并不是，不同的游戏对这些怪物有不同的等级排布方式，所以设计师并不需要在意先出现的是一个沙漠地图还是一个迷宫地牢，重要的是这些内容的出现能够带来自己想要的情绪变化。也就是说，设计师完全可以根据一定的规则去设定一个游戏世界中不同地形出现的先后顺序，以及设定大型事件的出现顺序。比如，一颗大型陨石的坠落，对原来的平原地带造成毁灭性的影响，从而导致这片区域出现火焰元素的怪物、特殊的矿物等。再如，一个未知的邪恶组织在森林中启动了召唤法阵，导致瘟疫之神降临森林，于是这片被称为"镜森"的美丽森林就变成了一个毒雾萦绕的恐怖森林，并且毒雾逐步向外扩散，一步步地影响周围的环境，甚至王国的都城。

可以将旧有的、固定性的 MMORPG 游戏的设计方式，用随机规则去替代，依据玩家的进程随机性地生成某些世界性的变化。这些变化的内容不同、位置不同、间隔的时间也不同，对玩家和他们所聚集、建设的城市都有深远的影响。这样一来，每个服务器、每个世界都会是独一无二的，而玩家在游戏中不同的行事方式也会对这个世界产生影响。那么每个玩家都将体验到独特的、与自身息息相关的游戏内容。这是与设计小型随机性游戏类似的思路，但被应用到了整个游戏世界的改变之中，从而创造了一个个美丽、独特的游戏世界。

本章小结

  本章所探讨的体验的设计思路对于设计任何东西都是有效的，比如设计一堂课程，以及与别人的一段交谈、一次聚会。书中讲了很多要点，但这些要点不可能每次都会被用到。设计师可以在做完自己的设计之后，考虑一下可以借鉴书中哪些做法，或者可以在哪种情绪上做得更深。

  单看一段游戏历程，比如看一段格斗的视频，很多人都会觉得刺激，但不一定会觉得爽快，爽快属于他们的个人情绪。这也是游戏设计应该翻过去的一个坎，设计师不应该只满足于设计一段游戏历程，而应直接设计到玩家的心里去。

第4章 奖励、成长线与付费

游戏内容导致了玩家的心态变化，而成长线，包括能力成长和数值成长，是仅次于游戏内容的重要部分。即使是以玩法见长的游戏，也需要合理地设计玩家的成长，让他们感受到变化，并对变化的结果充满期待。

从广义来讲，游戏内角色的成长既包括角色各方面的提升，也包括玩家自身操作能力和策略能力的提升。但本章不着重于论述玩家自身操作能力和策略能力的提升，以及角色的功能性成长的设计，而着重于论述数值成长的设计，并且将"成长线"仅用于指代数值成长。

至于付费设计，则是对奖励的部分进行包装和设计。如果说游戏设计的思路是做起落，那么付费设计的思路就是用"缺"和"欲"去做起落。在此笔者先讲解玩家成长，再讲解付费设计。

4.1 玩家成长

看到角色获得成长是一种让人很有成就感的体验。当玩家看到一个角色在他的努力下变得越来越强时，就会产生很大的成就感。如果玩家把自身也代入角色，那么会产生更强烈的感受，而且这种感受有可能是一些玩家在现实中难以体验到的进步感。这种进步感是游戏可以提供给玩家的一种非常重要的感受，对某些玩家来说，甚至是相当重要的精神食粮，能够弥补他们在现实中的失落，让他们保持心理平衡。

4.1.1 玩家的能力成长

先探讨一下没有成长线或者玩家难以体会到成长的情况。

许多竞技类游戏都会出现这样的情况，就是玩家的能力提升是缓慢的。对于很多正常上班、只在闲暇时间玩游戏的玩家，他们的游戏能力在达到一定程度后就很难再进一步了。这样的玩家就很难体验到游戏带给他们的进步感了，他们只能通过纯粹地消耗游戏内容去寻找乐趣。如果游戏的内容足够丰富，玩家就可以获得乐趣，反之则很容易就感到意兴阑珊。

图 4.1 所示的游戏为《守望先锋》。

图 4.1

在《守望先锋》中，如果竞技场排名一直打不上去，那么玩家很快就会感到单调乏味。每一局的防御都与之前的某一局类似，要么队友不给力，要么自身操作失误，要么顺利获胜。一般玩家能够熟练操控的英雄角色也就三四个，加之还要兼顾队伍配置，所以玩家在每一局游戏中能够操控的英雄角色并不多，其获得的游戏体验也就更趋同了。此时他们需要认真刻苦地练习枪法和战术，或者结交一个一起玩游戏的朋友，这样才会有新体验。然而，只有少数人能拥有在上线时间和技术能力上与自己相符的朋友，或者坚持练习枪法和战术的毅力。

每个玩家的生理能力都是有上限的，并且生理能力的提升是非常困难的。

玩家在对游戏更进一步理解后，对游戏的操作变得更熟练，以及在通过练习后，将他们未达到极限的能力发挥得更好。但在熟练后，其操作能力的提升就会变得极其缓慢。这也是所有硬操作类游戏的一个潜在问题。在玩家的操作能力到达极限后，游戏体验就开始固化。

需要玩家具备更强的策略能力的《英雄联盟》可以让玩家玩得更久，因为它要求玩家的操作能力在达到一定程度后就够了，之后逐步转为对操作策略、战术意识的要求。这样的游戏成长更适合大部分玩家，因为玩家可以在生理能力和策略能力两条线上共同成长，而不是必须在某一种能力上提升得很高。同时，策略能力的提升在一定程度上会比生理能力的提升容易得多，现在各种资讯非常多，策略的获得也很便捷。普通玩家很容易就可以得到其他先行者给出的攻略、打法，乃至大的策略。玩家一旦懂得了策略，就可以实施策略了，这样很容易出效果。

另外，这也是在游戏后期更容易产生变化的原因，新增几个英雄角色，修改一下英雄角色的技能，新增一些装备或者局内机制，便可以让实施策略的思路产生很大的变化。

4.1.2 游戏角色的能力成长

除了 4.1.1 节所讲的玩家自身的能力成长，对许多不是非常单纯和硬核的游戏来说，要想让玩家体验到进步感，还可以把玩家通过自身能力的提高而获得的进步感转嫁到他们所操控的游戏角色身上。比如，让他们操控的游戏角色获得新技能、新装备，解锁新的战术方式、互动对象等。一般而言，游戏角色的新能力对应着关卡的新内容，以及新的敌人、地形、战局等，这需要设计师站在游戏顶层设计的角度去考虑在何时、何处释放新内容。对于许多关卡式的游戏，如《奥日与黑暗森林》《战神》等，新内容的释放是对整体游戏内容量和节奏的考量。也有一些对结构要求没那么严苛的游戏，游戏角色通过关卡并不需要具备特定的能力，那么就可以以一种比较宽松的方式，在一定的时间内将能力提供给玩家。这有一种变化方式。比如，游戏角色通过关卡需要具备特殊的移动能力，那么就可以随意地将所有其他的攻击能力提供给玩家。

除此之外，在玩家能力的设计上，设计师还可以从另一个角度去考虑，就是能否降低或者更改原先对玩家某项能力的要求，协助他们成长，让他们获得成就感。这也是一些硬核的动作游戏在设计过程中，会给予玩家的一些通关方式。

4.1.3 数值成长

能力成长能带给玩家进步感，数值成长也能够带给玩家进步感。

即使只是纯粹的数值变化，在玩家与怪物的数值比例变化之后，也可以影响到战斗的结果和方式，从而让他们感到困难。假设将攻击力提高到 2 就可以"打死"怪物，那么玩家就可以冒险不加血量和防御，从而获得更高的击杀效率。假设属性数值超过某些能力的数值，比如玩家的移动速度明显快于怪物的导弹的跟踪角速度，那么单发导弹对玩家来说便不构成威胁。衡量一条成长线有没有取得效果的标准是它能否带来战斗的玩法和体验的变化。

在实际设计过程中，有很多需要考虑的地方，让我们逐一来探讨。

1. 能力成长占比更高的游戏

在这类游戏中，关卡的通过、剧情的推进、敌人的能力变化与人物等级之类的数值之间没有太大的关系。玩家的能力、角色的能力更重要，即便是 1 级角色，也可以在具备能力后通关。许多单机游戏都存在这样的情况，它们不断地推进游戏历程，抛出新的内容，不苛求玩家通过重复消耗时间去积累数值能力。但是，新技能、新内容也不可能时时都有，所以在两个新内容之间，还是会用数值成长来过渡。这时成长线所起的是一种辅助作用，即提供给玩家成长的进步感，而不是改变战斗体验或者控制时间消耗这两方面的作用。

2. 数值成长占比更高的游戏

无论是否为靠角色获得关键能力推进游戏进程的游戏，只要其中数值成长能够带来足够明显的战斗策略的变化，就可被归为此类游戏。甚至某些游戏会将某个属性作为角色能力获得的硬性基础，如等级，角色需要升到 10 级才能获得某种关键能力。在这种情况下，游戏进程基本就是由角色等级决定的，这一数值既是推进游戏进程的关键点，也是控制时间消耗的有效节点。另一种情况是，数值成长中并没有某个属性能决定关键能力的获得，但是能够明显地影响到战斗策略的难度。比如，在玩家数值能力不足的时候，普通小怪都能够击杀玩家，此时如果玩家不去提升数值能力，那么接下来进行战斗就会非常困难。这就会促使玩家去刷前面难度较低的关卡，通过重复获得奖励来提升数值能力。

4.1.4 设计两种类型的成长线

在角色成长和数值成长两者共存的情况下，先假设两者的推动进度差不多，但角色成长稍微强一点，那么它们会表现出如图 4.2 所示的情况。

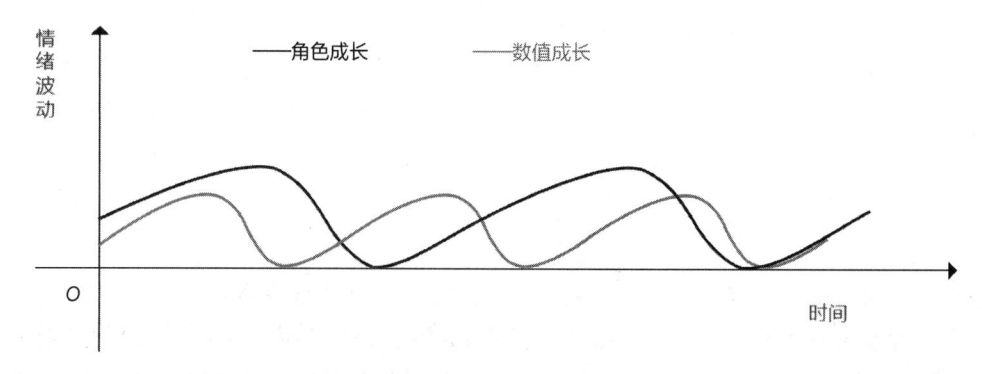

图 4.2

角色成长所包含的新能力获得、新章节解锁等，都会带来体验的变化和情绪的波动，但它们并不会频繁地出现。那么在两个波峰之间，就可以填入由成长线带来的小波峰。把握好提升的能力和怪物带来的压力之间的关系，能够让玩家在升级时获得压力的释放，感到爽快。如果数值提升带来的情绪波动还不够大，那么可以将一些能力解锁，如将技能的学习挂到成长线中来。

很多优秀的游戏都是这样做的，可是没有给到玩家如我们所希望的情绪历程。其原因在于实际的波动程度的问题，无论是角色成长，还是数值成长，其波峰都让玩家获得了进步感。

在许多游戏中，玩家在突破关卡的过程中，会偶然找到一件可更换的、更强的装备，假设该装备提高了角色 20 点防御力。20 点防御力这个数值也许是一个小波峰，只要它能让玩家击败怪物变得轻松，让玩家的战斗体验有所波动，那么它就是一个小波峰。这个波动首先以关卡压力为前提，然后解决了压力，两者缺一不可。"圣女之歌"系列是笔者很喜欢的游戏，在它的关卡设计中，怪物的伤害对角色来说都构成了一定的压力，并且它采取的是小数值的设计方式，那么在这种情况下获得这件增加 20 点防御力的装备，确实会让人感到一阵放松和兴奋。

波峰、波谷要间隔多久出现一次，就由设计师所设定的游戏基调决定了。一款游戏可能会存在波峰、波谷出现的间隔变化的情况。比如，在刚开始阶段，为了吸引玩家，波峰、波谷可能会出现得密集一点，之后再放缓。

第 4 章　奖励、成长线与付费

对于某些游戏，有时会出现一种情况，即设计师加入了太多的成长线，比如除了装备，还有宠物、修炼、觉醒、升星、天赋等级、技能等级等，即使这里的每一条成长线都出现了波峰和波谷，但多条成长线叠加起来，也一样会让整片的情绪区域平缓。

如图 4.3 所示，虽然玩家在经历一个个的波峰、波谷，但他的感觉其实趋平于浅色的虚线，也就是在波峰线附近。

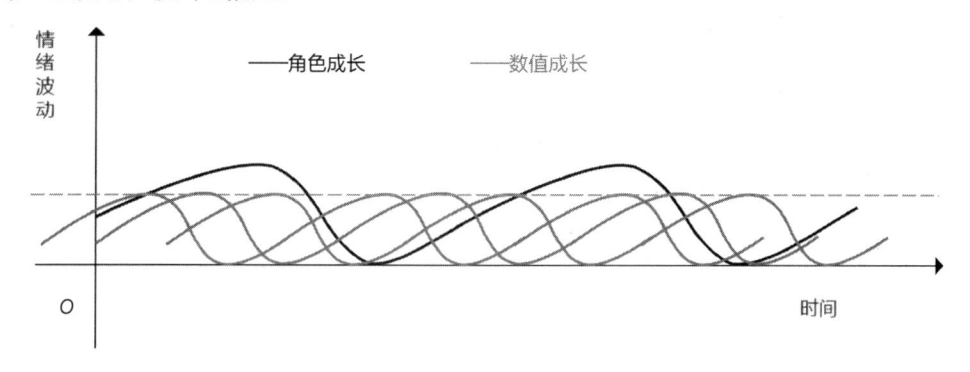

图 4.3

其实在分了太多条成长线之后，明显的波峰就已经不存在了。把一个角色在某个等级下的总体能力设为 100%，把它分给各条成长线：如果是 3 条成长线，那么各条成长线分别有 40%、30%、30%的占比；如果是 5 条成长线，那么各条成长线分别有 25%、20%、20%、18%、17%的占比。每一条成长线能够出现的波峰、波谷非常有限，所以它的波峰给人的感受就会越来越弱。

解决方法之一是让各条成长线并不随着玩家等级的提升全都提升等级，而是分开提升等级。也就是把原来每级都有的数值提升改为几级，如 3 级、5 级、10 级。那么原来只有 1 级的数值增量现在变成了多级的总量。

解决方法之二是，让这几条成长线有相互的依赖关系，比如，只有解锁了装备强化 3 级，才可以进行 1 级觉醒，接着才可以进行 1 级升星……这种软解锁方式可以将一个作为解锁条件的关键属性（如角色等级）变为多个属性，这在本质上并没有变化。但是多个属性之间有互相依赖、互为前置的关系，这让玩家在感受方面会更具条理性。

解决方法之三是不以等级为关键点，而是以章节解锁、任务解锁、声望解锁等为关键点，然后同时提高几条成长线的上限。

总的来说，这三种方法"换汤不换药"，在本质上是相同的，只是表现形式不一样。但它们确实能够带来不同的效果。三者也可以混着用。

上述内容是对多条成长线的设计，如果能够不用这么多条成长线，就不要用。如果说分多条成长线是为了挖更多的坑，或者为了促进玩家付费，那么大可不必。玩家实际需要的是在提升自身能力时获得快感，这并不需要多条成长线，在一条成长线中也可以实现。比如，设计这样的装备系统：某个等级下依次有白、蓝、紫、橙 4 个颜色的装备，其中橙色装备属于需要付费的极品装备。如果橙色装备的等级分为 T0～T5，并且 3 件同样等级的装备可以合成一件下一等级的装备，那么 T0～T5 也在进一步区分玩家的付费能力。这就是在同一条成长线中做区分，而不是一直增加新的成长线。

下面通过一个简单的示例来讲解设计中的一些细节。表 4.1 所示为游戏角色的能力提升数值表。

表 4.1

LV	等级提升	装备提升	技能等级	觉醒提升	总和	差值
1	1	0	1	0	2	—
2	1.5	0	1	0	2.5	0.5
3	2	5	1	0	8	5.5
4	2.5	5	1	0	8.5	0.5
5	3	5	1	0	9	0.5
6	3.5	10	8	0	21.5	12.5
7	4	10	8	0	22	0.5
8	4.5	10	8	0	22.5	0.5
9	5	15	8	0	28	5.5
10	5.5	15	8	15	43.5	15.5
11	6	15	15	15	51	7.5
12	6.5	20	15	15	56.5	5.5
13	7	20	15	15	57	0.5
14	7.5	20	15	15	57.5	0.5
15	8	25	15	15	63	5.5
16	8.5	25	22	15	70.5	7.5
17	9	25	22	15	71	0.5
18	9.5	30	22	15	76.5	5.5
19	10	30	22	15	77	0.5
20	10.5	30	22	30	92.5	15.5
21	11	35	29	30	105	12.5
22	11.5	35	29	30	105.5	0.5
23	12	35	29	30	106	0.5
24	12.5	40	29	30	111.5	5.5
25	13	40	29	30	112	0.5
26	13.5	40	36	30	119.5	7.5
27	14	45	36	30	125	5.5
28	14.5	45	36	30	125.5	0.5
29	15	45	36	30	126	0.5
30	15.5	50	36	45	146.5	20.5

表 4.1 中的数值是当前等级的上限，其中包括易得的和不易得的：等级提升、装备提升、技能等级、觉醒提升。将游戏角色的等级提升定位为每 1 级都能获得增长，装备提

第 4 章 奖励、成长线与付费

升是每隔 3 级能获得增长，技能等级是每隔 5 级能获得增长，觉醒提升是每隔 10 级能获得增长。一些成长线的增长周期是其他成长线的整数倍，但它们的起始等级是不一样的，以此避免它们在相同的等级大幅增长。这一点也可以反过来设计，让某个等级出现多条成长线共同增长的情况。比如，调整初始等级和步长，然后让每隔 30 级出现一次大提升。

我们认真地看一下表 4.1 中的数据，发现图 4.4 所示的每一条曲线展现的都是一条成长线自身的变化。

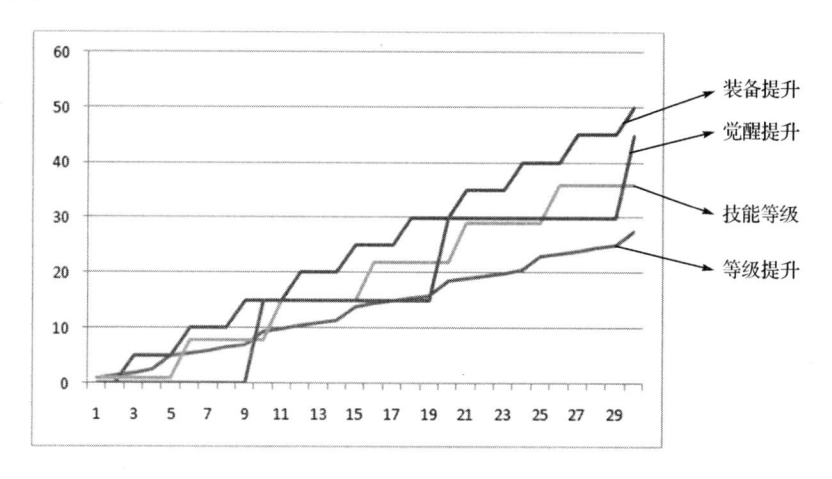

图 4.4

可以看出，除了等级提升这条成长线接近于直线，其他的成长线都呈锯齿状，有一个明显的上涨坡度。图 4.5 所示为 4 条成长线的数值对比，按照总和、各自的占比情况展示。在初级阶段过后，各部分的数值占比大致都稳定在一个范围内。这也能满足各条成长线占比的设计，并且看得到等级提升的占比是最少的。

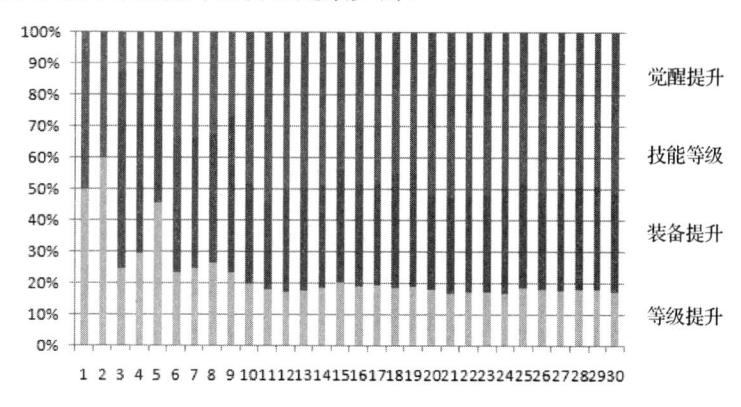

图 4.5

图 4.6 所示为所有能力成长的总和线，也就是人物总数值能力的变化。这是一条大致的直线，但各部分有明显的上下波动。

图 4.7 所示为每个等级的总能力与上一等级的总能力的差值。可以看出，差值有明显的波动。将低于 3 的能力上涨暂且定义为波谷，将高于 6 的能力上涨暂且定义为波峰，一

整条能力线在起起落落间就经历了很多波峰、波谷。

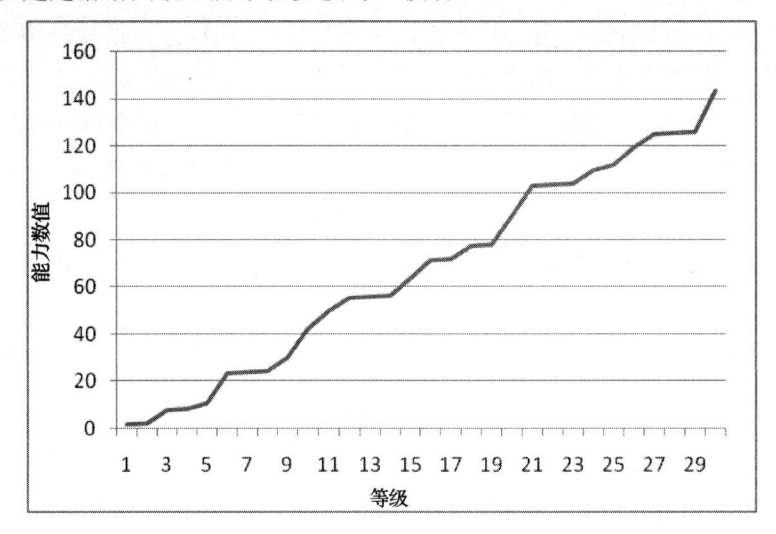

图 4.6

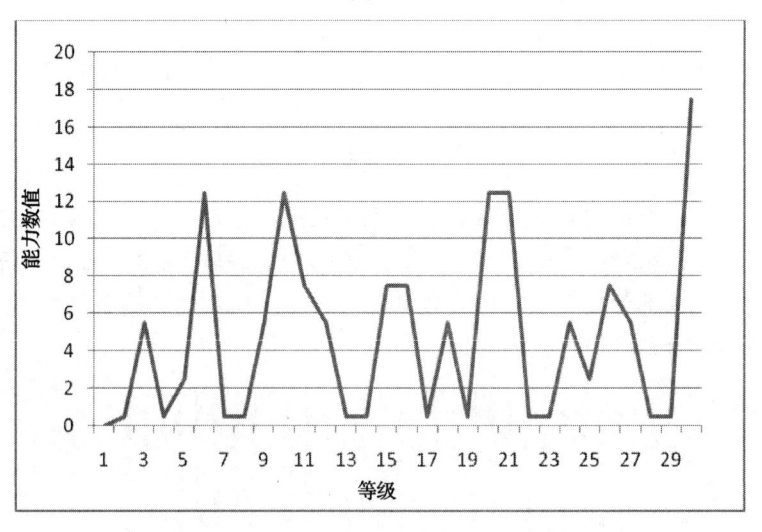

图 4.7

从图 4.7 中我们可以看到几个特别高的波峰，这是因为几个小的波峰叠在了一起才出现的。除了这种几个小的波峰叠在一起的情况，我们还可以通过修改各条线在叠加处的增长数值，以及修改其他叠加出来的波峰、波谷，来让此处更加明显。

不过，单纯的我方数值是不足以被用来评价战斗能力变化的，还是要根据伤害计算公式、敌方的能力数值，以及敌我双方的攻防击杀回合数来评价。这几张图只是用来衡量成长线的变化的，是在将游戏角色的能力提升数值表设计出来之后，对其进行优化和修改时使用的。在实际的项目中，我们需要将其他系统（如七日签到等）提供的额外奖励和提升一并考虑进来，这样才能得到一份对玩家体验来说更周全的衡量数据。

4.1.5　采用其他方式去强化进步感

谨记做这一切的核心：给予玩家成长的感觉。

在有的游戏中，有这样的情况出现：带小号通关低级副本，扫塔从底层开始，PVP挑战从弱小的对手开始等。这些情况让玩家感到自己比之前强大。其实他们并没有在此刻变强大，但是这些对比让他们感受到前几天的努力是值得的，是有效果的。感受很重要，虽然进步感直接体现在硬性的数值上，但我们可以设计非常多的系统来强化玩家的这一感受。对很多游戏来说，当它们不能提供给玩家足够的玩法和内容时，那么每天给玩家带来进步感就很重要，让他们每完成一段时间的游戏，就能体验到角色在进步。对于输给自己的其他玩家，赢的玩家便是更强的存在。如果成长线实在太长了，数值膨胀也太大了，1天的内容确实不能给玩家带来明确的提升，那么就强调2天的成长。设计师可以设计每隔2天出现一次奖励榜、爬塔、成长解锁点等，让玩家形成每隔2天获得一次成长的预期。

4.2　建立价值体系

游戏经济系统的基础是帮玩家建立价值体系，之后才有各种装备和道具的价值。出新手村送"蛋刀"，借用了其他游戏给玩家建立的价值体系。很多游戏没有帮玩家建立好价值体系就一直送各种东西，这是没意义的。比如，一个玩家在1h之内可以获得500个奥术之尘，另一个玩家在1h之内可以获得1000个奥术之尘，但是这些奥术之尘对他们有什么用呢？所以建立价值体系的第一步是创造需求，之后才是提高效率、增加获得途径等。

设计师应采用各种方法，包括规则上的、情绪上的方法，去创造需求。游戏中最重要的部分是能力的提升，这样玩家才能够通关，所以角色成长和数值成长便是价值体系的基础。但是如果游戏内容更丰富，玩家的需求不仅有自身变强大，还有额外的剧情感动、社交等，那么价值体系就可以建立在这些额外的需求上。同时，即便玩家的需求只是自身变强大这一项，建立价值体系也不仅仅是设定消耗和投放奖励，还包括方方面面的设计，以下逐一展开分析。

4.2.1　效用性

能够满足玩家的需求的东西，对他们来说才具有效用性，我们要做的不仅包括投放这些东西，还包括投放之前的工作，即创造他们的"需求"。笔者在此以关卡难度和奖励的各种投放情况为例来讲述如何创造需求，以及如何把握设计的"度"。

如图4.8所示，灰色的区间表示关卡难度，橙色线表示玩家能力。关卡难度表示一定范围内的角色能力，玩家只要操作恰当，就可以通关。但是在正常情况下，当玩家一直不停地前进，并且没有刻意停下来提升他的装备、等级等成长线，或者这些成长线上奖励的获得难度很大时，玩家的能力如果不能一直保持着如橙色线般的成长速度，就会下滑到

图 4.8 中的蓝色线上。此时玩家就通不过当前的关卡了，于是不得不停下脚步去提升能力，使其回到橙色线上。如果他们无法提升能力，就不得不等到能力变强时，再回去挑战之前没通过的关卡。比如，当玩家达到图 4.8 中虚线所示的等级时，再回去挑战横虚线与灰色区域相交处的关卡。

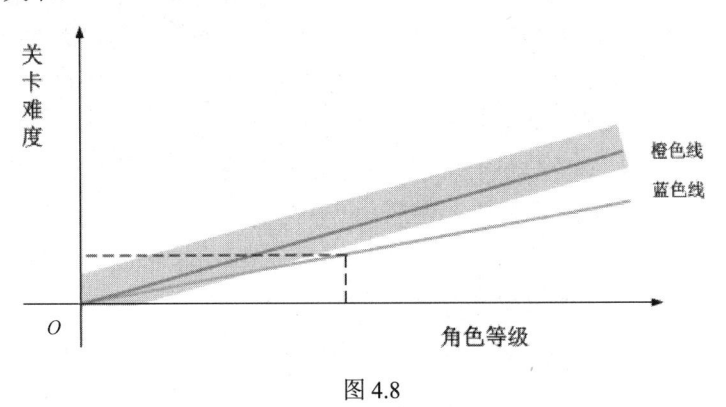

图 4.8

当玩家的能力掉出关卡难度范围时，他就会感到有压力，产生情绪波动。而在能力提升后，玩家的能力回到关卡难度范围内，此时玩家终于能够通过那些原来通不过的关卡了，积累的压力也得到释放。

释放压力是一回事，但所需的"心流"呢？"心流"就是在玩家既仿佛能通过关卡又仿佛不能通过关卡时出现的。由于不知道每个玩家自身的操作能力和策略能力是怎样的，以及其能在怎样的数值水平下通过关卡，所以这条"心流"数值线并不是关卡难度范围下部的那条线，而应该有一些波折。这样才能让玩家的能力既掉出关卡难度范围又能回到关卡难度范围内，确保他们处于既仿佛能通过关卡又仿佛不能通过关卡的状态。

所以玩家的能力线最好是锯齿状的，如图 4.9 所示。这样玩家的能力线与关卡难度范围相交的情况就出现了。

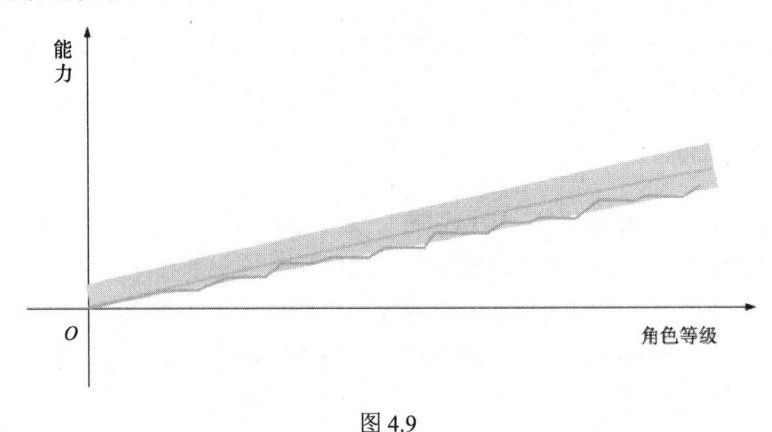

图 4.9

再进一步，当有多条成长线时，怎样让玩家去追求更高的数值能力呢？自然地，没有

PVP 或者高数值压力的 PVE，就没有对极端数值的需求。所以，设计师要么提供 PVP，要么提供排行榜，并且做好展示，要维护一个活跃的社区，让玩家能看到其他玩家的实力。

4.2.2 迫切性

这是非数值设计的部分，需要采用一些其他的系统去强化玩家的需求。迫切性分为两种：一种是让玩家想要获得，比如棍子上的胡萝卜，这是用奖励的方式吸引他们去做；第二种是追赶玩家，让他们恐惧和害怕。这种方式在现在的游戏中很少见了，现在的游戏总是习惯于去"给"，于是玩家越来越"肆无忌惮"。

如何让玩家感到有压力？可以采取下面的方法。

- 玩家在开启一个关卡、一个区域后，需要连续地完成数个挑战，才能真正把这个关卡、这个区域巩固下来，使其不会被怪物再次抢夺回去。这让玩家在一开始就产生一种害怕失去的恐惧感。
- 在获得一个新的英雄后，玩家要连续使用他完成一定的关卡挑战，才不会让他回归休眠的状态。
- 在打到下一个阶段前，玩家对某个 NPC 的好感会缓慢下降。
- 在升级建筑的过程中，玩家需要按时完成工头分配的各项任务，否则进度条就会逐渐回落。

以上设计的是玩家对失去的恐惧感。反过来，设计师在设计玩家的欲求时，需要考虑以下两点。

- 足够的诱惑。给出的奖励必须是确实对玩家有吸引力的东西。同时要做好展示，可以采用比较出彩的任务奖励面板，或者采用其他方式。
- 只差一步就能获得。更好的情况是已经给了玩家一点儿甜头，这样他们才会追得更起劲。比如，玩家需要获得 10 个碎片才能合成一个新英雄，已经获得了 9 个碎片，于是就想尽快获得最后一个碎片。先给玩家一些奖励，更能促使玩家继续向前追赶。

还有很多其他的方法可以采用，各位设计师可自行思考，但请在可能的情况下，多考虑提升非数值能力这条路。

4.2.3 获得难度

凝聚在商品中的无差别的人类劳动或抽象的人类劳动，是商品的基本因素之一。具有不同使用价值的商品之所以能按一定比例进行交换，比如，1 只羊能换 20 尺布，是因为它们都包含某种共同的、可以比较的东西。这种共同的、可以比较的东西就是商品生产中无差别的人类劳动。这里包含了两点，一是羊所满足的食物需求和布匹所满足的衣着需求是不一样的，二是消耗的时间也不相同。这大抵类似于分子和分母，即需求/时间=单点时间价值。对游戏而言，需求大部分都以角色的通关能力为衡量标准，但大部分玩家并不知道游戏的伤害计算公式，或者不会自己动手去计算。而且存在职业特色和当前数值的不同，所以每 1 点力量或者生命的提升的效用其实很难衡量。那么最终玩家就会倾向于将所消耗的时间、关卡自身的难度作为衡量标准，以及惯性地以为一些特殊属性（暴击、闪避、法术穿透等）会有更高的效用。最后他们就会对获得同样一个东西、一点属性，所采取的不同途径间的效率进行比较。比如，获得同样 1 点防御力，任务一需要 500 个羊毛、2h，任务二需要 3 个龙角、3h，那么任务一更优。

生产效率也是由设计师设定的。我们在设计游戏的经济系统的时候，应该一开始就有一个基础数值。比如，每分钟能获得 200 个银币，先计算出这 200 个银币约合多少其他的游戏材料，进而计算出整个游戏各个任务和产出点的产出效率。将其作为一个基准，如果想要修改某一时间段、等级段的产出效率，调整这个数值即可快速达到效果。比如，一些节日活动的获得效率是更高的，那么我们就不用大概给出一个比较大的数值，而是直接用 200×120% 得出此活动的每分钟获得和总体获得。最后得出的产出效率并不是判断的基础，而是以时间进行评判的基础，而后引出消耗和获得两项。前面给出了获得效率，是为了配合消耗的设计，最后计算出我们预期的游戏时间：升级的时间、完成任务的时间、每天玩游戏的时间等。

再进一步，许多游戏到了后期，就会变得非常难以提升，因为此时游戏已经没有多少新内容了，每一个等级的提升所需要的时间也变得非常长，即便获得效率不变或者还有略微提高。很多手游都存在这样的难题。解决方法不在于数值，而在于游戏机制。如果玩家挑战更高级 BOSS 的唯一办法就是数值增长，那么游戏就只剩下这一种解决方法了。为了避免数值膨胀，后期把升级时间拉到非常长就不可避免了。如果解决方法不只是数值增长，挑战更高级 BOSS 的办法还有攻防之外的其他机制，如属性克制、战场上的火焰喷射口、攻击范围等，那么游戏就能够容纳设计出的其他类型的游戏角色。当可供设计的游戏角色的类型够多时，新老角色之间就不再是替代的关系，数值也就不再是唯一的控制点。比如，在《明日方舟》中，因为解决难题的方法有很多，所以其就可以容纳设计出的更多类型的角色，不需要采取将角色等级上限设置很高、后期提升很难这样的设计思路。将角色等级上限设置得不太难达到，设置非常多的角色，一样可以让玩家每天玩游戏。并且此时它的新角色会比唯数值能力的游戏的新角色有更强的吸引力。尽管这属于游戏顶层的设计，不单单是数值能力的问题，但也深深地影响着数值能力的设计。

另外，获得难度的变化也会导致玩家开始选择原来看不上的一些获得方式。比如，当游戏到了后期或者某些卡点的时候，当玩家正常提升一个等级或者获得更强的装备需要很长时间的时候，一些原来玩家看不上的提升途径，就会进入玩家的选择范畴。比如，在一些 MMORPG 游戏中都出现过类似这样的任务或者节日任务，过程大致是让玩家来回跑，收集各种东西，而最终的奖励是额外的 1 点属性。这 1 点属性的占比连 0.1% 都不到，但由于这是一个确定的、永久的增强途径，所以即使玩家需要做一些无聊的重复操作，还是趋之若鹜地争相去完成。所以，对于一些效率不是很高的产出方式，也不用太担心玩家不会去采用，只要这些产出方式无可替代，玩家就肯定会采取，只是会给它们一个较低的优先值。

4.2.4　来自外部的价值认可

获得其他个体对自身的评价既是个体评价自身、衡量自身的一种重要方式，也是个体通过对比获得快乐的一种重要方式。在可能的情况下，我们应该尽量多提供这些途径，让玩家相互了解、对比。首先选择的当属排行榜，其次是非实时的战斗参与或其他游戏内容的参与，最后是同屏共斗。

现在，玩家对排行榜已经很熟悉了，而且有些厌烦了。确实，太直接的排行榜给人的感受就是赤裸裸的"逼氪"。但是以玩家能力而不是以角色数值为主的排行榜或者游戏玩法，就没有那么明显的强制消费的意思。同时，玩家除了想展示游戏能力，还想展示很多其他的东西，如好看的造型、曾创造的丰功伟绩、拥有的特殊道具等。设计师多从这些方面下手，会使设计的游戏更有趣。

4.3　奖励投放

奖励投放存在于整个游戏过程中，它对应着消耗，是一项更积极主动的设计内容。4.3节将游戏的奖励投放分为游戏前期投放、游戏中期投放、游戏后期投放，探讨除基本的创造情绪波动和进步感的设计点之外的一些设计点。

4.3.1　游戏前期投放

现在的手游已经发展得相当成熟，我们习惯了在设计游戏时就要去设计一些新手任务、签到奖励、七日奖励、关卡奖励等。它们除了在引起情绪波动上起作用，在数值方面的奖励投放上又有什么作用呢？其实说到数值方面的奖励投放，最终也就是内容解锁、战斗体验变化，这是不变的。这些系统起到的额外的作用，就是提供一个另外的手段来调节新内容出现的节奏。比如，按照关卡的投放经验，初期的一个关卡只能给到20%的升级经验，新手任务又给到80%的升级经验，这样玩家就能直接升1个等级。按照关卡的装备掉落情况，游戏是不可能在玩家通关章节一的关底BOSS时，必定给到玩家一件极品武器的，而挑战系统能够给到玩家这件极品武器，进而让玩家的数值能力大增，让玩家开始一小段砍瓜、切菜的体验。比如，玩家在第二天上线的时候，本来又要逐一进行游戏内容，缓慢提升能力，此时一个七日奖励给了他大量的材料，让他的各项能力得到提升，于是他便结束了昨日后期困难的关卡战斗体验，开启了一段爽快的体验。

由此我们看到游戏前期投放的作用有以下三个。

一是留住玩家。游戏采用给玩家更多刺激点的方式，在玩家稍微完成一些游戏内容的时候，便给出奖励，创造密集的刺激点。要注意的是，如果还没有确立物品的价值，就直接给玩家大量的奖励，那么玩家对获得的奖励是没有感觉的。

二是控制新内容出现的节奏。设计师通过奖励系统，将玩家强拉到某个等级或者让玩家开启某个内容。这样做是为了保持游戏对玩家的吸引力，也是为了尽快地让玩家参与到游戏的主循环中去。

三是在部分高压过去后，让玩家提升能力，让玩家度过一个较平稳和轻松的前期。

我们看到很多单机游戏为了创造更棒的沉浸感，根本就没有这些前期投放，但它们也一样非常吸引玩家，吸引他们一直玩下去。也有很多手游，它们没有那么多系统，但一样能吸引玩家玩下去。所以其实只要游戏的质量足够好，游戏的节奏足够好，游戏就能够吸引玩家。游戏前期投放是锦上添花的东西，并不是游戏的核心本质，设计师应适量地去用。

4.3.2 游戏中期投放

当游戏来到中期阶段时，玩家已经进入了主循环，并且习惯了主循环。此时设计师在设计各条成长线时，除了进行数值上的设计，还需要考虑给出一些卡点（包括硬卡和软卡）。

硬卡就是玩家的成长线大部分都会与游戏中的某一个关键点挂钩，比如玩到第几关，达到多少级，打过某个 BOSS，达到装备等级、英雄等级、装备升星等的上限才可以提升到下一个阶段。

软卡中一样有某个关键点，但是与它挂钩的成长线并没有那么多。比如，玩家打不过某个章节 BOSS，就不能接着提升等级，但是还可以继续提升装备等级、装备品质、宠物等级这些成长线。这样玩家就能够逐步提升其他成长线了，从而获得一定的数值优势，再来打这个章节 BOSS。

在许多手游中，设计师都没有刻意地设计玩家会在某个时候被"卡"住，他们仅从时间上考虑。比如，玩家从 70 级升到 80 级需要一个月，然后设计师就根据这一个月的时间去设计消耗和奖励。这些游戏会出现这样一个情况，玩家停在某个等级很久了，但因为等级和宠物等级是没有上限的，所以其新获得的所有资源都会被继续投入旧有的阵容中。这样玩家就永远没有额外的精力去练其他的宠物了，最终也就无法扩展战术和策略选择。从这一刻开始，无论游戏的内容多么丰富，他们都体验不到，之后就会陷入固化的游戏体验中，直至退游。

毫无疑问，有一个卡点反而会让玩家进行更多策略层面的思考，对于整个游戏系统，他们也会研究得更深。因为挑战就在那里，能力要求也在那里，玩家必须提升到这一挑战对应的数值范围、策略能力范围中，不然就通不过这个关卡。这就会让他们努力地去提升能力，去探索战斗的策略，去研究游戏的各个方面，寻找各种可能。

等级提升暂停了，其实是变相地给玩家提供了一个将短板补起来的机会。因为一般玩家在升级的过程中，不会同时提升所有方面，并且将所有方面都提升到很高，我们也不会给玩家那么多和那么整齐的奖励，所以他们只有停下，才能去补齐短板。当一个游戏有多个英雄时，每个英雄都可能有多条很长的成长线，如英雄等级、觉醒等级等。如果没有卡点，玩家提升目前的英雄等级就已经用掉了几乎所有的游戏时间，那么对于新获得的英雄，他们就没有时间去提升了。没有将英雄提升到可用的等级，玩家自然就无法让这个英雄参战，也就无法组合出新的战斗策略。这对游戏的策略性是很大的削弱，进而也削弱了玩家充值购买英雄的欲望。在设计玩法的时候，做广度是绝对比做深度更容易的。而且在消耗上，在游戏已经有一定的深度后，如果再推出一个新英雄，让它重新消耗一遍资源，消耗的资源肯定比给现有英雄提升 1 级消耗的资源要多。所以我们应该多设计一些合适的、能让玩家停下来回顾的地方。无论从数值线的角度来看，还是从玩家心理的角度来看，这都是一种较好的设计方式。

那么，如何看待软卡与硬卡？对笔者而言，这算是给玩家的一种便利、降低难度的帮助，而不是为了消耗玩家更多的时间。即便做软卡，也不会特意让其在卡点的最后几级需要消耗更多的资源，变得特别难提升。另外，如果我们设定的卡点的能力水平是明显超过关卡难度的，比如高了 20%，那么在达到这一极限前，其实也算是一个软卡。所以软卡和硬卡之间并不是非此即彼的关系，而是可以互相转换的关系。

4.3.3　游戏后期投放

在一些网游或者成长线较长的游戏中，到了游戏的后期，角色的主要成长主要体现在成长线上。随着版本的递进和关卡难度的增加，成长线也会自然而然地呈现出阶段感。这时也会出现一些问题，有一些设计点需要我们去考虑。

1. 为后进玩家提供捷径

当关卡难度与装备等级同步提升时，玩家只有获得不同档次的装备，才能通过不同阶段的关卡。玩家肯定会按照原来设定的流程去走，这样的设计在大部分情况下都是合适的，但也有一个隐藏的问题，就是后进的玩家也需要按照这样的流程走一遭。如果某个版本持续了很久，玩家在其中的装备等级上已经提升了好几个档次，那么后进的玩家也需要走那么久才能达到跟前端的玩家一样的等级，他们可能永远都追不上前端的玩家，也玩不到最新的内容。如果这样的情况并不是出现在以单人为主的手游中，而是出现在一个多人的MMO 游戏中，就会产生分流：后进的玩家提升会慢，而且总不能跟前端的玩家玩到一起；前端的玩家在组队时能找到的人变少，这样情况就不太好了。我们需要提供一定的方法，让后进的玩家可以更快地赶上前端的玩家。

第一种方法是让新旧版本的装备差距没有那么大，甚至没有差距。做到这点的网游有《激战 2》，它有一套已经成型的粉装，即使在游戏迭代数个版本之后，这套粉装依旧是顶尖的。当然，这种游戏就是不卖数值，纯粹以游戏内容见长的游戏了。这种游戏有其好的地方，也有其不好的地方，不好的地方就是，当每个新版本出来时，玩家难以获得进步感。这种游戏让玩家消耗的时间变短了，最终容易成为叫好的游戏，但不容易成为叫座的游戏。

第二种方法是在新版本出来后，调整旧关卡掉落的装备的等级。既然后进的玩家只能刷低级关卡，而我们希望他们能够快点赶上来，那么就调高旧关卡掉落的装备的等级上限。这样虽然他们还需要刷几遍旧关卡，但是原来需要 10 件装备才能跟上第一梯队，现在只需要 5 件，能力就达标了，变相地缩短了他们跟上第一梯队的时间。同样，调整装备掉落的位置，增加可刷的次数，降低关卡的难度，也属于这一范畴。

此时的装备等级区间如图 4.10 所示。

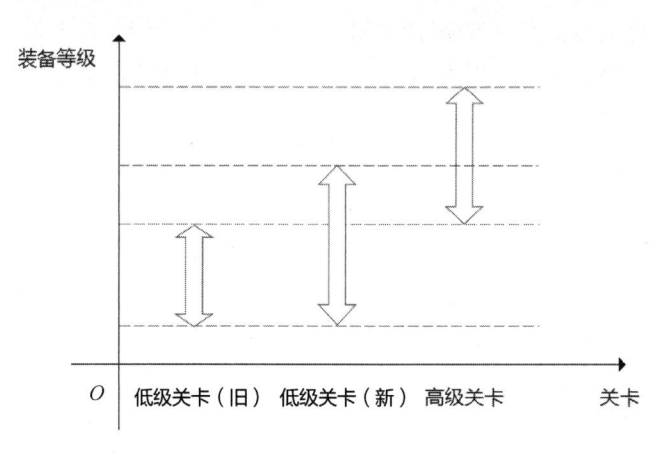

图 4.10

将这种方法用到极致的游戏是《暗黑破坏神Ⅲ》，其中玩家只要能够打大秘境，就能够获得当时顶尖的装备，差别只是装备掉落的概率和数量不同。那么就再也没有新旧副本的装备等级范围的问题了，玩家只管刷刷刷就好。这种投放方式非常适合有海量的装备、词条，以及装备搭配的游戏。不过，采用这种投放方式也会不可避免地削弱游戏的章节感，让玩家感受不到一个阶段一个阶段的成长。并且《暗黑破坏神Ⅲ》中大秘境的难度提升是比较平缓的，没有跳档提升，也没有明显的阶段感。

另外，因为战斗变化少，所以游戏体验固化是必然的。许多玩家在刷完一个套装后，不会再玩很久了。虽然这以战斗方面为主，但是对奖励投放略有影响，设计师在进行这样的设计时要有所考虑。

第三种方法是提供一种挑战关卡之外的奖励投放方式。比如，在主要的、有挑战性的副本之外，还有难度很低的日常任务，让玩家通过完成日常任务获得点数、牌子、积分，玩家可用其换取到当前最高级副本的入门装备。这就是《魔兽世界》所采用的设计方式。由于它最主要的成长线只有一条，就是装备等级，所以它的一切只能围绕着这一条成长线内部的变化更新迭代。如果其他成长线的占比很大，那么其实也可以从其他成长线入手，比如设计成挑战关卡出装备，而日常关卡出附魔、卡片、宝石等。对大部分手游而言，它们的成长线太多了，奖励也是分散地被给到玩家，所以自然而然地就避免了这个问题。它们需要面对的是没有一个关键成长线、锚定物所带来的提升无力感。

2．一个"可见的"进度条

当游戏到了后期时，玩家等级的提升会变得缓慢，甚至因为有多条成长线，导致玩家对每一条成长线上的等级提升都毫无感受。这样玩家就会很容易陷入懵懂的状态中，好像进步了，又仿佛没有进步，继续玩游戏又变得没有意义，此时玩家就很容易弃游。

这时我们就需要提供一个确切的、可见的进度条，让玩家"见到"自己的进步。这个进度条显示的可以是即将可以兑换最终极品装备的牌子数——18/37，还可以是玩家打掉的一个固定的守关 BOSS 的血量。

这虽然不是数值设计，但关乎所有数值设计带给玩家的感受。

4.4 社交、流通方式与玩家间的行为

当许多人一起玩游戏的时候，设计其经济系统就会面临一个问题：是否允许玩家间进行交易。如果允许玩家间进行交易，那么肯定会有游戏骗子和工作室进来，扰乱游戏的经济系统。如果不允许玩家间进行交易，就会让这种在现实世界中很自然的事情无法在游戏中实现，还限制了玩家间的社交和羁绊的产生。但真的是这样吗？不一定，物品交易只是社交的一部分，社交才是游戏首要追求的内容，交易只是其次要追求的内容。以下将从许多游戏的情况讲起，逐步探讨完全流通、半流通和无流通的设计。

4.4.1 完全流通

按照现实社会的情况，完全流通是正常、自然的情况，很多早期的游戏都是这样去设计的，如《仙境传说》《魔力宝贝》等。完全流通带来了社会资源的分配优化，但前提是有流通的必要。

近年来，许多游戏对游戏流通中物品的绑定与否做了很多改变。拿《魔兽世界》这款网游来举例，玩家最主要的社交关系圈是他的朋友们，由于最小的组队副本是 5 个人，所以平时能和玩家一起玩游戏的，主要是他的 4 个朋友。由于《魔兽世界》现有的玩家大多是休闲时间比较少的 "上班族"、中年人，这类玩家并没有那么多个有合适时间、合适能力的一起打游戏的伙伴，所以他们大致会有 2~3 个固定队友，剩下的就由临时遇到的人来补上。这些人数也是跟每个游戏的最低组队人数有关联的。有的游戏规定 4 个玩家组成一个队伍，那么玩家固定的游戏伙伴就会略少；有的游戏规定 6 个玩家组成一个队伍，那么玩家固定的游戏伙伴就会略多。在这些固定的游戏伙伴之外，是平时会聊天、偶尔会一起组队的朋友。同时，这个关系层的人也会参与到更大型的团队活动中去，比如 10 个人的团队副本。一个普通的玩家，如果他不是 Raid Leader，他的关系网就可以延伸到这 10 个人中，但他与每个人都不是很熟，更不会经常跟这些人组队。这个关系层的人就是玩家的普通朋友，一般是 7~10 个人。至于更广泛的社交关系，玩家已经没有精力，也没有兴趣去打理了。

所以越来越多的游戏会更关注如何设计好这两个层次的社交关系。比如，将掉落的装备在小队内进行分享和赠予；特意设计一些伙伴任务、师徒任务、工会任务。因为重要的是有共同的活动经历，而不仅是物品或金钱的流通，所以流通的层次只达到这个范围就够了，不需要扩展到更外界的完全自由交易。

那么，更广泛的流通的作用是什么呢？

一个作用是为玩家提供与陌生人进行第一次社交的机会，创造玩家间结成更亲密关系的机会。

比如，玩家在地牢深处进行探索时，偶然遇到了一个落单的牧师，他请求玩家给他一些食物，玩家大方地给了他。也许他为了以后可以回赠玩家的好意，就和玩家在游戏中加为好友，那么另一段奇妙的旅程从此开始了。如果此时玩家间不能进行交易，那么这种社交的可能性就被掐灭了。

仔细审视一下这种情况：牧师需要的不是共同游戏的互帮互助，所以各种促成共同游戏的设计和流通规则在此时都是无用的。他需要的就是一些食物，这时只有"赠送"是最直接的方法，也就是需要允许流通。基于这种情况，对于普通物品的流通，许多游戏是允许的。

另一个作用是针对生活技能的产出物的。生活技能既保证了游戏世界的真实性和丰富性，又保证了当玩家难以获得某个档次的 BOSS 掉落装备时，可以采取另一种方式去获得同档次的装备。生活技能的产出物可以是消耗品、装备等，但都可以通过制造和流通，赋予更多游戏基础素材价值，以及回收游戏币。

我们来看生活技能的社交作用。如果罗列一下各种可能存在的生活技能，我们能够想出几十种不同的生活技能。那么，一款游戏需要多少种生活技能呢？

考虑的点除了有多少条成长线和多少种装备类型，还有这套体系能顺利运转所需的玩家的数量和他们的投入：一个玩家将生活技能学到能够用的程度所需要花费的时间和精力，这些生活技能能够产生多大的价值，以及一个服务器的玩家数量。在一些大型 MMO 游戏中，由于某些服务器的玩家数量少，导致一些生活技能的产出物严重不足，于是很多玩家的需求无法得到满足。这些"鬼服"（玩家数量很少的服务器）中存在的情况，就是玩家的产出物很难卖出去，想买的东西又很贵。如果玩家人数充足，有足够的原材料提供者、制造者和需求者，那么整个流通就能够顺畅起来，最终造福所有玩家，让各种产出物有价有市。

所以设计师在设计生活技能的时候就要去考虑，如果一共有 7 类生活技能，每个玩家只能学一类，那么一个玩家要想得到所有生活技能的增益效果，至少得去找到另外 6 个玩家。假如 10 个学了某一类生活技能的玩家中有 1~2 个玩家达到可用等级，那么至少要找 30 个玩家，再假设在这些玩家之中，有材料去生产额外的产品且有意愿和时间去出售产品的玩家占了 1/10，那么也就意味着这个服务器每天至少得有 300 个在线玩家。其实上述这些数据都是比较乐观的结果，现实中大部分玩家会把更多的精力放在游戏的主体内容部分，很多玩家学的生活技能都是自用和给朋友用的。所以在设计生活技能时一个必须考虑的点就是所需要的总体玩家的数量。如果不容易达到，那么就要想办法减少中间的步骤，减少所需要的活跃玩家的数量。

完全流通还可能滋生骗子，游戏中一些非常珍贵的道具或者装备被某个玩家获得，他在卖出时通常会开出一个天价。正常而言，玩家获得多少个游戏币基本是和游戏时间挂钩的，而有一些玩家没有那么多时间去赚取游戏币，却还是很想要买这件装备，怎么办？那就用现实中的钱去买游戏币。在早期的游戏中，游戏官方人员为了让玩家获得好的游戏体验，都不会自己去卖游戏币，所以这些游戏的玩家在需要游戏币时就只能从其他玩家手中购买。在这样的事发生多次之后，整个游戏的玩家就都明白了游戏币的重要性。但是玩家靠自己打游戏来获得游戏币，总归效率是有限的，此时便催生出最早一批在游戏中赚钱的非游戏官方人员——游戏骗子。比如，这些游戏骗子在游戏中通过交易系统的不同步，卖极品宠物或者点卡，但在拿到游戏币之后，立刻下线走人。

这是游戏系统的漏洞，是由交易的不同步导致的。后来有些游戏提供了同步交易的平台，如《梦幻西游》的点卡平台、《魔兽世界》的拍卖行。游戏骗子至今还有，在各个游戏中都存在。这只是他们的初级阶段，因为游戏骗子做的基本都是一次性买卖，在骗过几次之后，他们的账号就没法用了，大家的警惕性也逐步提高了。后来玩家们发展出用大号担保、工会担保等方式，来提高交易的可信度。游戏骗子的下一个阶段则是游戏商人。他们采用更有效率的手法，或者使用外挂，同时登录多个游戏账号，靠自动打怪来获得战利品，从而源源不断地获得游戏币。根据正常的游戏设定，随着游戏时长的增加，游戏币积累是有盈余的。所以这些"游戏商人"基本能够保证他们花费 1 张点卡的游戏币，能够打出 1 张以上点卡的游戏币，这个差价就是他们利润的来源，而成本只有电费、计算机折旧费和外挂的购买费用。

不同的游戏，有不同的版本和外挂功能，带给"游戏商人"的利润也不同。比如，早期《梦幻西游》的游戏商人，通过 1 张点卡可以获得接近 2 张点卡的游戏币。而随着他们从单打独斗变成规模化的作业，现在业界经常提到的游戏工作室就出现了。他们的业务也从打金卖金，扩展到游戏代练、代打竞技场等级等方面，帮助完成在时间或能力上对玩家有挑战性的事情。

于是，这类完全流通的游戏便成了外挂和游戏工作室的重灾区。

比如，《仙境传说》的没落便是因为外挂，那些强力的外挂发展到能够同时上线几个角色，分别是承受伤害的刺客、DPS 的法师或者弓手，以及负责治疗的牧师。在遇到怪物时，他们会分头迎击，上 Debuff、攻击、回血，专门抢小 BOSS 和野怪。如果遇到的怪物太多，他们会自动瞬移离开，之后会自动计算一个合适的再次集合的地点。如果遇到的怪物太强，他们就会飞走。如果遇到 GM 问话，他们就会立刻智能掉线，过段时间再上线。这就太高效了，比真实的玩家所做的操作还要好。于是《仙境传说》就变成外挂横行的一款游戏，其中真正的玩家很少。

那么，完全流通可不可以做？当然可以做，但能不能解决这些问题呢？还是纵容这些外挂的使用者？因为他们也一样为游戏贡献了点卡钱，为游戏的市场流通做出了贡献。实际上，现在也有不少游戏，比如《最终幻想 14：重生之境》，因为禁止不了外挂和游戏工作室，所以就采取事后处理的方式：让游戏工作室每个星期买一批 CDKEY，在一周内赚一些钱，下一周就封停一大部分，接下来游戏工作室继续买新的一批 CDKEY。游戏官方人员的处理不至于让游戏工作室完全无法赚钱，然后每周赚取它们购买 CDKEY 的钱。

设计师除了可以从程序上去限制外挂程序，还可以在设计上做出一些改良。最彻底的当然是让游戏币无用，让游戏币只能用来买一些普通的物品，并且让其价格非常低廉。在一定程度上，《魔兽世界》采取的就是这样的金币设计理念，但是后来金币作为与时间挂钩的产物，被作为一般等价物使用了。于是就出现了"G团"，并且再次赋予了金币流通的功能。所以后来 BLIZZARD 公司也学《梦幻西游》设计了点卡寄售的系统，使用的也是游戏中的金币。

此时的游戏工作室更加先进，因为玩家能够使用便捷的网上支付，所以代练、代打装备等直接都用钱结算了。少了一步转手，于是金币又逐渐趋于无用了。但只要有东西能够充当一般等价物，就会有对其的需求，从而就有可能导致玩家产生直接用钱购买的想法。比如，在《暗黑破坏神II》中，由于金币太容易获得，而且没什么用，因此人们就将具有"+1技能"的小护身符作为一般等价物。

再进一步，就是用这些一般等价物不能够买到玩家需要的东西，由此产生了半流通。在讲解半流通之前，笔者继续探讨一下游戏币的问题。假设游戏全流通，并且没有游戏工作室导致游戏经济崩盘，那么此时需要考虑的就是游戏的消耗和产出。正常而言，玩家的游戏币肯定是会越来越多的。设计师不能耗干他们在游戏历程中所有的收获，甚至让其变成负数，所以游戏币会越来越多。设计师可以设置一些一次性的大额消费，如《魔兽世界》中的千金马。但一次性的大额消费在游戏后期肯定也会失效，于是游戏币的价值还是会跳水。如果交易的需求不是非常强烈，那么游戏币贬值就贬值了，玩家不会特别担心。但如果交易的需求非常强烈，那么游戏币的贬值有时会直接导致专攻某项制造业技能的玩家无法负担制作成本，因为他的游戏时间有限，获得的游戏币也不够去支付他的制作成本。

为了应对这种情况，有的游戏便设计了非常长的成长线，让玩家几乎看不到头，比如《梦幻西游》的"修炼"。也有一些游戏，把它交给了概率。比如，在《地下城与勇士》中，玩家强化武器需要大量的金币，而强化是有失败概率的，强化+8 以后失败清零，强化+9 以后失败直接损坏装备。

强化的效用是非常明显的，而将武器强化到高级武器的概率非常低，这就促成了大量游戏币的消耗。

虽然终归会有一些玩家获得一批极品装备，然后不再需要消耗游戏币了，但这些玩家在整个服务器中可谓"凤毛麟角"，因此也就影响不了整体的游戏经济。其实这也算是一种非常长的成长线。

另外一种方法是，让游戏的消耗和获得都非常少。这样，就算后期游戏币开始通胀，但是由于基数小，表现出来也不会太过分。

低消耗、低获得的这种情况，是由这种原因促成的：游戏的主要成长线不是由金币决定的，而具有决定性作用的装备或者其他一些关键的道具都是绑定的，这种情况就是下面要讨论的半流通。

4.4.2 半流通

完全流通带来的一种情况是玩家创建很多小号，把小号的获得转给大号。在一般情况下，游戏提供的大部分奖励都是由参与游戏的玩家的数量决定的。比如，5个人去击杀一个BOSS，系统大致会提供给每个人一份奖励。一开始玩家每天获得一份奖励，累积10天左右就可以达到下个阶段，但这时由于玩家创建了很多小号，把小号获得的奖励给了他的大号，因此大号的游戏进程就会大大加快。这样的操作导致这个大号的游戏进程远远比其他玩家的游戏进程快，占有了各种优势资源和排名奖励，同时也过快地蚕食了当前版本的游戏内容。而且由于大号的游戏进程过快，原来设定的游戏中的卡点（压力点、挑战点）也就发挥不了那么大的作用了，玩家的付费率也会大幅降低。

当很多玩家同时这么做时，一开始设计的各条成长线，整个版本内容的消耗时间，都会大幅缩短，这是致命的。

解决方法包括限定道具的获得方式和限定流通的方式。

半流通绑定了游戏中的某些装备和道具，不允许交易，一般限定流通的都是高价值的东西，这些高价值的东西包括满足刚性需求的装备道具和具有炫耀性的东西。

绑定削弱了一般等价物的价值，也确保了玩家必须自己去体验、经历游戏的主体内容。同时，绑定减少了盗号的很大一部分价值。绑定分为两种做法：装备后绑定和拾取后绑定。拾取后绑定使得装备不会二次流通，无法再被卖给其他人，这就让其他玩家或玩家自己的小号必须再挑战一遍BOSS才能获得装备。装备后绑定则允许装备流通，对一些装备而言，对其提供被卖给别人的机会，也是加快服务器中其他角色的能力提升速度的一个举措。玩家还能够把它当成获得大量游戏币的一个途径，从而让获得这个装备的玩家产生兴奋感，这需要其他系统的配合，如玩家间的交易系统。

不允许二次流通增强了装备的独有性，也让想得到它的玩家必须自己去完成那部分游戏内容。所以在判定一件装备需不需要绑定时，一看价值，二看希不希望每个玩家自己去完成相应的游戏内容。

再进一步讲，允许流通是因为产生了一些玩家自身不需要，而其他玩家需要的东西。比如，玩家抓到了一只珍贵但自己不需要的宠物。如果一开始就不会产生一个玩家可以提供给另一个玩家的东西呢？那就不需要流通了。比如，在掉落装备时直接按照玩家角色的职业来掉落，对于抓到的宠物、获得的各种东西，根据玩家角色进行个性化处理，那么就减少了大部分的流通需求。这足以让玩家在装备掉落上自给自足，不需要整个服务器中有太多玩家。

4.4.3 无流通

全绑定和无流通是两回事。

在绑定装备之后，如果提供一个系统的平台，让玩家可以和系统交易，再由系统将装备公开出售给其他玩家，这只是少了玩家直接与他人交易的部分。这种做法少了一些便捷性，但系统对整体经济的控制性会更强。而无流通则是连系统也不提供流通的平台，每个玩家只能依靠自己去获得各种道具、装备。

如果其他部分做得好，那么越是无流通的游戏，对于付费玩家越"黑"。道具卖得越贵，每天可重复的游戏内容的奖励占比越高的游戏，对于付费玩家越"黑"。因为此时，大家都站在了更平衡的基准上，那就是每个玩家自己的时间。付费玩家无法购买其他玩家的产出，只能找系统买，系统自然会卖得比游戏工作室贵。然而对于这种"黑"，付费玩家并不会这么去认为，他们只会根据付费之后的感受去衡量这样做值不值。

完全无流通会影响整个玩家生态，因为此时产生不了大号将不需要的东西低价卖给小号的情况，那么小号的成长也就相应地减慢了。除此之外，同等级玩家间不能互通有无，也是变相地减慢了他们的成长。

允许玩家间进行设备流通一般可以让整个服务器更有活力，但经常会带来一些不可控的后果。最直接的做法就是让一个大号带着许多小号一起"刷"东西，刷出来的东西全部归大号所有。这基本可以让这个大号不需要进行任何付费就能一路愉快地提升自己。除非在游戏中做一些硬卡的设定，比如将游戏中不会掉落的材料作为玩家能力提升所需的材料。

即使做了硬卡的设定，但只要玩家们可以"刷刷刷"，也会让大部分材料的定价往下跌的，直至跌到这个服务器的人均劳动力水平。这对于很多没有太深的玩法、强调成长线的游戏非常不利，也是设计师非常不愿意看见的。

装备和道具的绑定与否，更多的并不是对游戏体验的优化，而是对盗号、游戏工作室、玩家个人的经历、经济系统等方面的优化。

流通仅是社交的一部分，玩家间的社交才是我们想要实现的，不同的流通方式会对社交和付费造成一定的影响。比如，不少玩家喜欢那种所有东西都是由自己通过打败敌人而获得的，没有太多付费内容的游戏。

设计师也可以在其他地方设计一些规则，减轻不同流通方式对社交造成的影响，比如，用技能、替代道具去给其他玩家提供帮助。

4.4.4 互惠行为和主动促进社交

除了直接的玩家之间的流通，还可以设计一些具有更广泛的影响力的机制，或者提供一些临时的凑对方式。

比如，以前在玩《魔力宝贝》时，海洞 3 有个海男，当时笔者的等级低，组的队伍基本是打不过他的。但是偶尔会有一些高等级的队伍打败了海男，然后这个海男就消失了，他把守的出口也可以通过了。到了地图的另一边之后，就是难度更低，但经验和掉落物都更好的新地图。这让我们这些低等级玩家欢欣鼓舞地想快点过去。这就是一个社会化的影响，强大的玩家辐射出他们的能量，在他们做自己事情的同时，也帮助了低等级的玩家。这让玩家感觉到游戏中充满了爱，也让玩家更关注这个世界的动态变化。

另一个例子是《洛奇》，在它的世界中，每个大地图与另一个大地图的连通点开始都是被封印石挡住的，封印石的血量非常高，在正常情况下，需要很多人一起打很久。但是一旦封印石被打开了，就是开启了新世界。这不是顺手而为的难关，而是需要许多玩家共同努力去突破的难关，之后则是所有的玩家都一起受惠。

简而言之，扩大玩家行为的结果，让其不仅仅影响到自己，还能影响到其他人。

另一个角度则是直接地设计一些促使玩家一起游戏的游戏机制。比如随机副本，全服务器随机组队，满足队伍要求即可出发。再如手游中的一些小副本，双人成组，随机匹配。还有另一种方式，比如《暗黑破坏神III》中开启大秘境的"钥石"，《龙之谷》中一些副本的门票。假设这些门票是按照人头发放的，或者需要消耗一定的时间、材料，高等级玩家在其中可以获得对自己有用的奖励，那么在高等级玩家使用了自己的"钥石"之后，他就会考虑进入低等级玩家的队伍，使用低等级玩家的"钥石"。当一个服务器中玩家的等级都比较高时，他们都因达到了自身能力的上限而无法继续挑战更高级的"钥石"关卡，那么低等级玩家的"钥石"就成了稀缺物。这些是促使玩家组队的方式，也可以设计促使玩家间进行别的社交的机制，这些都是较为主动的方式。

4.5 让玩家充值

想让玩家充值，首先要明确玩家的特性。

4.5.1 分R档地去看待用户

R 是 RMBer 的缩写，就是付费玩家的意思。应当把玩家按照不同的消费习惯区分为不同的细分人群，站在他们的角度去看待游戏付费的问题。对于分梯度地去看待付费玩家，有这样的说法：无论玩家有多少消费能力，都能找到适合自己成长的速度。

使用阶梯式的付费设计系统，能够让每一个玩家在自己的付费层次上感到爽快。但此时已经不能将游戏作为艺术化的东西来设计了，而应作为快消商品来设计。说到底，游戏是消耗一定时间的商品，而且在一定的游戏时间之后就停止了。所以从纯粹的商品的角度去看待游戏和从艺术品的角度去看待游戏，只是出发点不同，不能说哪种看待方式更好。不过，如果整个行业都把游戏当成一个商品，而让一个还有着其他潜力和光彩的事物只剩下利润和荷尔蒙，就有点儿可惜和悲哀了（即使如此，行业依旧会随着玩家对游戏的熟悉，期待更好玩的游戏出现，从而逐渐进步，这也是一条缓慢前进的路线）。

在这种情况下去设计游戏的数值和付费就比较直接了，摸清楚各个档次玩家的付费习惯，在游戏的内容系统中设计促使他们付费的点就可以了。

如果能分出各个档次的玩家，其实也就意味着一开始就设计好了各个档次的角色能力、数值能力、成长速度、通关效率等，也只有这样，才能让玩家愿意付出更多的金钱去追求更高的档次。反过来，如果玩家在花了真金白银之后却发现自己并没有提升，他就会感到失望，进而就不再充值了。所以设计师越能够清晰地分出档次，就越能够更好地把握不同的玩家类型。不同档次的玩家在付费时，都希望自己能变强，这也就意味着玩家的能力档次会变多，以及会有更多不同的游戏进度的档次，这也是对数值设计的要求。

以下讲述不同玩家的一些特点。

1. 小R玩家

小R玩家的消费心态和中R玩家是一样的，只是他们的经济基础和付费习惯有所不同，所以小R玩家选择了较低的消费方案。对于和中R玩家拥有一样的消费心态的小R玩家，追求在他们的消费范围内，最合理化的、最优化的组合，也就是最高效地花钱。那么可以依据不同档次的人群，预估他们不同档次的付费额，然后在他们的付费额度内，给出一些能促使他们付费的礼包、月卡、组合，这便是他们最优的付费方案。当然，应该去考虑把小R玩家变成中R玩家，但是至少要做好他们这个等级的最优消费组合。

有一部分小R玩家是由非R玩家转化过来的，他们中很大一部分是被"首充礼包"吸引而冲动消费的，另一部分是真正出于对游戏的喜爱才去充值的。对于第二部分的玩家，他们未必没钱，只是他们对游戏更挑剔，所以并不会轻易付费。设计师应该做的，就是把游戏的品质提上去，在那之后，对于游戏里的付费线，他们自然就会一条条去走。

冲动消费的那一部分小R玩家，在玩游戏时几乎没有充过钱，无论出于什么原因而消费，此刻他们感到更多的可能是负罪感，以及打破自己一直以来习惯的不安。在现实中，对于感到愧疚的人，人们会给予他们安抚，陪伴和开导他们。在游戏中也一样，应该让第一次付费的兴奋没有那么快地过去。在可能的情况下，在次日、第三日或者更长的时间内，给予第一次付费的玩家一些回馈，包括奖励、游戏功能等。让他接受第一次，觉得这样的付费是很值得的。如果不这么做，让玩家的第一次付费简单粗暴地结束了，然后第二天又设计系统希望玩家再次付费，就很难让玩家接受。不过并不是所有玩家都是怀着负罪感买礼包的，很多玩家就是抱着试试的心态来购买的。假设我们买了一件衣服，当天女朋友夸你有眼光，隔天女朋友还夸你有眼光，后天女朋友仍然夸你有眼光，那么我们心中的成就感简直就要爆棚了。两种情况说的都是同一种处理方式，就是要让玩家更多地感受到第一次付费的甜头。

2. 中R玩家

中R玩家对游戏的了解非常深刻，有时可能是玩家中对游戏了解最深刻的玩家。他们很清楚自己想要的结果，以及要达到怎样的能力值、目标。同时，他们对于游戏也有着良好的执行力，为了在一个星期内练出来一个5星宠物，他们会按照制订好的计划，每天做足所需的内容。

除去一些刚从小R玩家升上来的中R玩家，大部分的中R玩家都有很笃定的消费观，心中对消费会有一个大致的范围。他们一般不会购买游戏中所有的英雄和服务，只会把钱投到他们欣赏的一套组合上，并提升到最强。他们最期待的就是能通过自己的策略和技术，打败大R玩家。虽然在正常情况下，由于有一定的数值差距，他们的这个目标是完全不可能实现的，但有的游戏比较侧重玩法，于是他们就有了打败大R玩家的机会。这个机会一般而言都是游戏要给他们的，让某一种成型的组合有机会打败另外的组合。这也倒逼着大R玩家要么将数值实力提高到中R玩家再怎么努力也没办法打过的情况，要么去组建另一个不怕中R玩家克制的组合。

小R玩家一般都跟系统玩，因为他们知道没办法跟中R玩家、大R玩家玩。所以对于他们，网游更像是一种有联网功能的单机游戏。从中R玩家开始，玩家就开始超越跟系统玩的层次，开始在意跟别人玩的情况，所以中R玩家可以继续分档。按照中R玩家对与其他人互动的结果的需求程度，以及中R玩家的消费习惯，可以将中R玩家分为中小R玩家和中R玩家。

3．大R玩家

大R玩家并没有纯粹地用金钱换时间，纯粹地用金钱换时间的是中R玩家。大R玩家在意的是实力达到最强，或者达到他们想要的位置，之后就会停止。

他们会收集游戏中的方方面面，尝试任何他们想到的想法。他们基本都是重度玩家，在某个层面上，比设计师更爱游戏。他们也非常在意与游戏中其他玩家的对比，并且只要是能够帮助他们实现目标的手段，都会去采取。这种玩家算是自然型的大R玩家，还有一种玩家是真正有钱的大R玩家。对于真正有钱的大R玩家，可以在设计时增加一些与他人互动时无实际作用的消耗品或功能，如玫瑰花，让他们去消费。只要他们愿意，充几十万元去买钻石，只是为了把某个场景摆满华丽的道具，也是很平常的事情。

保证巨大的差距，是创造大R玩家的第一个条件。如果要想瞄准大R玩家去设计游戏，那么最好把差距做得明显一些，并且减少让大R玩家感到麻烦的设计（如很强的操作、复杂的策略等）。由于大R玩家最在意的是与他人互动的结果，所以设计师要做的自然是增加很多互动的功能，如最简单的排行榜、工会作战、夫妻组队战之类。或者允许大R玩家自己设定内容并展示给其他人看，这些内容包括服装系统、家园系统等，具体做法有很多。

第二个条件是保证大R玩家在充了钱之后，有地方可以花出去。这也许听起来匪夷所思，但是确实有很多游戏只顾着设计很长的成长线，却忘记了设计足够有效的依靠花费代币进行提升的途径。它们的商城中售卖的道具少，每个系统中能够直接花费代币的地方也少。

4.5.2　付费设计思路

更细致地区分不同的玩家和他们的能力如图4.11所示。正常非付费的玩家的能力成长线是紫色线，也就是随着时间的推移，他们逐渐难以对抗敌人，需要花费额外的时间去提升能力，才能战胜之前与自己处在同一等级的敌人。

小R玩家和中R玩家的能力成长线分别是蓝色线和橙色线，他们在能力提升方面大致相符，能一直流畅地提升能力和迎接挑战。但是小R玩家的能力并不能一直超越关卡难度，他们也会时不时地感觉到关卡带来的压力。大R玩家的能力成长线是红色线，他们的能力随着时间的流逝完全超越了关卡难度，他们玩的是超前的关卡，以及与其他玩家互动。

图 4.11

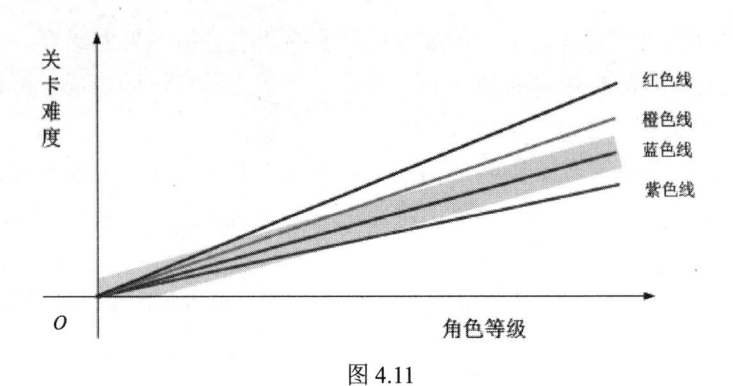

有很多付费点可以设计，按笔者的分类，主要有两种设计思路。
- 缺。

只差一点儿就能获得、通关、进阶。

对应非 R 玩家和小 R 玩家。
- 欲

想要更快，想要更强，想要战胜对方。

对应中 R 玩家和大 R 玩家。

在游戏中会有很多"缺"的情况：缺"体力"没办法继续通过关卡，缺"装备"没办法打败 BOSS，缺"材料"没办法提升能力。每当玩家经历一次"缺"，就会经历一次压抑，当他们对目标的渴求大于需要付出的代价，并且没有其他途径可以解决时，就会考虑付费。

"缺"是最基本的在游戏中设计给玩家的付费刺激，但也是从游戏层面给到玩家的刺激，主要是由 PVE 产生的刺激。"缺"虽然是所有玩家都要面对的刺激，但是它对非 R 玩家和小 R 玩家的影响更大。

"欲"表达的是超越基本需求的高级人生需求，这些高级人生需求中的大部分与玩家和其他玩家的互动有关，是玩家想要的尊重、敬仰、胜利等。更快、更强、更好、更美，所有的"更"，都需要一个对比。如果只有自己与自己去对比，很快就会感到迷茫。好比所有武林高手一生所求之一，就是有一个真正的对手。

"欲"是所有玩家都会有的东西，但是非 R 玩家和小 R 玩家并不愿意为之付出金钱或者足够多的时间，所以他们没办法得到。反过来，对于愿意付出的人，首先要提供土壤，包括互动的方式、足够的人群、比较的方式。

"便利"作为一种人的需求，是指可以简化玩家的操作，缩短他们消耗的时间的功能。由于便利并不会给玩家带来非常大的刺激，比不上"缺"和"欲"，而且若将其作为一个单独的付费点，只能吸引到中 R 玩家和大 R 玩家，因此我们一般会将它合并到其他一起卖出的套餐中。

4.6 付费内容

付费内容包括购买各种获得的门票、体力值、挑战次数，着眼于基础的成长线。

4.6.1 基于"缺"的付费内容

如果一款手游或者一款大型网游没有体力值的限定，那么就意味着它们没有限定一段时间的消耗，玩家随便玩多久都可以。这种看起来友好的方式，其实会带来一些不好的影响。首先是可以随便消耗时间变成了不得不去消耗更多的时间。如果游戏对于时间没有一个确切的限定，比如 100 点体力值或者 3h 的百分之百奖励时间，那么玩家对于每一天的游戏就会没有一个完结感。没有一个完结感，就会让他们觉得不得不继续玩下去。最终反而超额消耗他们的时间，但实际上无论消耗的时间有多少，他们都会觉得自己做得不够，于是感到有压力和心累。

如果给游戏设定一个结束点，即使这个结束点比较长，比如 3h，到了结束点玩家也会觉得自己完成了今天的游戏内容，否则即使已经玩了四五个小时，玩家还会感觉不应该结束。

这也涉及现实中玩家可以付出的时间，这点与时代和社会息息相关，现在的玩家已经不是十多年前的玩家了，现在的玩家面临着更大的社会压力，空闲时间更少。在这样的情况下，如果游戏还想要占用玩家更多的时间，就会让他们觉得很累。

所以现在已经不适合去设计那种点卡制的游戏了，玩家们难以对其投入一段很长的时间。《魔兽世界》也从点卡制发展到了月卡制。

同时，如果少了对时间的限定，反过来也就少了溢出价值。对那些有富余时间的玩家而言，如果游戏有时间的限定、次数的限定，那么在将时间和次数用完之后还想玩怎么办？那就是付费购买。游戏有没有提供付费购买的途径，以及将费用设定为多少是之后需要考虑的问题，但这里提供了这么一个契机。况且有很多玩家的时间是不充裕的，如果没有这样的时间限定，他们将会落后于那些有充裕时间的玩家非常多。如果让他们依靠付费去追回这些游戏进度，那么要将其他途径的效用设定为多大？

这就是玩家群体的分档和脱节，因为不能付出更多的时间，或者没有先进的辅助工具，导致一些玩家的提升速度远低于其他玩家。特别是在没有时间限定的游戏中，玩家的成长所需要的时间会非常长，那么玩家会很快地自行分档。一个在有时间限定的游戏中玩了两三天的玩家，和其他勤奋的玩家可能也就差了几级。但如果是在没有时间限定的游戏中，这个玩家可能会发现，同样是玩两三天，一些玩家已经比他高出十几级，而且拥有与自己拥有的完全不同档次的宠物、装备。他们再也无法在一起玩，他因此属于低等级玩家，而他如果要翻身，就要每天消耗大量的时间去参与游戏，很可能会因此而荒废工作、影响家庭。

这是在设计游戏系统时要考虑的第一个点，即玩家每天需要消耗多少时间去打游戏，玩家能不能接受这样的时间限定，以及这样的时间限定对不同人群会产生怎样的影响。

当我们以时间为基准时，设计的各部分的游戏内容就比较清晰了。至于付费内容，有效用会持续一段时间的付费内容，如月卡、7日卡等；也有一次性的，但价廉质优、能产生长期影响的付费内容，如建筑工、开采助手、宠物训练师等，这些基本会成为所有中R以上玩家购买的付费内容。所以从这个角度来讲，设计师应该尽可能地多设计一些这样的付费内容。

设计师可以在设计付费内容之后，赠予普通玩家很多钻石，让他们能够获得一些付费道具和服务，这对于培养他们的付费习惯也有帮助。如果游戏给玩家提供的不是可重复获得的奖励，而是特殊的一次性内容，那么会更有吸引力。

做法有很多，重要的是如何安排它们，让它们在什么时候出现，怎样给它们定价，以及如何确定它们的效用比。

4.6.2 基于"欲"的付费内容

"欲"着眼于更高级成长线的各种付费点。

有两种做法，第一种做法是一开始就将成长线面对的玩家分开，虽然一个普通玩家一样可以接触到所有的成长线，但是他们主要可提升的还是一些基础的成长线。而一些更强的能力提升，比如觉醒、升星，都是进阶型的成长线，我们不会将这些成长线所需的材料在游戏中投放很多，所以普通玩家也就无法去提升。第二种做法让玩家能够使用各条成长线，但是在这些成长线得到提升之后，要么不再往游戏中投放资源，要么将成长线提升所需要的资源的量增加，让普通玩家玩不下去。

孰优孰劣？由于现在的游戏都强调要留下更多的非R玩家，所以不应该让他们感到太多的压力。第一种做法会让非R玩家在不付钱时受到鄙视，因而第二种做法更好。然而，有和无的区别也是很让人着迷的，可以在超越了非R玩家的地方，针对愿意付费的玩家设计额外的成长线，因为他们并不非常在意这一点付出。比如，大家都有"蓝卡"，都追求"紫卡""橙卡"，这属于第一种做法；在"橙卡"中，还有比其他卡多的宝石孔、技能、额外10级的觉醒上限，这属于第二种做法。

以下讲述玩家会追求的两种"欲"。

1. 炫耀

玩家会想要展示自己非常美丽或者酷炫的个人形象，并将其作为自己独特的象征。设计师应该为他们提供一些展示的途径，如外观、衣服、翅膀、坐骑等。鉴于也要让玩家觉得这些装备具有实用性，所以设计的造型不仅要特别酷炫，还要包含一定的数值能力。这就是浓浓的国产风，它确实有效。也可以不这样设计，如果不这样设计，就会削弱这些途径在玩家心中的价值，从而导致牺牲一部分营收，但可以获得玩家对游戏更正面、积极的评价。

这些炫耀的东西的最大区别是玩家之间的限量，比如整个服务器唯一的道具，某年某个节日特供的坐骑，全服务器只有三个主城的城主才有的称号。付出限定、日期限定都是可采用的方式，如果这些道具还会绝版，那么就会让它们变得更珍稀。如果采用服务器限定的方式，也会让它们更加珍稀。然而，现在的情况不是设计师设计不出来一个特别酷炫的东西，而是展示途径做得不好，这点需要注意。

2. 社会地位

玩家们会期望获得一些独特、具有社会地位的职位，比如工会会长，但是一般的工会会长太普通了，只有强力工会的会长才值得追求。同理，保长、排长、督军，这些需要很多玩家推举，或者战胜很多玩家才能获得的职位，也会让玩家趋之若鹜。另外，也可以让玩家成为某个职业中最强的一个、某排行榜的第一、某捐助榜的第一等。

炫耀和社会性其实很难分开，炫耀本来就是一种社会性的行为，如果没有其他人，人们也就没有炫耀的必要。但这里将它们分开，是因为：炫耀是作用于玩家自己的各种行为，社会性是由玩家引起而作用于其他人的各种行为。比如，有钱玩家给某个女性玩家买 99 朵玫瑰，赠送价值 1 万元的钻石，还送她一辆游戏中的跑车，这些都是社会性的行为。

馈赠是第一种方式，直接有效，缺点是后果难以被发起者掌握，这会导致赠礼没有产生效果。第二种方式是有偿获得，先货后款。这时要么让玩家自己去建立一个信用机构，要么就需要系统提供这个平台。比如，普通玩家在游戏中帮付费玩家清理庭院 10 次，付费玩家就给他 100 颗钻石。这种设计的交易性质特别浓厚，但也深受某些玩家喜欢，只要系统模糊化这种行为，让玩家不认为这是给某个付费玩家提供的服务，普通玩家就不会觉得受到了侮辱，只是将其当成一种系统提供的、特殊的日常任务。也可以将它做得比较有"互助"性质，就是由付费玩家使用钻石开启任务，由工会玩家完成任务，让普通玩家可以获得大量经验和游戏币，而付费玩家则获得大量声望，用于其他方面的提升。这同时让两个档次的玩家能够互动，这样的设计会比较好一些。

第三种方式是设计具有合作和互赢性质的付费点，比如，使用某个工会道具，提升整个工会所有成员若干小时之内的经验获得。或者使用小队 Buff 道具，让整个小队的攻击力提升。由付费玩家开启 Buff，节省了制作交易系统的时间，同时也让其他队员心中更明确与他在一起才能享受到这一加成。由付费玩家提供的区域性 Buff，如果只有一层，那么其可能是一种善意，如果有多层，那么可以让它具有更明显的炫耀性质。如果在 Buff 上写清楚是谁释放的，那么炫耀的效果就更强了。

对于具有社会性的付费点，其实有很多文章可以去做，但现在业界并不怎么使用它。虽然它对于促使所有玩家的互动是有作用的，但也容易造成优势玩家扎堆、等级固化更明显的情况。

4.6.3 大额付费玩家与游戏进程

由于玩家付了费，导致游戏进程大幅缩短，其他玩家无法与其进行一战，因此大 R 玩家可能会独自占据所有的最高奖励。这样的情况听起来好像不太好，但现实中更优秀或者更有钱的人，肯定更容易在一些比赛中获胜。比如，让某个有钱人跟一般人参加某项比赛，这是一项双方都不擅长的比赛，如倒汽油、立鸡蛋之类。如果参赛者使用钱可以在这项比赛中获得更多优势，而这位有钱人真的决定跟一般人来比赛，那么他就会在这项比赛中投入很多钱，而且很容易获得胜利。即使如此，最后也要依据名次给予参赛者奖励和荣誉。

所以大 R 玩家在投入真金白银之后，实力变得更强，能够在游戏的各种对抗活动中或者排行中获得更好的名次，自然也会获得更好的奖励。这些奖励对他们来说是有用的，至少在继续进行比赛时是有用的，比如原来投入 10 元可额外获得 1 升汽油，现在排名第一的参赛者投入 10 元可额外获得 100 升汽油。

在一开始具有优势，之后大家的努力和投入程度一样的情况下，付费玩家不但领先，而且继续扩大差距。但扩大差距也有一个"度"的问题，付费玩家要比非付费玩家强多少？讨论具体的数值其实是不太对的，应该讨论多少的比例或者情况能够让他们强得很明显。

付费的效果，首先是在 PVE 上让他们直接快捷地感觉到变强，在 PVP 上，鉴于不想让他们超越其他玩家太多，倒是可以再权衡的。这一般是数值调整的问题，但是在极端状态下，也可以特意做出细分，把 PVE 的伤害公式跟 PVP 的伤害公式分开，让大 R 玩家在 PVE 上明显强很多，但是在 PVP 上不会强得那么明显。许多网游采用的都是类似的机制，比如一些游戏中的"韧性""强度"等属性。

对于如何限制的问题，可以从以下方面着手。

方法一是让他们的领先优势在后期的游戏中逐步被每一次提升能力等级所需的消耗吞没。

假设玩家一开始通过付费多获得了 100 点经验，也许这 100 点经验在一开始是 1 级的差距，但是到了第 10 级，这 100 点经验的领先优势就体现不出来了，此时可能大家都是一样的等级，只是付费玩家比普通玩家多了 100 点经验。

方法二是在玩法上，不让数值成为决定一切的因素。

如果付费玩家既有钱又聪明呢？可以使用硬性限制和软性限制，比如限制他们每天付费额的上限，限制他们提升的速度。最后采取的方法：让付费效果极差，把所有玩家都放在以现实时间为基准的对决中。

（1）硬性限制。

- 体力购买次数限制等。
- 服务器内容进度限制，比如《魔兽世界》。
- 领先优势被越来越大的提升需求吞没。付费玩家所具有的优势会在之后由系统提供给后进玩家的奖励追赶上。
- 数值成长性有限。

（2）软性限制。

- 现实时间的限制。
- 不可缩减的游戏内时间，如特定建筑的构建时间、特定科技的研发时间。

- 依据等级而定的战术丰富度，在某个时间点，大 R 玩家可以有三四套打法和支撑它们的装备或英雄，而中 R 玩家或者小 R 玩家只有一套打法，但这不至于让他们被完虐。也就是说，付费提供的是横向丰富度的提升，而不是纵向硬实力的提升。

以上讨论的内容其实是矛盾的，游戏一方面要提供给玩家成长的感觉，还要提供给不同付费档次的玩家不同的成长档次，另一方面又要限制他们的进度，如果大额付费玩家超越普通玩家太多，对整个游戏和他们自己都是不好的，所以让大额付费玩家感到一定的压力是必要的。可以设计更高的提升需求来削弱金钱的效用，可以大幅提高日常游戏内容的对等金钱价值，让付费之后获得的进步回归到普通的日常活动中，这样玩家才可以真正获得进步（比如，玩家还是要回来练级，而练级所需的时间无法用金钱大幅缩减）。

所以有句话这么说："道具越贵，对免费玩家越好。"理由在于普通的付费玩家付费的所得相较于其他游戏少很多，也就是付费玩家不具备很大的优势。如果效果不明显，那么小 R 玩家和低等级的中 R 玩家可能就不会付费了，这时游戏中就只有非 R 玩家和大 R 玩家两档了。这样做不是说不可以，但是这就要求游戏有足够多的玩家，才能有那么多的大 R 玩家撑起整个收益。

如果不想让游戏的玩家分那么多档，不想让玩家用钱就可以搞定一切，那么就设计一些比较强调玩法的游戏，让玩家更纯粹地玩游戏。

4.6.4 设计整体游戏进程和不同玩家的游戏进度

在图 4.12 中，玩家的消费额不同，导致他们的游戏进度不同。

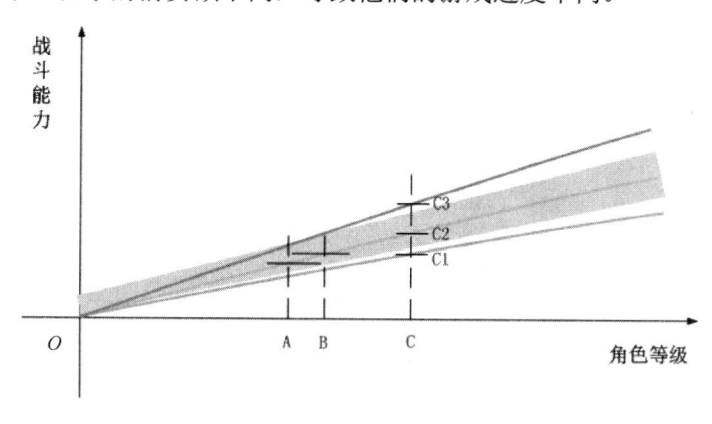

图 4.12

购买基础型消费内容的玩家，在付费时主要基于"缺"型的付费点，玩家得到的提升是从 A 到 B，也就是保持整体游戏进度不变。一些进阶型的付费点，也就是"欲"型的付费点，则会促使玩家的战斗能力从 C1 提升到 C2、C3。玩家战斗能力的提升未必会导致进度的加快，他们还需要再去购买那些门票性质的体力点，获得关卡的进展、基础等级的进展。

那么要将玩家的进度设计多快？首先在于游戏能够提供给玩家多少内容。在一些手游中，玩家一直处于未满级的状态，在不断提升的这条路上跑着，但是同时游戏又要求玩家进行对战比赛，也就是玩家之间一直存在不公平的竞技。即便如此，我们也可以把这种游戏看成一种内容消耗型的游戏产品，其跟纯粹的单机游戏一模一样，只是多了联网功能，而玩家玩这种游戏的目的就是获得整个服务器第一。假设玩家玩完一个游戏只需要 20h，而且游戏自身的节奏很快，那么其中也就没有多少余地可以留给付费了。如果这个玩家需要 2 个月才能玩完游戏，那么允许其通过付费加快几天进度也就无伤大雅了。

允许大 R 玩家加快多少呢？让他们身边有朋友和敌手，这就是衡量的准则。因为只有这样，他们才会玩得起劲。

4.6.5 具体的付费额和细节分析

以下用两款具体的游戏来讲解付费设计的细节。

1.《小冰冰传奇》

以下的一些数据来自笔者自己的观察和 Chevay 写的一篇关于《小冰冰传奇》的文章。《小冰冰传奇》有着很优秀的付费设计，笔者先简单罗列一下其付费点和过程。先说明一下，玩家的 VIP 等级是依据充值所得的"分数"而定的。

《小冰冰传奇》的付费点如表 4.2 所示。

表 4.2

金额（元）	礼包
	内容
6	60 钻
25	月卡
30	300+300 钻（限赠一次）
98	英雄
98	钻石
98	转服、皮肤
198	1980+1980 钻（限赠一次）
328	3280+3280 钻（限赠一次）
648	6480+6480 钻（限赠一次）

关于《小冰冰传奇》中玩家的 VIP 等级，简略的内容介绍如表 4.3 所示。

表 4.3

VIP 等级	所需分数（分）	功能
1	10	20 次扫荡，技能点上限提高 20 点
2	100	30 次扫荡，重置精英关卡一次，购买技能点
3	300	40 次扫荡，重置梦境、封印、梦魇 1 次
4	500	50 次扫荡，重置 2 次
5	1000	60 次扫荡，悬赏任务双倍奖励，重置 3 次
6	2000	70 次扫荡，团队副本双倍奖励，重置 4 次

续表

VIP 等级	所需分数（分）	功能
7	3000	一键附魔，重置 5 次
8	5000	拥有 5 星英雄后手动召唤星际商人
9	7000	地精商人，豪华膜拜
10	10000	远征奖励+100%
11	15000	黑市商人
……	……	……

VIP 等级的付费差额如表 4.4 所示。

表 4.4

VIP 等级	距离下一档	付费品
1	4	6 元
3	19	25 元月卡
4	39	30 元钻石
5	41	98 元英雄
6	43	98 元钻石
7	45	198 元钻石
8	117	328 元钻石
10	69	648 元钻石

以上付费差额是采用最优惠商品的购买方式而得到的付费差额，如果玩家打算一级一级地慢慢提升，那么可以参考表 4.5 所示的内容。

表 4.5

付费（元）	加付（元）	吸引
0	6	VIP 1，20 次扫荡
6	6	VIP2，购买技能点，钻石
12	13	VIP3，月卡，当日获得 300+120 钻，之后 30 天内每天获得 120 钻，共计获得 3900 钻
25	30	VIP4，500 钻，扫荡增至 50 次，解锁一键十次扫荡，每日赠送体力可扫荡副本约 60 次。30 元礼包，获得二星英雄和 300 钻
55	45	VIP5，十连抽还差 400~600 钻
100	98	98 元礼包，可以选定一个价值 98 元的英雄
200	53	如果用户计划付费 200 元，不如尝试套餐组合：25 元月卡+30 元礼包+198 元礼包=253 元；VIP6，共计获得 4980 钻，加上系统赠送，刚好两次十连抽
253	42	VIP7，一键附魔功能
901		如果用户计划付费 1000 元以下：25 元月卡+30 元礼包+198 元礼包+648 元礼包=901 元。VIP9，解锁地精商人，7 次十连抽
901	94	VIP10，诱惑力极强的"远征次数+1"
995	500	VIP11，黑市商人，必出英雄/魂石，单价 40 元
1495	2505	VIP13，远征产量+50%

大家能够得到第一种设计付费的方法：付费额只差一点。也就是玩家每次消费的金额，都让他离下一个阶段，也就是有功能诱惑点的阶段，只差一点点。《小冰冰传奇》中有 6 元、25 元、30 元、98 元的付费额，也有 6 元、18 元、28 元、68 元的付费额，其思路都是一致的——让玩家通过付费所获得的分数和达到 VIP 等级所需的分数只差一点。

再看除了差一点的设计，中间是怎么做的。

（1）让每个等级的付费玩家都觉得自己已经付了足够的费用。

通过购买体力、点金和商店消费价格递增的交错设计，让对应消费能力的玩家有一个自己可接受的"最高性价比"消费方案。表 4.5 只列举了几个玩家消费较多的组合方案，这些组合方案使得月消费 100～5000 元的玩家都能找到适合自己的日常消费内容，这部分消费保障了营收的稳定性。

对于每个等级的付费玩家，通过游戏设计，让他们看不到更高层的付费空间。比如，VIP2 的玩家每天购买体力的次数上限是 3 次。这与当玩家达到 VIP2 时获得的钻石和养成的每天的消费习惯相匹配。再如，VIP5 的玩家每天购买体力的次数为 2～4 次，此时他们购买体力次数的上限是 6 次。这让中 R 玩家和小 R 玩家始终觉得："在这个等级中，我已经付费购买了大部分内容，我很厉害！"而且游戏依然提供 2 次的额外付费空间作为利诱刺激。这种心态在一定程度上来源于完结感，也就是让玩家这么认为："自己能做的事情已经差不多做完了。"

除了体力的付费设计，其他方面的付费设计也是一理共通的。比如，装备的星级、强化的等级也有限定，宠物的收集数量也有限定，一样可以让人觉得"我已经做得很好了"。再讲得深一点，就是对于成长线的完成程度，可以设计非付费的成长线，非付费的成长线也可以让玩家作为一条成长道路去走。

同时，这样的设计意味着提供不同的付费点给不同档次的玩家。

（2）培养付费习惯。

培养付费习惯，并不是让玩家习惯于每天购买两次体力，而是让玩家习惯于每天体验两次提升体力的速度。让玩家习惯于这种速度，并且能稳定在这一档次。

比如，"月卡"每天赠送 120 颗钻石，这让玩家每天可以购买两次体力。但购买体力这个操作不是重点，重点是让他们接受拥有这么多体力的成长速度，这个行为不是核心，这个行为引起的兴奋才是核心。首先要让他们觉得购买的体力的价值高，要么符合他们每天的游戏时长，要么符合他们的进度需求。

关于时长，在现有的游戏中，即使是非 R 玩家，每天刷完所有体力和门票动辄也要四五个小时。这样把玩家的时间都填满了。付费玩家拥有更多的体力和门票，但是没有时间去使用，这样不太好。首先要让玩家"缺"，接着付费才有存在的价值。

我们无法得知玩家个人的能力档次需求，但可以做这样的游戏设计：让玩家在"刷完"每天的体力，获得一定的成长之后，就离下一个成长点不远了。而购买了两次体力或者更多体力的玩家，则面临着下一个成长点。这样就人为地分出了几个成长速度，由玩家决定自己要处于其中的哪一个档次。这需要在数值上进行非常精确的把控，当然这也是分 R 档时要做的工作。

而在与他人的实力对比方面，就要让他们能够清晰地看到玩家分出了档次。提供各种排行榜是一种方法，提供各种关卡的奖励档次也是一种方法。必须让玩家之间的互动更频繁，比如相互攻打，即使让玩家刻意做一些 bot 去攻打玩家，也要让他们感觉到遇到了不同档次的对手，从而让他们能够去定位自己所在的档次。

许多游戏只是展示了其他玩家的信息，这是不够的。许多玩家在看了其他玩家的信息之后，如果认为对方比自己强，就根本不会去打对方。而且很多游戏中展示的都是不同等级的其他玩家，而不是与玩家在等级上相近的其他玩家，这样玩家就难以给自己进行定位。

（3）破除用户的消费限额心理。

如果用户的心理消费限额是 200 元，那么只要再加 53 元，用户就可以获得两次十连抽，以及 VIP6；如果用户的心理消费限额是 1000 元，那么只要再加一点儿，用户就可以获得非常有诱惑力的远征奖励+100%。这种方式就是在一般人给自己设定的预期消费额度的基础上设计有力的诱惑的思路。

2.《阴阳师》

《阴阳师》有等级、升星、御魂和宠物品类这几条主要的成长线。它提供的付费点和其他游戏的付费点类似，它和其他游戏有差不多一致的付费额，以及一次性和持续性的付费道具。不同的地方则是，它的付费道具的收益其实相当低，一个是对比于其他游戏，基础付费品的价格贵了大概一倍；另一个是相对于自己，玩家在付费后获得的收益低。有许多玩家反应：他们花了 3000 元，都抽不到 SSR 宠物，于是弃坑；或者花了几百元，感觉不到提升，于是不再付费。但是我们也知道它的各种辉煌战绩：IOS 排行第一，月入 10 亿元等。

这么高的营收很大一部分是由大 R 玩家撑起来的！就是那些为了得到 SSR 宠物，一次就花费两三万元，或者为了提升而购买许多体力和游戏币的玩家。这些大 R 玩家不会在整个玩家群体中占很高的比例，但是架不住用户多、留存好，这是一个现象级的产品。

不过反过来，游戏道具越贵，游戏越"黑"，对非 R 玩家越好。

《梦幻西游》一系列的产品采用的都是这样的思路：道具绑定、付费"黑"、玩家每天基础的游戏收益高……那么问题就是，用很大的投资来做一个项目，能保证制作出的游戏一定能成为现象级游戏吗？如果不能，一般而言就不如将游戏做成分档收费的项目。不同公司可以获得的资源和用户量不同，这也是影响游戏设计方向的因素。

4.7 项目的付费方向

从本章开始到此处，笔者讲解了各种角色的成长，以及流通、奖励的设计方式和结果，接下来让我们来探讨一下应该怎样去设计一款游戏的付费模式，以及需要怎样去制作游戏。

4.7.1 资源独占型"滚服"

先从所谓的"短平快"的项目类型开始。

在手游时代刚开始的时候，用户基数大规模爆发，单个有效用户的获取成本相当低廉，从几元到十几元不等。于是一个几千人的服务器只需要有一个大 R 玩家就够了，比如一个付费一两万元的大 R 玩家，再配上一些中 R 玩家和小 R 玩家。

但是现在用户的获取成本已经上升到 30 多元（前段时间甚至上升到 80 元、100 元），采用原来的那种方法已经很难走得通。比如一个服务器导入了 2000 个玩家，成本就是 70000 元（2000×35），如果只有一个付费 20000 元的大 R 玩家，再配上一些付费五六千元的中 R 玩家和小 R 玩家，这样的营收连运营成本都抵不过。但也有一些游戏做得更好，比如有两个付费 15000 元的大 R 玩家、五六个付费七八千元的中 R 玩家、十来个付费一两千元的中小 R 玩家，以及小 R 玩家，那么就是：

$$15000×2+7000×6+2000×15+500×20 = 112000（元）$$

但是现在已经不容易做到了，所以许多这种类型的游戏都失败了，不过笔者在此还是要说明一下这种类型的游戏应该怎么做。

这种游戏的设计目的是促成整个服务器拥有一两个大 R 玩家，那么可以采用强调对战的方式，让玩家需要去争夺才能获得大部分的资源，同时给出非常明显的付费效用，并设计出很长的成长线。此时玩家要去获得各种装备、头衔、材料，就不得不面对来自其他玩家的竞争，如果自身的实力不强大，就会被别人击杀，并且得不到资源。对大 R 玩家来讲，如果不想受这个气，就应该去充值。因为游戏设计了足够长的成长线，所以他们可以逐步达到很高的付费额。

在这种情况下，由于小 R 玩家和非 R 玩家无法有效地获得资源，所以他们的成长就会非常缓慢，他们会玩得很没有乐趣，很容易就会 AFK，一个服务器很快就会只剩下那些充了钱的玩家了。

如果资源只能自用，那么一个服务器能够容纳的人数就会更少，这是设计师不愿意看到的情况。那么设计师要提供一些方式，让那些在充值金额上比不上大 R 玩家的玩家也能活下去，让他们能够跟着大 R 玩家一起玩，比如设计工会、城盟这样的游戏系统。但是即使设计了这些系统，一个服务器中还是很快会出现一个工会占有大部分资源的情况，这让其他的工会很难玩下去。所以人数依旧会下降得很快，合服就在所难免。

于是就导致了快速开服、合服，这也就是"滚服"的意思。

4.7.2 小 R、中 R、大 R 玩家型"滚服"

在第一种情况中，对非 R 玩家和小 R 玩家非常不友好，以及在整个服务器中，只能收获以大 R 玩家为主的玩家的付费额，失去了许多中 R 玩家和小 R 玩家。

如何去获得这部分失去的玩家呢？

第一种做法是改变资源独占的做法，减少竞争性内容的占比，让非 R 玩家和小 R 玩家也可以通过大部分的游戏活动获取各种资源。游戏只是在一些关键性的资源上做限制，这样中 R 玩家和小 R 玩家就能活得下去、玩得下去了。比如，在《征途》这样的游戏中，最重要的内容是像国家间的征伐、国王的竞争等这样的内容，玩家需要付出很高的费用才能够在其中占有一席之地。但是平时游戏中大部分的内容并不是跟其他人竞争的内容。许多国战类的游戏都适合这样去做，高风险的内容有高回报，但是需要投入足够的费用。

第二种做法是在大部分都属于无竞争性的 PVE 内容中，设计一些与 PVP 相关的内容。比如在《小冰冰传奇》中，玩家主要跟系统玩，在达到足够高的层次之后，才会开始遇到某些内容，需要与其他人竞争。这个类型的设计思路可以容纳大量的中 R 玩家和小 R 玩家，但是也容易因为太注重 PVE 的内容，而导致社交性互动不足。社交性互动不足一方面是因为手游还无法承载太多的社交性内容，另一方面是因为很多项目一开始并不以这方面为主。这种类型的设计思路意在增加中 R 玩家和小 R 玩家的数量，而且确实是有效的。一般而言，这种类型的设计思路倾向于项目的七日留存，采用这种设计思路设计的游戏的日活跃玩家数、付费比率等数据也会更加漂亮。做法就是增加非竞争性日常活动的占比，减少资源的独占性，以及刻意在各种活动的规则上帮助第二、第三、第四、第五名玩家。比如，设计一个争夺类的玩法，但是目标不仅仅是一个，而个人或者一个工会只能占领一个。或者相对缩减第一名的奖励，让他更倾向于荣誉性或者时效性的奖励，比如一个强大的、增加 20% 攻击力的头衔，但是该头衔仅持续到下一次活动开启。

很重要的一点是，让玩家对每一次花钱都觉得有价值，花 2 元买的体力能够让他们感到获得很多。这些价值也是让中 R 玩家和小 R 玩家愿意付费的重要原因。

4.7.3 "绿色"游戏

"绿色"游戏的设计方式，比上述小 R、中 R、大 R 玩家型"滚服"的设计方式更进一步，让游戏中大部分的资源都是通过 PVE 获得的。但单纯这样去设计还不足以造就这种"绿色"的感觉，同时还得抬高很多付费道具的价格。设计师可以额外设计每周特惠、限次购买等折扣方式，但是如果玩家在将这些折扣方式用完之后还要购买，那么每个道具的价格就会非常高了。这样就遏制住了小 R 玩家和中 R 玩家继续付费的欲望，而负担得起的大 R 玩家，真的需要付出很多，才能够得到一点增长。那么要拉开他们与其他玩家的差距也就没那么容易和便宜了。

于是在游戏中，非 R 玩家就不会有非常大的竞争压力了，同时他们通过日常内容所获得的价值也比较高，这就会让他们觉得将时间用来打游戏特别值得。

这种情况存在什么问题呢？

首先，玩家会觉得花费时间来打游戏很值，但其实他们需要花费更多的时间去"肝"。其次，遏制住了中 R 玩家和小 R 玩家进一步付费的欲望，这样游戏要想盈利，就需要有大量的玩家，其中包括非常多的大 R 玩家。这样游戏留存率、活跃度等衡量游戏玩法的数据都会很漂亮，但是如之前所述，一个项目能不能导入这么多的用户就变得非常关键了。

4.8 付费线数值设计

4.8.1 成长线、消耗线与产出线

对相当多的游戏而言，付费线是极其重要的一环，其对 F2P（Free to Play，免费游戏）来说更是重中之重。付费线依附于成长线，但其重要程度高于成长线。以往的设计师会先设计成长线，再设计付费线，这种做法略显落后，更好的做法应该是同时设计这两者，并且用付费线的变化来修正成长线。以前在设计成长线时，设计师可能会先列一条公式，然后看到达设定的等级会达到怎样的数值规模，再在这个基础上调整，而设计多条成长线就需要分别列式，之后再去比较。这样会让我们控制不好游戏的进度，因为每一条成长线都有它自己的公式，我们只能依靠最后的数值去做对比，而要调整就需要逐个去改变公式中的系数，非常烦琐。

较好的做法是一开始就定好各条成长线的占比和战力，之后再去列式计算，示例如表 4.6 所示。

表 4.6

成长线	占比	战力
角色等级	5.0%	50000
装备	15.0%	150000
强化	20.0%	200000
宝石镶嵌	20.0%	200000
职业技能	20.0%	200000
时装附加	20.0%	200000
总和	100.0%	1000000

接着根据各条成长线的上限去均分它们每个等级的占比和战力，以"宝石镶嵌"为例，其结果如表 4.7 所示。

表 4.7

宝石镶嵌		
等级	占比	战力
1	5%	10000
2	15%	30000
3	25%	50000
4	35%	70000
5	45%	90000

续表

宝石镶嵌		
等级	占比	战力
6	55%	110000
7	65%	130000
8	75%	150000
9	85%	170000
10	100%	200000

如果一条成长线还分为多条成长线，比如多件时装，而每一件时装都有各自的阶数，那么可以用两段式的方法去区分，示例如表4.8所示。

表 4.8

时装				
名称	占比	等级	占比	战力
蜻蜓羽翼	8.0%	1	40%	6400
		2	70%	11200
		3	100%	16000
浴火羽翼	16.0%	1	40%	12800
		2	70%	22400
		3	100%	32000
精钢羽翼	30.0%	1	25%	15000
		2	50%	30000
		3	75%	45000
		4	100%	60000
天使羽翼	46.0%	1	20%	18400
		2	40%	36800
		3	60%	55200
		4	80%	73600
		5	100%	92000
总和	100.0%	总战力		200000

对于一些等级非常多的成长线而言，占比的分阶会更多，除了简单地分级，更重要的是依据消耗线的设计来设计成长线。因为消耗线才是F2P获利的主体部分，所以应该围绕着它设计能力线和产出线，这也是开头所讲的设计思路。强化的消耗和能力的变化如表4.9所示。

表 4.9

强化				
等级	能力占比	一级强化石	二级强化石	三级强化石
1	1%	10	—	—
2	2%	50	—	—

续表

强化				
等级	能力占比	一级强化石	二级强化石	三级强化石
3	3%	100	1	—
4	4%	200	1	—
5	5%	400	3	—
6	10%	600	5	1
7	12%	800	8	1
8	14%	1000	10	3
9	16%	1200	15	3
10	18%	1400	20	5
11	30%	2000	30	8
12	32%	2500	40	10
13	34%	3000	50	12
14	36%	3500	60	15
15	38%	4000	80	18
16	50%	4500	100	20
17	52%	5000	150	25
18	54%	5500	200	30
19	56%	6000	250	35
20	58%	6500	300	40
21	70%	7000	400	50
22	72%	8000	500	60
23	74%	9000	600	70
24	76%	10000	700	80
25	78%	11000	800	90
26	90%	12000	1000	100
27	92%	13000	1200	120
28	94%	14000	1500	150
29	96%	15000	1800	180
30	100%	16000	2000	200
总和		163260	11823	1326

可以看到，玩家每达到一定的等级，就会获得一种所需的材料，或者所需材料的数量会大幅提升。与此同时，玩家自身的战力也会大幅提升。再把高级材料的掉落数量调少，让其难以获得，这就导致这些材料变得珍贵，其价值也会抬高，可以将其变为吸引人的付费点。

笔者把强化所需的材料分为3种，用以区分它们的价值和产出。行业内一般将二级强化石称为"B材料"，它比一级强化石珍贵，但不至于很难获得，在一般的活动中都可以得到。三级强化石就是"C 材料",它相当珍贵,在游戏中不能获得或者极难获得,玩家只有通过一些付费活动才可以获得。比如,玩家充值 128 元,除了获得代币,还会获得 3 个 C 材料。在一般情况下,一级强化石的消耗量很大,在游戏中很容易获得,它起到了让玩家有获得感的作用。

无论哪种材料,需要的总量都非常多,这是两种设计思路之一,对应不同倾向的游戏。等级数量多、消耗量大的做法,适用于设计拥有多次短时刺激的游戏。玩家每天在游戏中都可以经历多次的升级,通过每一次打怪都可以获得看上去数量巨大的收获。这种眼前可见、频繁出现的刺激就像斯金纳箱,这就是投食丸的做法。在设计多条成长线时都采用这样的设计思路,并且加上一些初期的成就和任务奖励,可以让玩家在早期获得大量的资源,非常迅速地提升等级。如此的刺激和获得感足以吸引很多的玩家。举一个直观的例子:一款在 2017 年 7 月上线的手游——《极品芝麻官》,从 2017 年 7 月到 11 月,开了 600 多个服务器,总流水超过 2 亿元。它并没有特别新颖的玩法,就是让玩家慢慢去走各条成长线,但是由于数值设计得好,让初期的玩家感到一直在不停地成长,这种爽快感便吸引了许多的玩家。

另一种设计思路是材料的消耗量相当少,这种思路一般适用于比较注重游戏玩法和游戏进程的游戏项目。比如,在许多单机游戏中,玩家到达某个章节才可能获得 1 个 C 材料,而下一次获得材料要在多个章节之后,需要玩家经历数个小时的游戏过程。此时 3 种材料也起着一定的作用,把 A 材料的数量作为衡量玩家的游戏时间的一个标准,普通小怪可以掉落 A 材料,它依旧不难获得,但是要达到升级需要的 A 材料的数量,玩家需要花费一定的游戏时间。B 材料不如 C 材料珍贵,可以将它们放在一些精英怪出现的地方或者略有难度的关卡上,以此刺激玩家去挑战这一部分内容。

注重玩法和乐趣的游戏一般不会像 F2P 游戏一样,设计非常多的成长线,它会在关键点处放上一个关键的获得物,或者开启一个新的内容,以此吸引玩家。频繁的成就感刺激对这类游戏来说也是很重要的,只要目标群体是追求快餐化体验的玩家,即使是注重玩法和乐趣的游戏,也必须好好设计玩家的成长线,用几条成长线轮流带给玩家进步。

实际上,为了让游戏带给玩家频繁的刺激,并且每天都产生足够多的刺激,最好将每一条成长线的阶数设置多一点,这样玩家才能经常获得提升。如果每条成长线的阶数少,每一阶占整条成长线的比例就很高,再加上玩家能够很频繁地升级,那么很快就会完成这一条成长线。

从正向的角度讲出这些设计思路,也许会让各位读者认为这些都是自然而然的事情,但现实情况是有很多游戏制作精良,却吸引不了玩家。其实国内的许多游戏都采取的是一样的设计模式,就是设计很多成长线、各种各样的付费点,等待玩家去入坑和付费。为何有的游戏能够吸引玩家,而有的游戏让玩家感觉很沉闷,给人一种按部就班的感觉?因为这些游戏都以快餐化的内容为主,以频繁的刺激为核心,专注于挖坑,只设计好付费,而不去深挖游戏玩法,没有设计好玩家的成长线。这些游戏与爆款游戏之间的差别并不大,甚至玩家玩满其大部分成长线所需的时间和金钱并不比玩满爆款游戏的成长线所需的时间和金钱多，但是没有玩家愿意玩，原因之一就在于让玩家产生进步感的刺激的频率低，没有关键的新内容，没办法让玩家产生"想要更多"的念头。

进步的表现在于能力的提升，而消耗线限制着成长线，产出线对应着消耗线。必须有一定的消耗，才会产生需求，才会让玩家有渴望得到的东西并去追求。前面已经把消耗线设计成了很多级，每一级对应着一定的能力提升，那么产出线便要让玩家在一天之内的获得能够提升他们某一条成长线的级数。这种等级的提升在游戏初期至少要达到三、四级以上，之后再逐步减少，但到中期为止都应该保持每天至少一级以上。为了行文严谨，笔者站在"至少"的角度去举例，但就实际情况而言，每天提升的级数一般都要更多。不要再像以前的设计师一样，让玩家需要花费很长的时间才能提升一级，这些快餐化的游戏必须让玩家一天能够提升数级。数值膨胀不是最重要的，只要能平衡就可以，有时候，游戏能否赚钱会更重要。

对于大部分不同的活动，应该让它们对应不同的产出物，这样玩家才会对这些活动有更清晰的认知，也方便在这些活动中获得更多的奖励，因为它只是某一条成长线的产出，对比于整体不至于太多。接着考虑它们的类型和持续时长，这可以是每天限制次数的单人活动，如单人副本、经验任务或者赏金任务，也可以是限时的多人活动，还可以是一整天都能进行的野外挂机、世界 BOSS。对于次数少、时长短的活动，在设定一定量的产出时，应让玩家每次或者每小时都有足够的收获。对于次数多、时长长的活动，在将一定量的产出均分之后，玩家就会觉得每次或者每小时的收获很少。

有两种做法，一是增加产量，二是限制这些活动的次数或时长。对于增加产量，笔者在这里不细谈了。对于限制这些活动的次数或时长，最典型的就是针对刷怪这种行为进行限制。设计师期望使用类似于刷怪这种内容来增加游戏时长，这既让游戏更热闹，又让有更多时间的玩家能够一直体验到游戏的乐趣，但对于那些没有那么多时间的玩家，他们就会被前者落下很长的一段距离。假设在一个 500 级满级的游戏中，他们第二天来上线，发现自己升到了 110 级，而在线时间长的玩家已经普遍达到了 170 级，这时他们就会觉得自己已经没法跟这些玩家玩下去了，他们很可能会离开游戏。

解决办法之一就是提供补救的方法。比如，提供"找回离线经验"这样的系统，这样玩家在第二天上线时，可以获得一定比例的刷怪经验，也就不会被在线时间长的玩家落下太远了。

解决方法之二是限制刷怪的时长，同时引导玩家去玩小号。《地下城与勇士》就设定了体力值，让玩家之间可以共享一些重要的资源，如游戏金币，这样就可以引导有更多时间的玩家去玩小号。同样地，直接使用防沉迷的在线时长设计也是可以的，让玩家在每天的前几个小时可以获得百分百的经验，让其之后获得的经验大幅减少，但他们还是可以继续刷怪，只是效率会下降。

无论采用怎样的方法，设计师都需要仔细考虑玩家每次活动、每小时或每分钟的获得，进而去设计产出。

为了帮助后进的玩家，设计师还可以再进一步为每个活动设计出"世界等级"这样的系统：如果整个服务器的玩家的平均等级更高，"世界等级"就会更高，那么每个活动的产出就会更多。这样可以帮助后进的玩家，也让同样的活动可以适应更多不同等级的玩家。

谈到此处，便可以引出新的数值设计思路，那就是不根据一条公式来设计，而是将玩家每天的进程作为设计基准。由于这种设计思路直接针对想要达到的效果进行设计，因此可以让设计师更好地控制游戏。在设计某条产出线的时候，设计师可以先设计成长历程预期。

表 4.10 所示为一个满级为 100 级，需要 55 天达到顶级的产出线设计。这是一种较为中庸的情况，不是五六十级到顶的一般的成长线，也不是级数更多的像人物等级这样的成长线，各位读者依据思路自行扩充即可。在设定好这些线所需的时间之后，便可以根据设定好的某一天的进展，得到那一天可以产出的资源，比如第 13 天提升的等级是 64、65 这两级，再根据消耗线便可以得到这一天的总产出。由于这种设计方法的基准是一个总和，所以当将其平分给每一次获得时，可以产生这样的效果：每天的前几级提升得快，后几级提升得慢。

表 4.10

天数（天）	提升等级	达到等级	总天数（天）
1	10	10	1
2	8	26	3
3	5	41	6
5	4	61	11
8	2	77	19
10	1	87	29
26	0.5	100	55

对于提升等级这一列的数值，还可以设计多种不同的成长速度，以此来对应不同的付费玩家。

4.8.2 总体规划

4.8.1 节讲述了单个成长线、消耗线和产出线的设计思路，但是在设计一个完整的游戏时，设计师还需要站在总体的角度去设计每条线。因为如果只是单独去设计每一条线，最后就有可能导致某一条线需要玩家花费的时间和金钱少，获得的提升却最多，而另外一些线由于性价比太低，导致没有玩家去玩。为了做好整体的规划，设计师应该在一开始就列出分配表，如表 4.11 所示。

表 4.11

能力线			消耗金额	
名称	内容	占比	内容（元）	占比
免费线 （22500 元，9.50%）	角色等级	1.50%	2500	0.50%
	装备	5.00%	15000	3.00%
	职业技能	3.00%	5000	1.00%
耗时线 （367500 元，49.50%）	强化	12.00%	90000	18.00%
	宝石镶嵌	15.00%	112500	22.50%
	宠物等级	12.00%	90000	18.00%
	人物觉醒	10.50%	75000	15.00%
付费线 （80000 元，33.00%）	时装附加	15.00%	37500	7.50%
	坐骑翅膀	16.00%	40000	8.00%
	VIP	2.00%	2500	0.50%
特殊线 （30000 元，8.00%）	称号头衔	2.00%	20000	4.00%
	夫妻结拜	6.00%	10000	2.00%
总和		100.00%	500000	100.00%

在表 4.11 中所示的 4 条不同性质的线中，免费线表示玩家在游戏中不断玩着就自然而然可以得到提升的成长线。耗时线表示玩家需要消耗很多的时间去获得材料才能提升的成长线，这同时意味着成长线很长，玩家可以经常地获得提升，而所需的材料可以作为重要的付费点。这些线中的许多材料都可以在游戏中获得，但要么所需的量很多，要么掉落率非常低，都在促使玩家付费。不过这也意味着在这些线中，玩家还是会通过游戏获得很大一部分材料的。每条线中真正需要付费的内容并不是全部，比如，强化的消耗金额是 90000 元，其中 50%可以让玩家通过游戏获得。

付费线表示玩家基本需要通过付费才能够获得提升的成长线，玩家在付费线上的能力提升明显，而且比其他线上的提升所需的消耗金额也少，性价比非常高，以此来吸引玩家。特殊线表示玩家在游戏中不容易接触到的内容，比如特殊的称号头衔或者系统。设计师根据玩家在这些线上所需完成的内容，给其分配一定的占比。比如夫妻结拜，如果在其中加上生育孩子和养育孩子，就完全可以将其做成一条特殊的、昂贵的付费线。

表 4.11 所示的内容为一种经典的分配方式，就是有钱的玩家在付费线上投入大把的金钱后，立刻可以获得大幅的能力提升，然后碾压普通玩家。这很适合"滚服"型的项目，但现在获取用户的成本高，所以一般不会设计非常纯粹的付费线。即使是时装之类的特殊装备，也会给玩家提供免费获得的途径，只是较难获得或者较难提升。有足够内容和玩法的游戏，适合采取这样的分配方式。

本章小结

　　付费是设计师在设计所有游戏时都必须认真去考虑的重要部分，因为游戏制作方需要生存。付费设计并不是洪水猛兽，设计师可以把它当成提供给玩家情绪的一种方法，融入游戏的其他部分中。更基础的角色成长和成长线是设计师必须考虑的内容。

结束语

　　至此，笔者写完了本书。对于一些细节上的做法，笔者在书中没有展开讲，因为将其展开讲会是一个非常大的话题。

　　现在的游戏行业在商业化上很成熟，但在设计上还比较年轻，远远没有达到设计人心的地步。希望设计师能不断成长，在设计互动行为方面取得成绩！

　　也希望各位设计师能以更高的眼界来看待游戏设计工作，将你们的产品设计到用户的心坎中去，从而成为新时代的情绪设计师！